国家级职业教育规划教材

人力资源和社会保障部职业能力建设司推荐

QUANGUO ZHONGDENG ZHIYE JISHU XUEXIAO JIANZHULEI ZHUANYE JIAOCAI

全国中等职业技术学校建筑类专业教材

建筑施工工艺 与技能训练

人力资源和社会保障部教材办公室组织编写

曹育梅　项国平　主编

田改儒　主审

U0307804

中国劳动社会保障出版社

简介

本教材参照国家相关职业标准和行业岗位技能鉴定规范要求编写，主要内容分为八章，包括土方工程、地基处理及加固、基础施工、框架结构施工、砌体结构施工、钢结构工程施工、防水工程施工和装饰工程施工。在保证基本概念、基本理论和基本方法够用的基础上，教材更注重实际应用及实用计算，并设置了"技能训练"和"思考练习题"，帮助学生巩固所学内容，在掌握知识和技能的基础上提高动手能力。

本教材由曹育梅、项国平任主编，蔡国珍参加编写，田改儒任主审。

图书在版编目（CIP）数据

建筑施工工艺与技能训练/曹育梅，项国平主编. —北京：中国劳动社会保障出版社，2015

全国中等职业技术学校建筑类专业教材

ISBN 978 - 7 - 5167 - 2100 - 1

Ⅰ.①建…　Ⅱ.①曹…②项…　Ⅲ.①建筑工程-工程施工-中等专业学校-教材　Ⅳ.①TU74

中国版本图书馆 CIP 数据核字（2015）第 251431 号

中国劳动社会保障出版社出版发行

（北京市惠新东街 1 号　邮政编码：100029）

*

北京市白帆印务有限公司印刷装订　新华书店经销

787 毫米×1092 毫米　16 开本　18.5 印张　403 千字

2015 年 11 月第 1 版　2022 年 12 月第 10 次印刷

定价：**33.00** 元

营销中心电话：400 - 606 - 6496

出版社网址：http://www.class.com.cn

http://jg.class.com.cn

出版说明

    本套教材共计27种，分为"建筑施工""建筑设备安装"和"建筑装饰"三个专业方向。教材的编审人员由教学经验丰富、实践能力强的一线骨干教师和来自企业的专家组成，在对当前建筑行业技能型人才需求及学校教学实际调研和分析的基础上，进一步完善了教材体系，更新了教材内容，调整了表现形式，丰富了配套资源。

    教材体系   补充开发了《建筑装饰工程计量与计价》《建筑装饰材料》《建筑装饰设备安装》等教材；将《建筑施工工艺》与《建筑施工工艺操作技能手册》合并为《建筑施工工艺与技能训练》。调整后，教材体系更加合理和完善，更加贴近岗位与教学实际。

    教材内容   根据建筑行业的发展和最新行业标准，更新了教材内容。按照目前行业通行做法，将"建筑预算与管理"的内容更新为"建筑工程计量与计价"；为重点培养学生快速表现技法能力，将"建筑装饰效果图表现技法"的内容更新为"室内设计手绘快速表现"；《室内效果图电脑制作（第二版）》，以3 DS MAX 10.0版本作为教学软件载体；新材料、新设备在相关教材中也得到了体现。

    表现形式   根据教学需要增加了大量来源于生产、生活实际的案例、实例、例题及练习题，引导学生运用所学知识分析和解决实际问题；加强了图片、表格的运用，营造出更加直观的认知环境；设置了"想一想""知识拓展"等栏目，引导学生自主学习。

    配套资源   同步修订了配套习题册；补充开发了与教材配套的电子课件，可登录 www.class.com.cn 在相应的书目下载。

目 录

第一章 土方工程

土方工程是基础施工的重要施工过程，其工程质量和组织管理水平直接影响基础工程乃至主体结构工程施工的正常进行。

工业与民用建筑工程施工中常见的土方工程有场地平整、基坑与管沟的开挖、人防工程及地下建筑物的土方开挖、路基填土及碾压等。土方工程的施工有土的开挖或爆破、运输、填筑、平整和压实等主要施工过程，以及排水、降水和土壁支撑等准备工作与辅助施工工作。

土方工程施工具有工程量大，施工工期长，施工条件复杂，劳动强度大的特点。一个大型建设项目的场地平整、房屋及设备基础、厂区道路及管线的土方施工，面积往往可达数十平方公里，土方量可达数百万立方米，大型基坑的开挖有的深达20多米。土方工程施工条件复杂，多为露天作业，受地区的气候条件影响劳动条件差。土的种类繁多，成分复杂，工程地质及水文地质变化多，对施工影响大，施工条件复杂。

第一节 地基土概述

土方工程施工必须了解地基土的基本性质及分类。土的物理力学指标及分类是选择土方边坡坡度、确定降水措施和压实措施的依据。因此，了解土的形成，掌握土的物理力学性质，熟悉地基土的分类和野外鉴别方法，是学习和掌握地基基础施工的基础。

一、土的形成

地表岩石长期在不同温度、水、大气、生物活动及其他外力作用的影响下，不断破碎，并发生化学变化，这种变化称为岩石的风化。土是由岩石经过长期的风化、搬运、沉积作用而形成的未胶结的、覆盖在地球表面的沉积物。

岩石的风化产物，可因自重作用坠落，或被流水、风和冰川搬运至远处后沉积，形成坡积层、洪积层或风层沉积层等，由于搬运与沉积的条件和行程远近等的不同，土粒大小的分选程度、土粒形状及土的结构都会有所不同。由此形成的土的种类如下：

1. 残积物，即岩石经风化作用而残留在原地的碎屑堆积物。

2. 坡积物，即高处的风化物在雨水、雪水或本身的重力作用下搬运后，沉积在较平缓

·1·

的山坡上的堆积物。

3. 洪积物，即在山区或高地由暂时性山洪急流作用而形成的山前堆积物。

4. 冲积物，即由河流流水的作用在平原河谷或山区河谷中形成的沉积物。

5. 淤积物，即在静水或缓慢的水流作用下的沉积物。

6. 冰积土，即由冰川或冰水作用形成的沉积物。

7. 风积土，即由风力搬运形成的堆积物。

二、土的各类指标及性质

1. 土的组成

天然状态下的土的组成一般分为三相，即固相、液相和气相。

固相即土颗粒，它构成土的骨架，决定土的性质。液相即土中的水和溶解于水中的物质。气相即水中的空气和其他气体。

其中：干土 = 固体 + 气体（二相）

湿土 = 固体 + 液体 + 气体（三相）

饱和土 = 固体 + 液体（二相）

2. 土的三相图

土的颗粒、水、气体混杂在一起，为分析问题方便，常理想地将三相分别集中，形成土的三相组成示意图，如图 1—1 所示。

3. 土的物理性质

土的物理性质指标分两类，即实测指标和换算指标。

（1）实测指标（基本指标）

实测指标包括重力密度 γ、质量密度 ρ、相对密度 d_s 和含水量 ω，这些指标的值通过试验得出。

1）天然土的重力密度 γ 和质量密度 ρ

①物理意义。单位体积天然土的重力，称为重力密度，简称重度（kN/m³），土的重度一般为 16 ~ 20 kN/m³。单位体积天然土的质量，称为质量密度，简称密度（kg/m³或 t/m³）。

②表达式

$$\gamma = \frac{w}{V} = \frac{w_s + w_w}{V} = \frac{w_s + \gamma_w V_w}{V}$$

$$\rho = \frac{m}{V}$$

$$\gamma = \frac{w}{V} = \frac{mg}{V} = \rho g$$

③测量方法。土的密度一般用环刀法测定，环刀如图 1—2 所示。

2）土粒相对密度 d_s

①物理意义。土粒在 105 ~ 110℃ 温度下烘至恒重时的质量与同体积 4℃ 时纯水的质量之比。

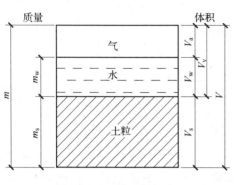

图1—1 土的三相组成

图1—2 环刀

②表达式

$$d_s = \frac{m_s}{m_w} = \frac{w_s}{w_w} = \frac{m_s}{V_w \rho_w} = \frac{w_s}{V_w \gamma_w}$$

③测定方法。土粒相对密度用比重瓶测定，一般土粒相对密度为2.6～2.8。需要注意的是，土粒相对密度无量纲，其值大小取决于土粒矿物成分和有机质含量，有机质含量多时，相对密度明显减小。

3）土的含水量 ω

①物理意义。土中水的质量与土粒质量之比。

②表达式

$$\omega = \frac{m_w}{m_s} \times 100\%$$

③测定方法。一般用烘干法测定土的含水量，测量设备是核子密度仪。

（2）换算指标

换算指标根据实测指标经换算得出，包括干密度 ρ_d、饱和密度 ρ_{sat}、浮重度 γ'、孔隙率 n、孔隙比 e 和饱和度 S_r 等。

1）干密度 ρ_d

①物理意义。单位体积土中土粒的质量。

②表达式

$$\rho_d = \frac{m_s}{V}$$

③工程应用。在填方工程中，干密度常被作为填土设计和施工质量控制的指标。

2）饱和密度 ρ_{sat}

①物理意义。土在饱和状态时，单位体积土的质量。

②表达式

$$\rho_{sat} = \frac{m_s + m_w'}{V} = \frac{m_s + \rho_w V_w}{V}$$

3）浮重度（有效重度）γ'

①物理意义。土在水下，土体受水的浮力作用时，单位体积的有效质量。

②表达式

$$\gamma' = \gamma_{sat} - \gamma_w$$

4）孔隙率 n

①物理意义。土体中的孔隙体积与总体积之比，总是小于 1。

②表达式

$$n = \frac{V_v}{V} \times 100\%$$

5）孔隙比 e

①物理意义。土体中的孔隙体积与土颗粒体积之比。一般砂土的孔隙比为 0.4～0.8，黏土的孔隙比为 0.6～1.5。

②表达式

$$e = \frac{V_v}{V_s}$$

6）饱和度 S_r

①物理意义。土中水的体积与孔隙体积之比，用百分数表示。

②表达式

$$S_r = \frac{V_w}{V_v} \times 100\%$$

③工程应用。$S_r < 50\%$ 的沙土为稍湿，$50\% < S_r < 80\%$ 的沙土为很湿，$S_r > 80\%$ 的沙土为饱和。干土的饱和度 $S_r = 0$，饱和土的饱和度 $S_r = 1$。

4. 土的可松性

自然状态下的土，经开挖后，其体积因松散而增加，以后虽经回填压实，仍不能恢复成原来的体积，这种性质称为土的可松性。

土的可松性对土方平衡调配、基坑开挖时留弃土方量及运输工具的选择有直接影响。

土的可松性的大小用可松性系数表示，分为最初可松性系数和最终可松性系数。

（1）最初可松性系数（K_s）

自然状态下的土，经开挖成松散状态后，其体积的增加，用最初可松性系数表示。

$$K_s = \frac{V_2}{V_1}$$

式中　V_1——土在自然状态下的体积；

　　　V_2——土经开挖成松散状态下的体积。

（2）最终可松性系数（K_s'）

自然状态下的土，经开挖成松散状态后，回填夯实后，仍不能恢复到原自然状态下体积，夯实后的体积与原自然状态下体积之比，用最终可松性系数表示。

$$K_s' = \frac{V_3}{V_1}$$

式中　V_1——土在自然状态下的体积；

V_3'——土经回填压实后的体积。

由于土方工程量是以自然状态下的体积来计算的，所以在土方调配、计算土方机械生产率及运输工具数量时，必须考虑土的可松性。如：在土方工程中，K_s是计算土方施工机械及运土车辆等的重要参数，K_s'是计算场地平整标高及填方时所需挖土量等的重要参数。各类土的可松性系数见表1—1。

表1—1 各类土的可松性系数

土的类别	可松性系数	
	K_s	K_s'
第一类（松软土）	1.08 ~ 1.17	1.01 ~ 1.03
第二类（普通土）	1.14 ~ 1.28	1.02 ~ 1.05
第三类（坚土）	1.24 ~ 1.30	1.04 ~ 1.07
第四类（砂砾坚土）	1.26 ~ 1.32	1.06 ~ 1.09
第五类（软石）	1.30 ~ 1.45	1.10 ~ 1.20
第六类（次坚石）	1.30 ~ 1.45	1.10 ~ 1.20
第七类（坚石）	1.30 ~ 1.45	1.10 ~ 1.20
第八类（特坚石）	1.45 ~ 1.50	1.20 ~ 1.30

5. 土的渗透

（1）土的渗透性

在水头差的作用下，水穿过土中相互连通的孔隙发生流动的现象称为渗流。土体被水透过的性质，即水流通过土中相互连通孔隙难易程度的性质，称为土的渗透性。

渗流引起的问题主要是渗漏和渗透变形，渗漏容易造成水量损失，渗透变形容易引起土体内部应力的变化，造成建筑物及地基产生渗透破坏。

（2）土的渗透系数

土的渗透系数 k 的物理意义是水力坡度 $i = 1$ 时的渗透流速，量纲（单位）与渗透速度相同。根据图1—3所示的砂土实验可以发现，水在土中的渗流速度 v 与水力坡度 i 成正比，即：

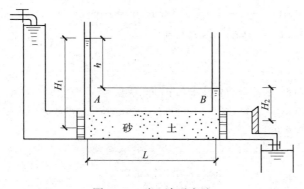

图1—3 砂土渗透实验

$$v = ki$$

渗透系数是表示土的渗透性强弱的一个重要的力学性质指标，也是渗流计算的一个基本参数。

三、土的工程分类

在土方工程施工中，根据土的开挖难易程度，将土分为松软土、普通土、坚土、砂砾坚土、软石、次坚石、坚石、特坚石八类，见表1—2，前四类属一般土，后四类属岩石。

表1—2　　　　　　　　　　　　　　　　土的工程分类

土的分类	土的名称	开挖方法及工具
一类土 （松软土）	砂；粉土；冲击砂土层；种植土；泥炭（淤泥）	能用锹、锄头挖掘
二类土 （普通土）	粉质黏土；潮湿的黄土；夹有碎石、卵石的砂；种植土；填筑土及粉土混卵（碎）石	用锹、条锄挖掘，少许用镐翻松
三类土 （坚土）	中等密实黏土；重粉质黏土；粗砾石；干黄土及含碎石、卵石的黄土、粉质黏土；压实的填筑土	主要用镐，少许用锹、条锄挖掘
四类土 （砂砾坚土）	坚硬密实的黏性土及含碎石、卵石的黏土；粗卵石；密实的黄土；天然级配砂石；软泥灰岩及蛋白石	整个用镐、条锄挖掘，少许用撬棍挖掘
五类土 （软石）	硬质黏土；中等密实的页岩、泥炭岩、白垩土；胶结不紧的砾岩；软的石灰岩	用镐或撬棍、大锤挖掘，部分用爆破方法
六类土 （次坚石）	泥岩；砂岩；砾岩；坚实的页岩；泥炭岩；密实的石灰岩；风化花岗岩；片麻岩	用爆破方法开挖，部分用风镐
七类土 （坚石）	大理岩；辉绿岩；玢岩；粗、中粒花岗岩；坚实的白云岩、砂岩、砾岩、片麻岩、石灰岩、微风化的安山岩、玄武岩	用爆破方法开挖
八类土 （特坚石）	安山岩；玄武岩；花岗片麻岩、坚实的细粒花岗岩；闪长岩、石英岩、辉长岩、辉绿岩	用爆破方法开挖

第二节 土方工程施工准备与辅助工作

一、施工准备

施工准备工作是为保证工程施工顺利进行而事先做好的工作。不仅在拟建工程开工之前要做好施工准备工作，随着工程施工的进展，在各施工阶段开工之前也要做好施工准备工作。

土方开挖前需做好的准备工作主要包括清理场地、排除地面水和修筑临时设施。

二、土方边坡与土壁支撑

为了防止塌方，保证施工安全，在基坑（槽）开挖深度超过一定限度时，土壁应做成有斜率的边坡，或者加以临时支撑以保持土壁的稳定。

1. 土方放坡

（1）放坡

设 i 为边坡坡度，则：

$$i = \frac{H}{B} = \frac{1}{B/H} = 1 : m$$

式中，$m = B/H$，称为边坡系数。

（2）直壁开挖

根据土方工程相关规范的规定，土质均匀且地下水位低于基坑（槽）底或管沟底面标高，开挖土层湿度适宜且敞露时间不长时，其挖方边坡可做成直壁，不加支撑，但挖方深度不宜超过下列规定：密实、中密的砂土和碎石土（充填物为砂土），挖方深度不宜超过 1.0 m；硬塑、可塑的粉质黏土及粉土，挖方深度不宜超过 1.25 m；硬塑、可塑的黏土和碎石类土（充填物为黏性土），挖方深度不宜超过 1.50 m；坚硬的黏土，挖方深度不宜超过 2.0 m。

（3）按规定坡度开挖

深度超过以上数值的基坑边坡，开挖时可按相应规范选取，对于 5 m 以内基坑可按表 1—3 选取。通过计算确定坡度，对于地下水、开挖深度、荷载、土质复杂等开挖条件超过规范的规定时，可采用土力学原理计算边坡坡度。

表1—3　　　　深度在 5 m 以内的基坑（槽）、管沟边坡最陡坡度（不加支撑）

土的类别	边坡坡度		
	坡顶无荷载	坡顶有静载	坡顶有动载
密砂土	1:1.00	1:1.25	1:1.50
中密碎石土（充填物为砂土）	1:0.75	1:1.00	1:1.25

续表

土的类别	边坡坡度		
	坡顶无荷载	坡顶有静载	坡顶有动载
硬塑的轻亚黏土	1:0.67	1:0.75	1:1.00
中密碎石土（充填物为黏土）	1:0.50	1:0.67	1:0.75
硬塑的轻亚黏土、黏土	1:0.33	1:0.50	1:0.67
老黄土	1:0.10	1:0.25	1:0.33
软土（经井点降水后）	1:1.00	—	—

注：1. 静荷载指堆土或材料等，动荷载是指机械挖土或汽车运输作业等。静荷载或动荷载距挖方边缘的距离应保证边坡和直立壁的稳定，堆土或材料应距挖方边缘0.8 m以外，高度不要超过1.5 m。

2. 当有成熟施工经验时可不受此限制。

（4）土方边坡失稳的原因

土方边坡失稳的原因主要有两个：土的抗剪强度降低和土体内的剪应力增加。具体来讲，引起土的抗剪强度降低的原因包括气候、风化使土体变软，水使土体产生润滑作用，以及粉土等受振动产生液化；引起土体内的剪应力增加的原因包括地面水渗入使土的自重增加，水渗透时产生动水压力，以及基坑（槽）顶有荷载，特别是动载。

为了避免边坡失稳，可以对边坡采取护面措施，具体方法有覆盖法，挂网法，挂网抹面法，喷混凝土法，土袋、砌石压坡法，土钉墙法等，如图1—4所示。

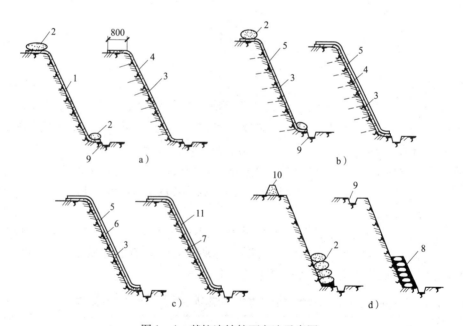

图1—4　基坑边坡护面方法示意图

a）薄膜或砂浆覆盖　b）挂网或挂网抹面　c）喷射混凝土或混凝土护面　d）土袋或砌石压坡

1—塑料薄膜　2—草袋或编织袋装土　3—插筋（φ10～12 mm）　4—抹M5水泥砂浆　5—20号钢丝网

6—C15喷射混凝土　7—C15细石混凝土　8—M5砂浆砌石　9—排水沟　10—土堤

11—φ4～6 mm钢筋网片，纵横间距250～300 mm

2．土壁支撑

开挖较窄的基坑或沟槽时多采用横撑式支撑，如图1—5所示。水平挡土板适用于湿度小、开挖深度 $H < 3$ m的条件；垂直挡土板适用于松散、湿度大的土质条件，而且开挖深度不限。

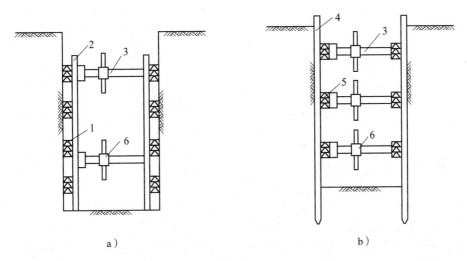

a）　　　　　　　　　　　　　　　b）

图1—5　沟槽横撑式支撑

a）水平挡土板　b）垂直挡土板

1—水平挡土板　2—垂直支撑　3—工具式支撑　4—垂直挡土板　5—水平支撑　6—连接件

三、施工排水与降低地下水位

1．排、降水目的

（1）防止涌水、冒砂，保证在较干燥的状态下施工。

（2）防止滑坡、塌方、坑底隆起。

（3）减少坑壁支护结构的水平荷载。

2．流砂现象

水在土中渗流时受到土颗粒的阻力，从作用与反作用定律可知，水对土颗粒也作用一个压力，这个压力叫作动水压力。当基坑底挖至地下水位以下时，坑底的土就受到动水压力的作用。如果动水压力等于或大于土的浸水密度，土粒就会失去自重处于悬浮状态，随着渗流的水一起流动，这种现象就叫"流砂现象"。实践表明，流砂现象经常发生在细砂、粉砂及粉土中。

在基坑开挖中，防治流砂应从"治水"着手。防治流砂的基本原则是减少或平衡动水压力，设法使动水压力方向向下，截断地下水流。工程实际中具体的措施有减小动水压力（打板桩法、地下连续墙等增加渗透路程长度）、平衡动水压力（抢挖法、水下开挖、泥浆护壁）和改变动水压力的方向（井点降水）。

3．降排水方法

（1）集水井法

集水井降水法是在基坑开挖过程中，在基坑底设置集水坑，并在基坑底四周或中央开挖排水沟，使水流入集水坑内，然后用水泵抽走，如图1—6所示。

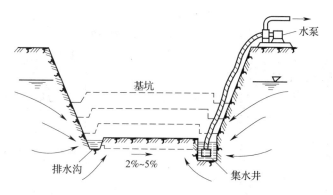

图1—6　集水井降水法

集水井应设置在结构基础净距0.4 m以外，地下水位上游，根据地下数量、基坑平面形状及水泵能力，每隔30~40 m设置一个。集水井的直径或宽度，一般为0.6~0.8 m。为保证正常工作，集水井井壁可用竹、木、砖等简易加固。集水井埋置深度随挖土而加深，保持低于挖土面0.7~1 m。当基坑挖至设计标高后，井底应低于基坑底1~2 m，并铺0.3 m碎石滤水层。

集水井降水一般适用于降水深度较小且地层为粗粒土层或黏性土的基坑降水。

（2）井点降水法

井点降水就是在基坑开挖前，预先在基坑四周埋设一定数量的滤水管（井）。在基坑开挖前和开挖过程中，利用真空原理，不断抽出地下水，使地下水位降低到坑底以下。井点降水法效果明显，可以使土壁稳定，避免流砂，防止隆起，方便施工，但是有可能引起周围地面和建筑物沉降。

1）井点降水的作用

①防止地下水涌入坑内（见图1—7a）。

②防止边坡由于地下水的渗流而引起的塌方（见图1—7b）。

③使坑底的土层消除了地下水位差引起的压力，因此，可防止坑底的管涌（见图1—7c）。

④降水后，使板桩减少横向荷载（见图1—7d）。

⑤消除了地下水的渗流，防止流砂现象（见图1—7c）。

⑥降低地下水位后，还能使土壤固结，增加地基土的承载能力。

2）井点类型及适用范围。井点类型及适用范围见表1—4。

3）轻型井点降水

①轻型井点降水设备。轻型井点降水设备由管路系统和抽水设备组成，如图1—8所示，管路系统包括滤管、井点管、弯联管及总管。

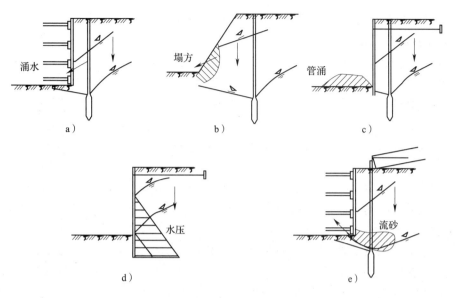

图 1—7　井点降水的作用

表 1—4			井点类型及适用范围	
井点类型	渗透系数（m/天）	降水深度（m）	最大井距（m）	主要原理
单级轻型井点	0.1～20	3～6	1.6～2	地上真空泵或喷射嘴真空吸水
多级轻型井点	0.1～20	6～20	1.6～2	地上真空泵或喷射嘴真空吸水
喷射井点	0.1～20	8～20	2～3	地下喷射嘴真空吸水
电渗井点	<0.1	5～6	极距1	钢筋阳极加速渗流
管井井点	20～200	3～5	20～50	单井真空泵、离心泵
深管井井点	10～250	25～30	30～50	单井潜水泵排水
水平辐射井点	大面积降水		平管引水至大口井排出	
引渗井点	不透水层下有渗存水层		打穿不透水层，引至下一存水层	

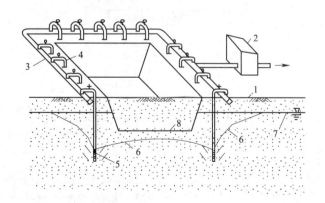

图 1—8　轻型井点降水设备

1—地面　2—水泵　3—总管　4—井点管　5—滤管　6—降落后的水位　7—原地下水位　8—基坑底

滤管为进水设备，如图1—9所示，通常采用长1.0～1.5 m、直径38 mm或51 mm的无缝钢管，管壁钻有直径为12～19 mm的滤孔。骨架管外面包以两层孔径不同的生丝布或塑料布滤网。为使流水畅通，在骨架管与滤网之间用塑料管或梯形铅丝隔开，塑料管沿骨架绕成螺旋形。滤网外面再绕一层粗铁丝保护网，滤管下端为一铸铁塞头。滤管上端与井点管连接。

井点管为直径38 mm和51 mm、长5～7 m的钢管。井点管的上端用弯联管与总管相连。

集水总管为直径100～127 mm的无缝钢管，每段长4 m，其上端有井点管联结的短接头，间距0.8 m或1.2 m。

常用的抽水设备有干式真空泵、射流泵等。干式真空泵由真空泵、离心泵和水气分离器（又叫集水箱）等组成。干式真空泵工作原理如图1—10所示。

②轻型井点布置。轻型井点布置分为平面布置和高程布置。根据基坑（槽）形状不同，平面布置又可分为单排布置（见图1—11a）、双排布置（见图1—11b）和环形布置（见图1—11c），当土方施工机械需进出基坑时，也可采用U形布置（见图1—11d）。

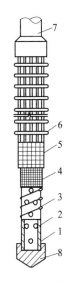

图1—9　滤管构造
1—钢管　2—管壁上的孔
3—塑料管　4—细滤网
5—粗滤网　6—粗铁丝保护网
7—井点管　8—铸铁塞头

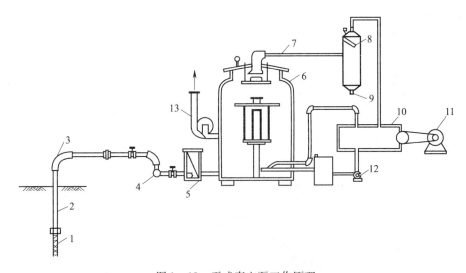

图1—10　干式真空泵工作原理
1—滤管　2—井点管　3—弯联管　4—集水总管　5—过滤室　6—水气分离器　7—进水管　8—副水气分离器
9—放水口　10—真空泵　11—电动机　12—循环水泵　13—离心水泵

单排布置适用于基坑、槽宽度小于6 m，且降水深度不超过5 m的情况，井点管应布置在地下水的上游一侧，两端的延伸长度不宜小于坑、槽的宽度。双排布置适用于基坑宽度大于6 m或土质不良的情况。环形布置适用于大面积基坑。如采用U形布置，则井点管不封闭的一段应在地下水的下游方向。

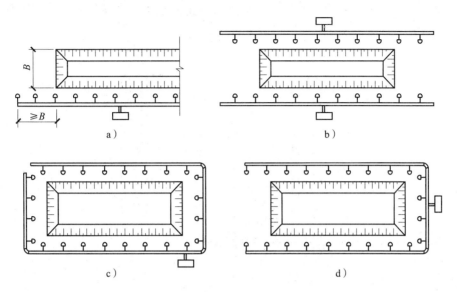

图 1—11 轻型井点的平面布置

a) 单排布置　b) 双排布置　c) 环形布置　d) U 形布置

高程布置是确定井点管埋深，即滤管上口至总管埋设面的距离，主要考虑降低后的水位应控制在基坑底面标高以下，保证坑底干燥。高程布置可按下式计算（见图 1—12）。

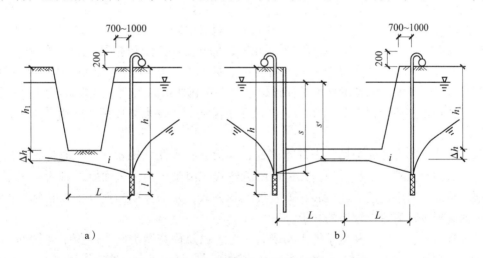

图 1—12 井点高程布置计算

$$h \geqslant h_1 + \Delta h + iL$$

式中　h_1——井管埋设面至其坑底的距离；

Δh——基坑中心处底面至降低后地下水位的距离，一般为 $0.5 \sim 1.0$ m；

i——地下水降落坡度，环状井点为 1/10，单排线状井点为 1/4；

L——井点管至基坑中心的水平距离。

③轻型井点的埋设与使用。轻型井点的施工程序为：排放总管→埋设井点管→用弯联

管将井点管与总管接通→安装抽水设备→试运行→正式抽水。井点管的埋设一般用水冲法进行，分为冲孔与埋管（见图1—13）两个过程。

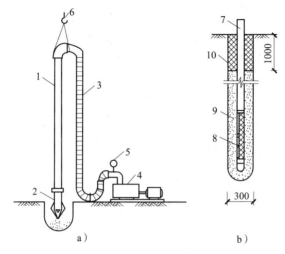

图1—13　井点管的埋设
a）冲孔　b）埋管
1—冲管　2—冲嘴　3—胶管　4—高压水泵　5—压力表　6—起重机吊钩
7—井点管　8—滤管　9—填砂　10—黏土封口

冲孔时，先用起重机设备将冲管吊起并插在井点的位置上，然后开动高压水泵，将土冲松，冲管则边冲边沉。冲孔直径一般为300 mm，以保证井管四周有一定厚度的砂滤层，冲孔深度宜比滤管底深0.5 m左右，以防冲管拔出时，部分土颗粒沉于底部而触及滤管底部。

井孔冲成后，立即拔出冲管，插入井点管，并在井点管与孔壁之间迅速填灌砂滤层，以防孔壁塌土。砂滤层的填灌质量是保证轻型井点顺利抽水的关键。一般宜选用干净粗砂，填灌均匀，并填至滤管顶上1～1.5 m，以保证水流畅通。井点填砂后，须用黏土封口，以防漏气。

井点系统全部安装完毕后，需进行试抽，以检查有无漏气现象。时抽时停，滤网易堵塞，也容易抽出土粒，使水混浊，并引起附近建筑物由于土粒流失而沉降开裂。正常的排水是细水长流，出水澄清。试运转，如发现井管失效，应采取措施使其恢复正常，如无可能恢复则应报废，另行设置新的井管。

抽水时需要经常检查井点系统工作是否正常，以及检查观测井中水位下降情况，如果有较多井点管发生堵塞，影响降水效果时，应逐根用高压水反向冲洗或拔出重埋。

第三节　场地平整施工

场地平整就是将施工区域内高低不平的自然地面，通过开挖和填筑达到施工所需要的设计标高。场地平整是工程开工前的一项工作内容，实现场地平整有利于文明施工、现场平面布置，能体现施工企业的现代化施工水平。

场地平整要考虑满足总体规划、生产施工工艺、交通运输和排除雨水等要求，并尽量使土方的挖、填平衡，减少运土量。

一、场地平整的基本原则

场地平整的基本原则是总挖方等于总填方，即场地内挖填平衡，场地内挖方工程量等于填方工程量。

二、计算步骤及方法

1. 初步确定场地设计标高

首先根据现场地形图划分成若干个边长为 10～40 m 的方格网，如图 1—14 所示，然后求出各方格角点的地面标高。

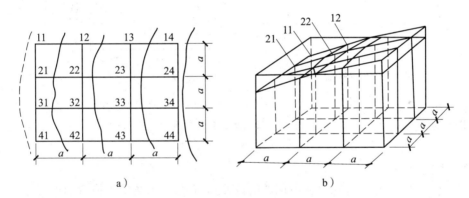

图 1—14 场地设计标高计算

根据挖填平衡的原则：平整前土方量 = 平整后土方量

$$H_0 = \frac{\sum H_1 + 2\sum H_2 + 3\sum H_3 + 4\sum H_4}{4n}$$

式中　H_0——平整后的场地标高；

　　　H_1——1 个方格仅有的角点标高；

　　　H_2——2 个方格共有的角点标高；

　　　H_3——3 个方格共有的角点标高；

　　　H_4——4 个方格共有的角点标高；

　　　n——方格数。

2. 场地设计标高的调整

按上述公式计算的场地设计标高 H_0 为一理论值，还需要考虑以下因素进行调整，即土的可松性影响、借土或弃土的影响，以及泄水坡度对设计标高的影响。

（1）单向泄水

单向泄水时场地设计标高计算是将已调整的设计标高（H''_0）作为场地中心线的标高，参考图 1—15a，场地内任一点设计标高为：

$$H_{ij} = H''_0 \pm Li$$

式中　H_{ij}——场地内任一点的设计标高；

　　　L——该点至 H''_0—H''_0 中心线的距离；

　　　i——场地泄水坡度；

　　　$\pm$——该点比 H''_0—H''_0 线高取"＋"号，反之取"－"号。

例如，图 1—15a 中 H_{11} 点的泄水坡度调整标高为：$H_{11} = H''_0 + 1.5ai$

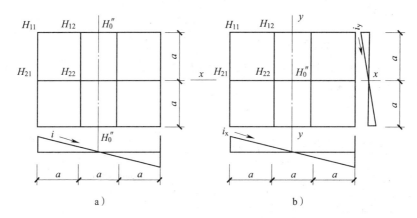

图 1—15　泄水坡度调整

a）单向泄水　b）双向泄水

（2）双向泄水

双向泄水时设计标高计算是将已调整的设计标高 H''_0 作为场地纵横方向的中心点（见图 1—15b），场地内任一点的设计标高为：

$$H_{ij} = H''_0 \pm L_x i_x \pm L_y i_y$$

式中　L_x——该点距 y 轴的距离，m；

　　　L_y——该点距 x 轴的距离，m；

　　　i_x——场地在 x 方向的泄水坡度；

　　　i_y——场地在 y 方向的泄水坡度；

　　　$\pm$——该点比 H_0 点高取"＋"号，反之取"－"号。

例如，图 1—15b 中 H_{11} 点的泄水坡度调整标高为：$H_{11} = H''_0 + 1.5ai_x + ai_y$

3．计算零点，标出零线

（1）计算各方格角点的施工高度

各角点的施工高度 = 设计标高 - 自然标高，计算结果中，"＋"值表示填方，"－"值表示挖方。

（2）计算零点，标出零线

零点的位置是根据方格角点的施工高度用几何法求出，如图 1—16 所示，计算公式如下：

$$\frac{x}{h_1} = \frac{a-x}{h_2}$$

$$x = \frac{ah_1}{h_1 + h_2}$$

式中　h_1、h_2——相邻两角点填、挖方施工高度（以绝对值代入），m；

　　　a——方格边长，m；

　　　x——零点距角点 A 的距离，m。

4．计算土方工程量（四棱柱法）

（1）方格四个角点全部为挖方或填方时（见图1—17），其挖方或填方体积为：

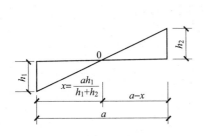

图1—16　计算零点的位置

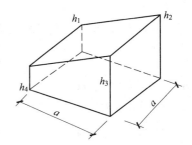

图1—17　角点全填或全挖

$$V = \frac{a^2}{4} (h_1 + h_2 + h_3 + h_4)$$

（2）方格四个角点中，部分是挖方，部分是填方时（见图1—18），其挖方或填方体积分别为：

$$V_{挖} = \frac{a^2}{4} \frac{(h_1 + h_2)^2}{h_1 + h_2 + h_3 + h_4}$$

$$V_{填} = \frac{a^2}{4} \frac{(h_3 + h_4)^2}{h_1 + h_2 + h_3 + h_4}$$

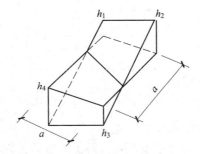

图1—18　角点二填或二挖

第四节 土 方 开 挖

场地平整之后，利用设计提供的基点坐标经过放线定位就可以进行土方开挖。

一、基坑、基槽开挖及支护方法

1. 基坑（槽）土方量计算

（1）基坑土方量计算

基坑土方量可近似地按拟柱体体积公式计算，如图 1—19 所示。

$$V = \frac{H}{6} \left(A_1 + 4A_0 + A_2 \right)$$

式中　H——基坑深度，m；

A_1——基坑上底面面积，m^2；

A_2——基坑下底面面积，m^2；

A_0——基坑中截面面积，m^2。

（2）基槽土方量计算

基槽土方量可沿长度方向分段计算，如图 1—20 所示。

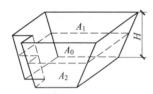

图 1—19　基坑土方量计算

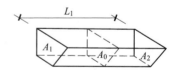

图 1—20　基槽土方量计算

$$V_1 = \frac{L_1}{6} \left(A_1 + 4A_0 + A_2 \right)$$

式中　V_1——第一段的土方量，m^3；

L_1——第一段的长度，m。

总土方量为各段土方量之和，即

$$V = V_1 + V_2 + \cdots + V_n$$

式中　V_1、V_2、$\cdots$、V_n——各分段的土方量，m^3。

若该段内基槽横截面形状、尺寸不变时，其土方量即为该段横截面的面积乘以该段基槽长度，$V = AL$。

【例 1—1】　某基坑底面边长为 10 m×10 m，挖深 4 m，按 1:0.5 放坡，最初可松性系数为 1.20，挖出的土用装载量为 4 m^3 的汽车运走，求需要运输的车次。

解：

放坡宽度 $B = mh = 0.5 \times 4 = 2$ m

则上口边长为：$10 + 2 \times 2 = 14$ m

根据公式：$V = \dfrac{H}{6}(A_1 + 4A_0 + A_2)$

$H = 4$ m，$A_1 = 14 \times 14 = 196$ m^2，$A_2 = 10 \times 10 = 100$ m^2，$A_0 = 12 \times 12 = 144$ m^2。

代入上述公式得：$V = 581$ m^3

需要运输的车次为：$581 \times 1.20 \div 4 \approx 174$

2．基坑（槽）支护方法

（1）基槽支护结构形式

市政工程施工时，常需在地下铺设管沟，因此需开挖沟槽。开挖较窄的沟槽，多用横撑式土壁支撑。支撑根据挡土板的不同，分为水平挡土板式（见图1—21a）及垂直挡土板式（见图1—21b）两类。前者挡土板的布置又分为间断式和连续式两种。湿度小的黏性土挖土深度小于 3 m 时，可用间断式水平挡土板支撑；对松散、湿度大的土可用连续式水平挡土板支撑，挖土深度可达 5 m。对松散和湿度很高的土可用垂直挡土板式支撑，其挖土深度不限。

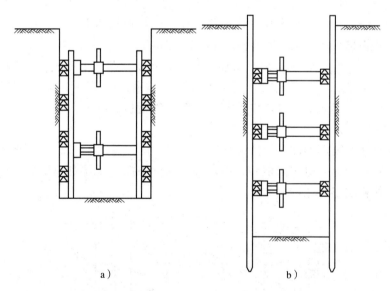

a)   b)

图1—21 横撑式支撑

a）水平挡土板式 b）垂直挡土板式

（2）钢板桩

1）钢板桩的分类

①槽形钢板桩。槽形钢板桩是一种简易的钢板桩支护挡墙，由槽钢正反扣搭接组成。槽钢长 6~8 m，型号由计算确定。由于其抗弯能力较弱，用于深度不超过 4 m 的基坑，顶部设一道支撑或拉锚。

②热轧锁口钢板桩。热轧锁口钢板桩有 Z 形（见图1—22a）、U 形（见图1—22b，又

叫"波浪形"或"拉森型")、"一"字形（见图1—22c，又叫平板桩）和组合型（见图1—22d）。

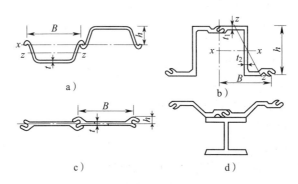

图1—22　常用钢板桩截面形式

a) Z形　b) U形　c)"一"字形　d) 组合型

钢板桩之间通过锁口互相连接，形成一道连续的挡墙。由于锁口的连接，使钢板桩连接牢固，形成整体，同时也具有较好的隔水能力。钢板桩截面积小，易于打入。

2) 钢板桩的打桩方法。板桩施工要正确选择打桩方法、打桩机械和流水段划分，以便使打设后的板桩墙有足够的刚度和良好的防水作用，且板桩墙面平直，以满足基础施工的要求，对封闭式板桩墙还要求封闭合拢。钢板桩通常有三种打桩方法：

①单独打入法。此法是从一角开始逐块插打，每块钢板桩自起打到结束中途不停顿。因此，桩机行走路线短，施工简便，打设速度快。但是，由于单块打入，易向一边倾斜，累计误差不易纠正，墙面平直度难以控制。一般在钢板桩长度不大（小于10 m）、工程要求不高时可采用此法。

②围檩插桩法。要用围檩支架作板桩打设导向装置（见图1—23）。围檩支架由围檩和围檩桩组成，在平面上分单面围檩和双面围檩，高度方向有单层和双层之分。双面围檩之间的距离比两块板桩组合宽度大8~15 mm。

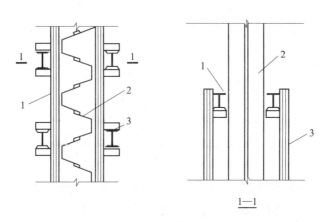

1—1

图1—23　围檩插桩法

1—围檩　2—钢板桩　3—围檩支架

③分段复打法。分段复打法又称屏风法，如图 1—24 所示，是将 10～20 块钢板桩组成的施工段沿围檩插入土中一定深度，形成较短的屏风墙，先将其两端的两块打入，严格控制其垂直度，打好后用电焊固定在围檩上，然后将其他的板桩按顺序以 1/2 或 1/3 板桩高度打入。此法可以防止板桩过大的倾斜和扭转，防止误差积累，利于实现封闭合拢，且分段打设不会影响邻近板桩施工。

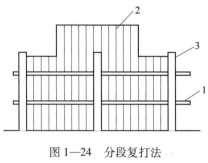

图 1—24　分段复打法
1—围檩　2—钢板桩　3—围檩支架

二、土方开挖机械

1. 推土机

推土机是一种在拖拉机前端悬装上推土刀的铲土运输机械。推土机作业时，机械向前开行，放下推土刀切削土壤，碎土堆积在刀前，待逐渐积满以后，略提起推土刀，使刀刃贴着地面推移碎土，推到指定地点以后，提刀卸土，然后掉头或倒车返回铲掘地点。由于推土机牵引力大，生产效率高，工作装置简单、牢固，操纵灵便，能进行多种作业，应用非常广泛。

推土机适于推挖一至三类土，用于平整场地，移挖作填，回填土方，堆筑堤坝，以及配合挖土机集中土方、修路开道等。推土机的作业效率与运距有很大关系，表 1—5 列有推土机作业时的经济运距。

表 1—5　　　　　　　　　　　　推土机的经济运距

行走装置	机型	经济运距（m）	备注
履带式	大型 中型 小型	50～100（最远 150） 60～100（最远 120） <50	上坡用小值 下坡用大值
轮胎式		50～80（最远 150）	

推土机按照推土刀安装形式分固定推土刀推土机（见图 1—25a）和回转推土刀推土机（见图 1—25b）两种。

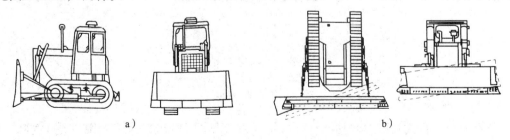

a）　　　　　　　　　　　　　　b）

图 1—25　履带式推土机

a）固定推土刀推土机　b）回转推土刀推土机

为提高生产效率，推土机可采用下坡推土（见图1—26）、槽形推土（见图1—27a）及并列推土（见图1—27b）等方法。

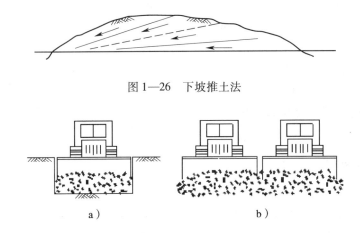

图1—26 下坡推土法

图1—27 槽形推土法与并列推土法
a）槽形推土法 b）并列推土法

2. 铲运机

铲运机是1种利用铲斗铲削土壤，并将碎土装入铲斗进行运送的铲土运输机械，能够完成铲土、装土、运土、卸土和分层填土、局部碾实的综合作业，适用于铁路、道路、水利、电力等工程平整场地工作。铲运机具有操纵简单，不受地形限制，能独立工作，行驶速度快，生产效率高等优点。其适用于一类、二类土，如铲削三类以上土壤时，需要预先松土。

铲运机由铲斗（工作装置）、行走装置、操纵机构和牵引机等组成，铲运机工作过程包括：放下铲斗，打开斗门，向前开行，斗前刀片切削土壤，碎土进入铲斗并装满（见图1—28a）；提起铲斗，关上斗门，进行运土（见图1—28b）；到卸土地点后打开斗门，卸土，并调节斗的位置，利用刀片刮平土层（见图1—28c）；卸土完毕，返回。

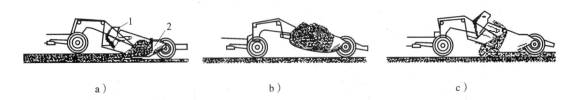

图1—28 铲运机的作业过程
a）铲土 b）运土 c）卸土
1—斗门 2—斗体

铲运机分自行式和拖式两种。自行式铲运机（见图1—29）经济运距可达1 500 m以上，具有结构紧凑、机动性大、行驶速度高等优点，得到广泛的应用。拖式铲运机需要有拖拉机牵引作业，适用于土质松软的丘陵地带，其经济运距一般为50～500 m。

a) b)

图1—29 铲运机

a) 自行式铲运机 b) 拖式铲运机

铲运机运行路线和施工方法视工程大小、运距长短、土的性质和地形条件等而定。其运行路线可采用环形路线或"8"字形路线（见图1—30）。采用下坡铲土、跨铲法、推土机助铲法等，可缩短装土时间，提高土斗装土量，充分发挥其效率。

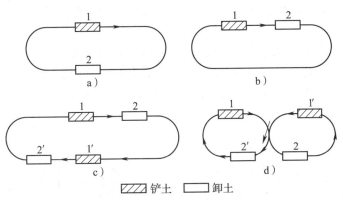

图1—30 铲运机开行路线

a) 环形路线1 b) 环形路线2 c) 大环形路线 d) "8"字形路线

3. 挖掘机

基坑土方开挖一般采用挖掘机施工。挖掘机按行走方式分为履带式和轮胎式两种。按传动方式分为机械传动和液压传动两种。斗容量有 0.2 m³、0.4 m³、1.0 m³、1.5 m³、2.5 m³ 等多种。挖掘机利用土斗直接挖土，因此也称为单斗挖土机，按土斗作业装置分为正铲挖掘机、反铲挖掘机、抓铲挖掘机及拉铲挖掘机，使用较多的是前三种。

（1）正铲挖掘机

正铲挖掘机外形如图1—31所示。它适用于开挖停机面以上的土方，且需与汽车配合完成整个挖运工作。正铲挖掘机挖掘力大，适用于开挖含水量较小的一类土和经爆破的岩石及冻土。一般用于大型基坑工程，也可用于场地平整施工。

正铲的开挖方式根据开挖路线与汽车相对位置的不同分为正向开挖、侧向装土及正向开挖、后方装土两种（见图1—32），前者生产效率较高。

图1—31　正铲挖掘机外形

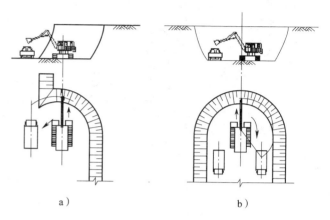

a)　　　　　　　　　　　　b)

图1—32　正铲开挖方式
a) 正向开挖、侧向装土　b) 正向开挖、后方装土

（2）反铲挖掘机

反铲挖掘机的外形如图1—33所示。反铲适用于开挖一至三类的砂土或黏土，主要用于开挖停机面以下的土方。

反铲的开挖方式可以采用沟端开挖法，即反铲停于沟端，后退挖土，向沟一侧弃土或装汽车运走（见图1—34a），也可采用沟侧开挖法，即反铲停于沟侧，沿沟边开挖，它可将土弃于距沟较远的地方，如装车则回转角度较小，但边坡不易控制（见图1—34b）。

图1—33　液压反铲挖掘机外形

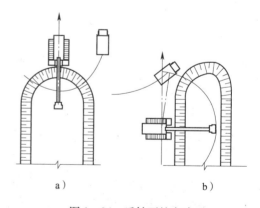

a)　　　　　　　　　　b)

图1—34　反铲开挖方式
a) 沟端开挖法　b) 沟侧开挖法

（3）抓铲挖掘机

机械传动抓铲挖掘机外形如图1—35所示。它适用于开挖较松软的土。

对施工面狭窄而深的基坑、深槽、深井采用抓铲可取得理想效果，也可用于场地平整中的土堆与土丘的挖掘。抓铲还可用于挖取水中淤泥，装卸碎石、矿渣等松散材料。抓铲也可采用液压传动操纵抓斗作业。

（4）拉铲挖掘机

拉铲挖掘机适用于一至三类的土，可开挖停机面以下的土方，如较大基坑（槽）和沟渠，挖取水下泥土，也可用于大型场地平整，填筑路基、堤坝等。拉铲挖掘机的外形及工作状况如图1—36 所示。

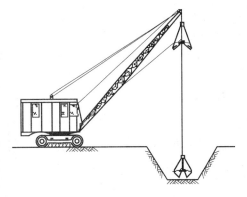

图1—35　抓铲挖掘机外形

图1—36　拉铲挖掘机外形及工作状况

第五节　土方填筑与压实

当基坑的土方开挖至基础施工完，应及时组织回填，连续进行施工，晾槽时间不要过久，避免边坡塌方或基底遭到破坏。填筑时注意土方的压实，保证土体的密实度。在土方填筑前，应清除基底上的垃圾、树根等杂物，抽除坑穴中的水、淤泥。

一、填筑要求

选择填方土料应符合设计要求。如设计无要求时，应符合下列规定：

1. 碎石类土、砂土（使用细、粉砂时应取得设计单位同意）和爆破石碴，可用作表层以下的填料；含水量符合压实要求的黏性土，可用作各层填料；碎块草皮和有机质含量大于8%的土，仅用于无压实要求的填方工程；淤泥和淤泥质土一般不能用作填料，但在软土或沼泽地区，经过处理其含水量符合压实要求后，可用于填方中的次要部位；含盐量符合规定的盐渍土，一般可以使用，但填料中不得含有盐晶、盐块或含盐植物的根茎。

2. 碎石类土或爆破石碴用作填料时，其最大粒径不得超过每层铺填厚度的2/3（当使用振动碾时，不得超过每层铺填厚度的3/4）。铺填时，大块料不应集中，且不得填在分段接头处或填方与山坡连接处。填方内有打桩或其他特殊工程时，块石填料的最大粒径不应超过设计要求。

二、最佳含水量

回填土含水量过大或过小都难以夯压密实，当土壤在最佳含水量的条件下压实时，能获得最大的干密度。土壤的最佳含水量在专业的施工手册上能查找到。土壤过湿时，可先晒干或掺入干土；土壤过干时，则应洒水湿润，以取得较佳的含水量。各类土的最佳含水量和最大干密度见表1—6。

表1—6　　　　　　　　各类土的最佳含水量和最大干密度

土壤类型	最佳含水量	最大干密度（kN/m³）
砂土	8%～12%	1.8～1.88
亚砂土	9%～15%	1.85～2.08
粉土	16%～22%	1.61～1.8
亚粉土	12%～20%	1.67～1.95
黏土	15%～23%	1.58～1.7

注：当采用重型击实时，其最大干密度平均要提高10%，最佳含水量约减少3.5%（绝对值）。

三、土方填筑施工

填方前，应根据工程特点、填料种类、设计压实系数、施工条件等合理选择压实机具，并确定填料含水量控制范围、铺土厚度和压实遍数等参数。对于重要的填方工程或采用新型压实机具时，上述参数应通过填土压实试验确定。

填土时应先清除基底的树根、积水、淤泥和有机杂物，并分层回填、压实。填土应尽量采用同类土填筑。如采用不同类填料分层填筑时，上层宜填筑透水性较小的填料，下层宜填筑透水性较大的填料。填方基土表面应做成适当的排水坡度，边坡不得用透水性较小的填料封闭。填方施工应接近水平的分层填筑。当填方位于倾斜的地面时，应先将斜坡挖成阶梯状，然后分层填筑以防填土横向移动。填方工程应分层铺土压实。填土分层厚度根据压实机具而定，见表1—7。

表1—7　　　　　　　　　　　　　　填土分层厚度要求

压实机具	每层铺土厚度（mm）	每层压实遍数
平碾	200～300	6～8
羊足碾	200～350	8～15
振动压实机	200～350	3～4
柴油打夯机	200～250	3～4
人工打夯	＜200	3～4

注：1. 斜坡上的土方回填应将斜坡改成阶梯形，以防填方滑动。

2. 填方区如有积水、杂物和软弱土层等，必须进行换土回填，换土回填也分层进行。

3. 回填基坑和管沟时，应从四周或两侧分层、均匀、对称进行，以防基础和管道在土压力下产生偏移和变形。

分段填筑时，每层接缝处应做成斜坡形，碾迹重叠 0.5～1.0 m。上、下层错缝距离不应小于 1 m。

四、土方压实施工

填土压实方法有碾压、夯实和振动压实三种，此外还可利用运土工具压实。

1. 碾压法

碾压法常用的工具有平碾和羊足碾。

（1）平碾

平碾如图 1—37 所示，适用于碾压黏性土和非黏性土。平碾的运行速度决定其生产效率。在压实填方时，碾压速度不宜过快，一般碾压速度不超过 2 km/h。

图 1—37　平碾

（2）羊足碾

羊足碾如图 1—38 所示，适用于压实中等深度的粉质黏土、粉土、黄土等，一般用拖拉机牵引作业。

图1—38　羊足碾

2．夯实法

夯实法是利用夯锤自由下落的冲击力来夯实土壤，主要用于小面积的回填土。

夯实机具类型较多，有木夯、石夯、蛙式打夯机（见图1—39）以及利用挖土机或起重机装上夯板后的夯土机等。其中蛙式打夯机轻巧灵活、构造简单，在小型土方工程中应用最广。

图1—39　蛙式打夯机

五、质量要求及安全技术要求

填土压实后要达到一定的密实度要求。填土的密实度要求和质量指标通常以压实系数λ_c表示。压实系数是土的施工控制干密度ρ_d和土的最大干密度ρ_{dmax}的比值。压实系数一般根据工程结构性质、使用要求及土的性质确定。

填土压实后的实际干密度，应有90%以上符合设计要求，其余10%的最低值与设计值的差不得大于$0.08\ g/cm^3$，且差值应较为分散。

若土的实际干密度$\rho_0 \geqslant \rho_d$（ρ_d为施工控制干密度），则压实合格；若$\rho_0 < \rho_d$，则压实不够，应采取相应措施，提高压实质量。

技能训练1　场地平整土方工程量计算

一、训练任务

某建筑场地方格网如图1—40所示，方格边长为$20\ m \times 20\ m$，双向排水，排水坡度为$i_x = i_y = 1\%$，按挖填平衡的原则计算其土方量（不计算边坡土方量），并根据计算结论进行场地平整，对填土进行质量检验。

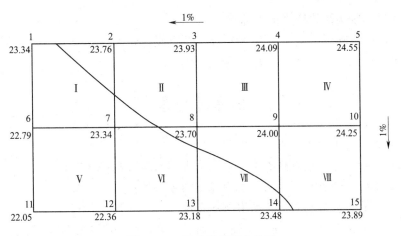

图1—40　某建筑场地方格网

二、训练目的

通过场地平整土方量的计算和操作，掌握场地平整过程中影响工作量的因素，了解工程实践过程中对于土方工程的施工要求。

三、训练准备

1. 硬件准备：实训场地、相应数量的土方量、挖土设备或工具、压实机械设备。
2. 技能训练过程中注意机械设备的使用安全、用电安全、施工过程中操作的规范要求，注意人机配合。

四、训练流程要点

1. 计算场地设计标高。
2. 根据场地排水坡度确定各方格角点的设计标高，注于方格网角点右下角；根据场地形状，确定场地中心点即角点8的设计标高为23.55，计算其余角点的设计标高。
3. 计算各方格角点的施工高度，标注于方格角点的右上角（$h_n = H_n - h'_n$）。
4. 确定零点零线标注于方格图中，如图1—40所示。
5. 计算各方格的土方。
6. 计算挖放量和填放量总和。
7. 土方场地平整施工。

五、训练质量检验

填土必须具有一定的密实度，以避免建筑物的不均匀沉陷。填土密实度以设计规定的控制干密度或规定压实系数作为检查标准。

填土压实后的实际干密度，应有90%以上符合设计要求，其余10%的最低值与设计值的差不得大于0.08 g/cm³，且应分散，不得集中。

思考练习题

1. 工程中常见的土方工程有哪些？

2. 施工中土方一般是按照什么来分类？分成哪八类土？如何区分？

3. 什么是土的可松性？什么场合要考虑土的可松性？

4. 什么是土的含水量？它对施工有哪些影响？

5. 某工程开挖体积为2 000 m³的基坑，同时需要填筑一个800 m³的洼地，余土用斗容量4 m³的卡车外运，计算运土需多少车次。（$K_s = 1.22$，$K'_s = 1.07$）

6. 土方边坡如何表达？常用形式有哪些？

7. 影响土方边坡稳定的因素有哪些？应采取什么措施防止边坡塌方？

8. 常用的板式支护结构有哪些形式？

9. 支护结构的钢板桩如何施工？

10. 平整场地时，初步确定场地设计标高的原则是什么？

11. 某基坑底长80 m、宽60 m、深8 m，四边放坡，边坡坡度1:0.5，试计算挖土土方工程量。如地下室的外围尺寸为78 m×58 m，土的最终可松性系数为$K_s = 1.03$，试求出地下室部分回填土量。

12. 流砂是怎么形成的？可采取哪些防治措施？

13. 井点降水有什么作用？有哪几种类型？

14. 轻型井点降水如何设计？

15. 基坑开挖常用的土方机械有哪几类？

16. 推土机的性能如何？它适用于哪些土方工程？

17. 正铲挖掘机的性能如何？它适用于哪些土方工程？

18. 土方填筑的土料有什么要求？

19. 影响填土压实的主要因素有哪些？

20. 填土应注意哪些问题？如何检查填土质量？

第二章　地基处理及加固

任何建筑物都必须有可靠的地基和基础。建筑物的全部质量最终将通过基础传给地基，所以对某些地基的处理及加固就成为基础工程施工中的一项重要内容。在施工过程中发现地基土质过软或过硬，不符合设计要求时，应本着使建筑物各部位沉降尽量一致，以减小地基不均匀沉降的原则对地基进行处理。

第一节　地基处理方法

一、换土加固地基

换土加固是处理浅层地基的方法之一。该法是将软弱土层挖除，换填结构较好的土、灰土、中（粗）砂、碎（卵）石、石屑、煤渣或其他工业废粒料等材料，制作素土地基（土垫层）、灰土地基或砂垫层和砂石垫层地基等。其施工程序基本相同——基坑（槽）开挖、验槽、分层回填、夯（压）实或振实，以达到设计的密实度和夯实深度。

根据所用的材料不同，换土加固地基有素土垫层换层法、灰土垫层换层法、砂和砂砾石垫层换层法、碎石和矿渣垫层换层法、碎砖三合土垫层换层法等，施工方法一般采用机械碾压法、重锤夯实法和平板振动法，对于砂石垫层还可以采用插振法、水撼法等。

换垫层施工要点：

1. 施工前应先验槽，清除松土，并打底夯两遍，要求平整干净，如有积水、淤泥应晒干。

2. 灰土垫层土料的施工含水量宜控制在最优含水量范围内，垫层的分层铺填厚度可取 200～300 mm。垫层施工可根据不同的换填材料选择施工机械，灰土宜采用机械夯打或碾压，砂石宜采用振动碾和振动压实机械。

3. 砂石垫层垫层底宜设在同一标高上，如深度不同，基坑底土面应挖成阶梯或斜坡搭接，并按先深后浅的顺序进行换层施工，搭接应夯压密实。灰土垫层分段施工时，不得在柱基、墙角及承重窗间墙下接缝，上下两层的缝距不得小于 500 mm。灰土应拌和均匀并当日铺填夯实，灰土夯实后 3 天不得受水浸泡。

4. 垫层宽度的确定，视材料不同按计算取用。

5. 冬期施工，必须在垫层不冻的状态下进行，冻土及夹有冻块的土料不得使用，拌和灰土表面要用塑料薄膜覆盖，以防受冻。

6. 垫层竣工后，应及时进行基础施工与基础回填。

换土垫层加固法的质量检验标准见表 2—1 ~ 表 2—4。

表 2—1　　　　　　　　　　　　灰土地基质量检验标准

项目类别	序号	检查项目	允许偏差或允许值	检查方法
主控项目	1	地基承载力	设计要求	按规定方法
	2	配合比	设计要求	按拌和时的体积比
	3	压实系数	设计要求	现场实测
一般项目	4	石灰粒径（mm）	≤5	筛分法检查
	5	土料有机质含量（%）	≤5	试验室焙烧法检查
	6	土颗粒粒径（mm）	≤15	筛分法检查
	7	含水量（与最优含水量比较）（%）	±2	烘干法检查
	8	分层厚度偏差（与设计要求比较）（mm）	±50	水准仪检查

表 2—2　　　　　　　　　　　　砂及砂石地基质量检验标准

项目类别	序号	检查项目	允许偏差或允许值	检查方法
主控项目	1	地基承载力	设计要求	按规定方法
	2	配合比	设计要求	检查拌和时的体积比或质量比
	3	压实系数	设计要求	现场实测
一般项目	4	砂石料有机质含量（%）	≤5	焙烧法检查
	5	砂石料含泥量（%）	≤5	水洗法检查
	6	土颗粒粒径（mm）	≤100	筛分法检查
	7	含水量（与最优含水量比较）（%）	±2	烘干法检查
	8	分层厚度（与设计要求比较）（mm）	±50	水准仪检查

表 2—3　　　　　　　　　　　　土工合成材料地基质量检验标准

项目类别	序号	检查项目	允许偏差或允许值	检查方法
主控项目	1	土工合成材料强度（%）	≤5	置于夹具上做拉伸试验（结果与设计标准比较）
	2	土工合成材料延伸率（%）	≤3	置于夹具上做拉伸试验（结果与设计标准比较）
	3	地基承载力	设计要求	按规定方法
一般项目	4	土工合成材料搭接长度（mm）	≥300	钢尺检查
	5	土石料有机质含量（%）	≤5	焙烧法检查
	6	层面平整度（mm）	≤20	2m 靠尺检查
	7	每层铺设厚度（mm）	±25	水准仪检查

表 2—4　　　　　　　　　　　　粉煤灰地基质量检验标准

项目类别	序号	检查项目	允许偏差或允许值	检查方法
主控项目	1	压实系数	设计要求	现场实测
	2	地基承载力	设计要求	按规定方法
一般项目	3	粉煤灰粒径（mm）	0.001～2.000	过筛检查
	4	氧化铝及二氧化硅含量（%）	≥70	试验室化学分析
	5	烧失量（%）	≤12	试验室烧结法检查
	6	每层铺筑厚度（mm）	±50	水准仪检查
	7	含水量（与最优含水量比较）（%）	±2	取样后试验室确定

二、重力夯实加固地基

重力夯实适用于地下水位以上稍湿的黏性土、砂土、湿陷性黄土、杂填土和分层填土地基的加固。它是以 1.5～3.0 t 的重锤，底面直径为 1.0～1.5 m，举高 2.5～4.5 m 自由下落，产生的夯击能量，促使土体密实，其有效影响深度一般为 1～1.5 m，属于浅层地基处理方法之一。作为分层填土地基时，每层虚铺厚度一般以等于锤底直径为宜。施工前必须在建筑地段附近进行试夯，选定锤重、底面直径和落距，以便确定最后下沉量（最后两击平均每击土面的沉降值）及相应的最少夯击遍数和总下沉量。

最后下沉量一般可采用下列数值：黏性土及湿陷性黄土为 1～2 cm；砂土为 0.5～1 cm。

试夯结果应达到设计的密实度和夯实深度。如不能满足设计要求时，可适当提高落距，增加夯击遍数，必要时可增加锤重再行试夯。

施工时的夯击遍数，应按试夯确定的最少夯击遍数增加 1～2 遍，夯击遍数一般为 6～8 遍（同一夯位夯击一下即为一遍）。重力夯实加固地基质量检验标准见表 2—5。

表 2—5　　　　　　　　　　　重力夯实加固地基质量检验标准

项目类别	序号	检查项目	允许偏差或允许值	检查方法
项目类别	1	地基强度	设计要求	按规定方法
	2	地基承载力	设计要求	按规定方法
一般项目	3	夯锤落距（mm）	±300	钢索设标志
	4	锤重（kg）	±100	称重
	5	夯击遍数及顺序	设计要求	计数法检查
	6	夯点间距（mm）	±500	钢尺检查
	7	夯击范围（超出基础范围距离）	设计要求	钢尺检查
	8	前后两遍间歇时间	设计要求	实测或检查施工记录

试夯后应挖探井取样检查夯实效果，测定坑底以下 2.5 m 深度范围内的密实度，每隔 0.25 m 逐层取土进行试验，并与试坑以外相对深度的天然土密实度作比较。正式施工后检

查夯实效果，除应满足试夯最后下沉量的规定要求外，还应符合夯实的基坑（槽）表面总下沉量不少于试夯总下沉量的90%，用以上两个指标控制质量，即认为合格。其夯击检查点的数量如下：每一单独基础至少应有1点；对基槽每20 m应有1点；对整片地基每50～100 m² 取1点。

通过检查，如质量不合格时，应进行补夯，直至合格为止。

三、强力夯实加固地基

强夯法（强力夯实法）是一种软弱地基深层加固方法，其有效加固深度随夯击能量增大而加大。它是利用不同质量的夯锤，从不同的高度自由落下，产生很大的冲击力来处理地基的方法。强夯法适用于沙质土、黏性土及碎石、砾石、沙土、黏土等的回填土，以提高地基的强度，满足上部荷载的要求。

强夯施工前，应在施工现场有代表性的场地上选取一个或几个试验区，进行试夯或实验性施工。试验区数量应根据建筑场地的复杂程度、建设规模及建筑类型确定。

夯锤底面形式宜采用圆形。锤底面积按土的性质确定。锤底静压力值可取25～40 kPa，对于细颗粒土锤底静压力宜取小值。锤的底面宜对称设若干个与其顶面贯通的排气孔，孔径可取250～300 mm。强夯施工采用带自动脱钩装置的履带式起重机或其他专用设备。采用履带式起重机时，可在臂杆端部设置辅助门架，或采用其他安全措施，防止落锤时机架倾覆。

当地下水位较高，夯坑底积水影响施工时，可采用人工降低地下水位或铺设一定厚度的松散型材料的方法。夯坑内或场地积水应及时排除。强夯施工前，应查明场地范围内的地下构筑物和各种地下管线的位置及标高等，并采取必要的措施，以免因强夯施工造成破坏。当强夯施工所产生的振动对邻近建筑物或设备产生有害的影响时，应采取防振或隔振措施。

强夯施工可按下列步骤进行：

1. 清理并平整施工场地。

2. 标出第一遍夯点位置，并测量场地高程。

3. 起重机就位，使夯锤对准夯点位置。

4. 测量夯前锤顶高程。

5. 将夯锤起吊到预定高度，待夯锤脱钩自由下落后，放下吊钩，测量锤顶高程。若发现因坑底倾斜而造成夯锤歪斜时，应及时将坑底平整。

6. 按设计规定的夯击次数及控制标准，完成一个夯点的锤击。

7. 重复步骤3至步骤6，完成第一遍全部夯点的夯击。

8. 用推土机将夯坑填平，并测量场地高程。

9. 在规定的时间间隔后，按上述步骤逐次完成夯击遍数，最后用低能量满夯，将场地表面松土夯实，并测量夯后场地高程。

强力夯实加固地基质量检验标准同重力夯实加固地基质量检验标准。

四、振冲地基

振冲法加固地基最初仅用于松散砂土的挤密，现已在黏性土、软黏土、杂填土及饱和黄土地基上广泛应用。振冲法对砂土是挤密作用，对黏性土是置换作用，加固后桩体与原地基土共同组成复合地基。

振冲施工前，应在现场进行制桩试验，确定有关的设计参数及振冲水压、水量、填料方法与用量等。

振冲地基质量检验标准见表2—6。

表2—6   **振冲地基质量检验标准**

项目类别	序号	检查项目	允许偏差或允许值	检查方法
主控项目	1	填料粒径	设计要求	抽样检查
	2	功率30 kW振冲器 密实电流（黏性土）（A）	50~55	电流表读数
		密实电流（砂性土或粉土）（A）	40~50	电流表读数
		其他类型振冲器 密实电流	$1.5I_0 \sim 2.0I_0$	电流表读数，I_0为空振电流
	3	地基承载力	设计要求	按规定方法
一般项目	4	填料含泥量（%）	<5	抽样检查
	5	振冲器喷水中心与孔径中心偏差（mm）	≤50	钢尺检查
	6	成孔中心与设计孔位中心偏差（mm）	≤100	钢尺检查
	7	桩体直径（mm）	≤50	钢尺检查
	8	孔深（mm）	±200	钻杆或重锤检查

五、土和灰土挤密桩加固地基

土和灰土挤密桩适用于地下水位以上的湿陷性黄土、人工填土、新近堆积土和地下水有上升趋势地区的地基加固。

挤密桩施工前，必须在建筑地段附近进行成桩试验。通过试验可检验挤密桩地基的质量和效果，同时取得指导施工的各项技术参数，如成孔工艺、桩径大小、桩孔回填料速度和夯击次数的关系、夯实后的密度和桩间土的挤密效果，以确定合适的桩间距等。成桩试验结果应达到设计要求。

土和灰土挤密桩加固地基质量检验标准见表2—7。

表 2—7   土和灰土挤密桩加固地基质量检验标准

项目类别	序号	检查项目	允许偏差或允许值	检查方法
主控项目	1	桩体及桩间土干密度	设计要求	现场取样试验
	2	桩长（mm）	+500	测桩管长度或垂球测孔深
	3	地基承载力	设计要求	按规定方法试验
	4	桩径（mm）	−20	钢尺检查
一般项目	5	土料有机质含量（%）	≤5	试验室焙烧法试验
	6	石灰粒径（mm）	≤5	筛分法检查
	7	桩位偏差（mm）	满堂布桩≤0.40D 条基布桩≤0.25D	钢尺检查
	8	垂直度（%）	≤1.5	经纬仪测桩管
	9	桩径（mm）	−20	钢尺检查

注：桩径允许偏差负值是指个别断面；D 为桩径。

六、砂桩加固地基

砂桩是利用振动灌注施工机械，向地基土中沉入钢管灌注砂料而成，能起到砂井排水及挤密加固地基的作用。

砂桩在成桩过程中，桩管周围土被挤密，密度增加，压缩性降低，在振动的桩管中灌入的砂料成为较密实的柱体，从而有效地分担了上部结构的荷载，可用于软弱土、淤泥质土及新填土的加固。

砂桩加固地基质量检验标准见表 2—8。

表 2—8   砂桩加固地基质量检验标准

项目类别	序号	检查项目	允许偏差或允许值	检查方法
主控项目	1	灌砂量（%）	≥95	实际用砂量与计算体积比
	2	地基强度	设计要求	按规定方法试验
	3	地基承载力	设计要求	按规定方法试验
一般项目	4	砂料的含泥量（%）	≤3	试验室测定
	5	砂料的有机质含量（%）	≤5	焙烧法测定
	6	桩位（mm）	≤50	钢尺检查
	7	砂桩标高（mm）	±150	水准仪检查
	8	垂直度（%）	≤1.5	经纬仪检查桩管垂直度

七、碎石桩挤密加固地基

碎石桩是用振动沉桩机将钢套管沉入土中再灌入碎石而成，适用于松砂、软弱土、杂填土、粉质黏土等土层的地基加固。此法所形成的碎石桩体，与原地基土共同组成复合地基，来承受上部结构的荷载，有时也用于克服土层液化（松砂或粉土层）。

在砂石中加入适量水后，经振动可使其更加密实。振动水冲法就是根据这一原理而发展起来的。施工步骤为定位、振冲下沉、加填料、振密和成桩。当振冲器下沉至设计深度后进行清孔，用循环水带出较稠的泥浆，然后向孔中填入砂石料同时喷水振动，自下向上逐段提升振实直至地面，形成密实的振动桩，一般称为碎石桩。

碎石桩挤密加固地基质量检验标准同砂桩加固地基质量检验标准。

八、石灰桩加固地基

石灰桩是加固软土地基的一种新方法，其作用是对桩周围土进行挤密。生石灰桩打入土中产生吸水、膨胀、发热及离子交换作用，使桩身硬化，并改善了原地基土的性质。石灰桩所用的材料为石灰块，成形后与桩间土组成复合地基，从而提高地基的承载力。

石灰桩加固地基质量检验标准同土和灰土挤密桩加固地基质量检验标准。

九、水泥粉煤灰碎石桩（CFG 桩）加固地基

随着地基处理技术的不断发展，越来越多的材料可以作为复合地基的桩体材料。粉煤灰是我国数量最大、分布范围最广的工业废料之一，为桩体材料开辟了新的途径。

水泥粉煤灰碎石桩是采用碎石、石屑、粉煤灰、少量水泥加水进行拌和后，利用成桩机械，振动灌入地基中，制成一种具有黏结强度的非柔性、非刚性的桩，它与桩间土形成复合地基，共同承受荷载，从而达到加固地基的目的，目前在建筑工程中较多选用。

水泥粉煤灰碎石桩加固地基质量检验标准见表2—9。

表2—9　　　　　　　　　　水泥粉煤灰碎石桩加固地基质量检验标准

项目类别	序号	检查项目	允许偏差或允许值	检查方法
主控项目	1	原材料	设计要求	检查产品合格证书或抽样送检
	2	桩径（mm）	−20	钢尺检查或计算填料量
	3	桩身强度	设计要求	查28天试块强度
	4	地基承载力	设计要求	按规定办法

续表

项目类别	序号	检查项目	允许偏差或允许值	检查方法
一般项目	5	桩身完整性	按桩基检测技术规范	按桩基检测技术规范
	6	桩位偏差（mm）	满堂布桩≤0.4D 条基布桩≤0.25D	钢尺检查，D 为桩径
	7	桩垂直度（%）	≤1.5	用经纬仪测桩管
	8	桩长（mm）	±100	测桩管长度或垂球测孔深
	9	褥垫层夯填度	≤0.9	钢尺检查

注：1. 夯填度指夯实后的褥垫层厚度与虚体厚度的比值。

2. 桩径允许偏差负值是指个别断面。

十、深层（水泥土）搅拌法加固地基

深层搅拌法是加固深厚层软黏土地基的新技术。它以水泥、石灰等材料作为固结剂，通过特制的深层搅拌机械，在地基深部就地将软黏土和固化剂强制拌和，使软黏土硬结成具有整体性和水稳定性的柱状、壁状和块状等不同形式的加固体，以提高地基承载力。深层搅拌适用于加固软黏土，特别是超软土，加固效果显著，加固后可以很快投入使用，适应快速施工要求。

深层（水泥土）搅拌法加固地基质量检验标准见表2—10。

表2—10　　　　　　　深层（水泥土）搅拌法加固地基质量检验标准

项目类别	序号	检查项目	允许偏差或允许值	检查方法
主控项目	1	水泥及外掺剂质量	设计要求	查产品合格证书或抽样送检
	2	水泥用量	参数指标	查看流量计
	3	桩体强度	设计要求	按规定办法
	4	地基承载力	设计要求	按规定办法
一般项目	5	机头提升速度（m/min）	≤0.5	测机头上升距离及时间
	6	桩底标高（mm）	±200	测机头深度
	7	桩顶标高（mm）	+100 −50	水准仪（最上部500 mm 不计入）检查
	8	桩位偏差（mm）	<50	钢尺检查
	9	桩径（mm）	≤0.04D	钢尺检查（D 为桩径）
	10	垂直度（%）	≤1.5	经纬仪检查
	11	搭接（mm）	>200	钢尺检查

十一、高压喷射注浆加固地基

高压喷射注浆（旋喷）加固地基是利用高压泵通过特制的喷嘴，把浆液（一般为水泥浆）喷射到土中。浆液喷射流依靠自身的巨大能量，把一定范围内的土层射穿，使原状土破坏，并因喷嘴做旋转运动，被浆液射流切削的土粒与浆液进行强制性的搅拌混合，待胶结硬化后，便形成新的结构，达到加固地基的目的。

旋喷法适用于粉质黏土、淤泥质土、新填土、饱和的粉细砂（即流砂层）及砂卵石层等的地基加固与补强。其工法有单管法、双重管法、三重管法及干喷法等。

高压喷射注浆加固地基质量检验标准见表2—11。

表2—11　　　　　　　　　　高压喷射注浆加固地基质量检验标准

项目类别	序号	检查项目	允许偏差或允许值	检查方法
主控项目	1	水泥及外掺剂质量	符合出厂要求	查产品合格证书或抽样送检
	2	水泥用量	设计要求	查看流量表及测水泥浆水灰比
	3	桩体强度及完整性检验	设计要求	按规定办法检验
	4	地基承载力	设计要求	按规定办法检验
一般项目	5	钻孔位置（mm）	≤50	钢尺检查
	6	钻孔垂直度（%）	≤1.5	经纬仪测钻杆或实测
	7	孔深（mm）	±200	钢尺检查
	8	注浆压力	按设计参数指标	查看压力表
	9	桩体搭接（mm）	>200	钢尺检查
	10	桩体直径（mm）	≤50	开挖后用钢尺检查
	11	桩身中心位移（mm）	≤0.2D	开挖后桩顶下500 mm处用钢尺检查（D为桩径）

十二、注浆法加固地基

注浆加固法是根据不同的土层与工程需要，利用不同的浆液，如水泥浆或其他化学浆液，通过气压、液压或电化学原理，采用灌注压入、高压喷射、深层搅拌，使浆液与土颗粒胶结起来，以改善地基土的物理和力学性质的地基处理方法。

采用注浆法加固地基，虽然有着工期短、加固效果好等优点，但由于造价高，因此，通常用在加固范围较小，处理已建工程的地基基础工程事故，或其他加固方法不能解决的一些特殊工程问题中。而在新建工程中，特别是需要大面积进行地基处理工程中很少采用。

注浆法加固地基质量检验标准见表2—12。

表2—12　　　　　　　　　　注浆法加固地基质量检验标准

项目类别	序号	检查项目		允许偏差或允许值	检查方法
主控项目	1	原材料检验	水泥	设计要求	查产品合格证书或抽样送检
			注浆用砂 粒径（mm） 细度模数 含泥量及有机物含量（%）	<2.5 <2.0 <3	试验室试验
			注浆用黏土 塑性指数 黏粒含量（%） 含砂量（%） 有机物含量（%）	>14 >25 <5 <3	试验室试验
			粉煤灰 细度 烧失量（%）	不粗于同时使用的水泥 <3	试验室试验
			水玻璃模数	2.5～3.3	抽样送检
			其他化学浆液	设计要求	查产品合格证书或抽样送检
	2	注浆体强度		设计要求	取样送检
	3	地基承载力		设计要求	按规定方法检查
一般项目	4	各种注浆材料称量误差（%）		<3	抽查
	5	注浆孔位偏移（mm）		±20	钢尺检查
	6	注浆孔深（mm）		±100	测注浆管长度
	7	注浆压力（与设计参数比）（%）		±10	检查压力表读数

第二节　地基局部处理

在基坑开挖过程中，如存在局部异常地基，在探明原因和范围后，均须妥善处理。具体处理方法可根据地基情况、工程性质和施工条件而有所不同，但均应符合使建筑物的各个部位沉降尽量趋于一致，以减小地基不均匀沉降的处理原则。

一、松土坑的处理方法

1. 范围较小，在基槽范围内

（1）将坑中松软虚土挖除，使坑底及四壁均见天然土，用与坑边天然土层压缩性相近的材料回填，每层不大于 200 mm。

（2）当天然土为砂土时，用砂或级配砂石回填。

（3）当天然土为较密实的黏土时，用 3∶7 灰土回填。

2. 范围较大，超过基槽边沿

将该范围内的基槽适当加宽，加宽的宽度应按下述条件决定：当用砂子或砂石回填时，基槽每边均应按 $1∶h = 1∶1$ 坡度放宽；当用 1∶9 或 2∶8 灰土回填时，按 $1∶h = 0.5∶1$ 坡度放坡；当用 3∶7 灰土回填时，如坑的长度不大（长度小于 2 m，且为具有较大刚度的条形基础时），基槽可不放宽，但需将灰土与松土壁接触处紧密夯实。

3. 较深，且大于槽宽或 1.5 m

（1）将坑挖至老土，用与坑边天然土压缩性相近的材料回填。

（2）在灰土基础上 1~2 皮砖处，防潮层下 1~2 皮砖处及首层顶板处，加配 4 根 Φ8 ~ Φ12 钢筋，钢筋跨过该松土坑两端各 1 m，以防止产生过大的局部不均匀沉降。

4. 以上各种情况中遇地下水较高或坑内积水无法夯实时

将坑中软弱松土挖去，再用砂土、砂石或混凝土回填；或地下水位以下用 1∶3 的粗砂或碎石回填，地下水位以上用 3∶7 灰土回填夯实至要求高度。

二、土井、砖井的处理

1. 在室外，距基础边缘 5 m 以内

（1）用素土分层夯实，回填到室外地坪以下 1.5 m 处。

（2）将井壁四周砖围拆除或挖去松软部分，然后用素土分层夯实。

2. 在室内基础附近

（1）将水位降低到最低可能限度，用中粗砂及块石、卵石或碎石等回填至地下水位以上 500 mm。

（2）将砖井四周围墙拆至坑底以下 1 m，用素土分层回填并夯实，如井已回填，但不密实或有软土，可用大块石将下面的软土挤紧，再分层回填素土夯实。

3. 在基础下或条形基础 3B（B 为基础宽）或柱基 2B 范围内

（1）先用素土分层回填并夯实，至基础底下 2 m 处，将井壁四周松软部分挖去，有砖井圈时，将砖井圈拆至槽底以下 1~1.5 m。

（2）当井内有水时，应用中、粗砂及石块、卵石或碎石等回填到地下水位以上 50 cm，再将井四周砖圈拆至坑底以下 1 m 或更深些，然后再用素土分层回填并夯实。

4. 在房屋转角处且基础部分或全部压在井上时

除用以上几种办法回填处理外，还应对基础加固处理。当基础压在井上部分较少时，可采用从基础中挑钢筋混凝土梁的方法；当基础压在井上部分较多，用挑梁的方法较困难或不经济时，则可将基础沿墙方向向外延伸出去，使延伸部分落在天然土上，总面积应等于井圈范围内原有基础的面积，并在墙内配钢筋或用钢筋混凝土梁来加强。

5. 已淤填，但不密实

可用大块石将下面软土挤紧，再用前几种方法回填处理。如井内不能夯填密实，而上部荷载又较大，可在井内设灰土挤密桩或灰土桩处理；如土井在大体积混凝土基础下，可在井圈上加钢筋混凝土盖板封口，上面用素土或 2:8 灰土分层回填密实的方法处理。

三、橡皮土的处理

含水量很大、趋于饱和的黏性土地基回填夯实时，由于原状土被扰动，颗粒之间的毛细孔遭到破坏，水分不易渗透和散发，当气温较高时夯实或碾实，表面会形成硬壳，更阻止了水分的渗透和散发，埋藏深的土水分散发慢，往往长时间不易消失，形成软塑状的橡皮土，踩上去有颤动的感觉。

1. 对含水量很大的黏土、粉质黏土、淤泥质土、腐殖土等原状土，暂时停一段时间施工，避免直接拍打，使其含水量逐渐降低，或将土层翻起进行晾槽。

2. 对已形成的橡皮土，可采取在上面铺一层碎石或碎砖后进行夯实，将表土层挤紧。

3. 对严重的橡皮土，可将土层翻起并破碎均匀，掺加石灰粉吸水，并水化，同时改变原土结构成为灰土，使之具有一定强度和水稳定性。

4. 对于荷载大的房屋地基，可打石桩，将毛石依次打入土中，间距 400~500 mm，直至打不下去为止，在上面铺满 50 mm 的碎石再夯实。

5. 采取换土法，挖去橡皮土，重新填好土或级配砂石夯实。

四、其他

如在地基中遇有文物、古墓时，应及时与有关部门联系后再进行施工。如在地基内发现未说明的电缆、管道时，切勿自行处理，应与相关主管部门共同商定施工方法。

技能训练 2　地基处理及加固

一、训练任务

某工程现场，根据土方开挖情况，工程部分基坑设计底标高未到持力层。地基处理采用素混凝土换填，换填量根据实际情况自定，并进行质量检验。

二、训练目的

通过技能训练，在实际工程中遇到特殊地基土时可以做出正确判断，能够及时应对突发情况，保证工程质量的可靠性。

三、训练准备

1. 材料准备

混凝土：C15 混凝土，逐盘检验，质量需符合要求。

2. 机具准备

振动棒、铝合金刮杠、尖锹、平锹、平板振动器等。

3. 实训条件

（1）基坑上方所有浇筑部位的马道及安全防护均已搭设完毕，并经检查验收。

（2）模板已支设完毕。

（3）地基清理干净，集水坑、排水沟按设计和规范要求处理完毕。

4. 安全措施

（1）进现场必须戴安全帽。

（2）溜槽、马道支架应牢固、可靠。

（3）基坑周围应设防护栏杆并有醒目标志。

四、训练流程要点

1. 工艺流程

清理基槽→分层浇筑 C15 混凝土→浇筑混凝土找平→养护。

2. 操作要点

（1）浇筑中混凝土要摊铺均匀，干稀一致，并充分振捣，使各层混凝土能形成一整体，收缩变形一致。加强对混凝土的养护，加强底板混凝土的二次抹面，防止表面龟裂的产生。

（2）混凝土使用插入式振动器振捣，振动器快插慢拔，插点要均匀，做到均匀振捣。钢筋较密处，用φ30 mm的小振动棒振捣，并准备一些小钢钎，人工辅助振捣。混凝土浇筑始终采用"分段定点、一个坡度、薄层浇筑、循序渐进、分层到顶"的方法，在上层混凝土初凝前浇筑下层混凝土，浇筑混凝土每层厚度不超过50 cm，振动棒移动间距不大于60 cm，必须插入下层混凝土5 cm，以消除两层混凝土的接缝。

（3）浇筑混凝土时使用标尺竿作为分层混凝土的检查控制手段。

（4）为防止坍落度过大产生大量泌水，从而降低混凝土的强度等级，要求严格控制混凝土的坍落度为140～160 mm。可适当添加减水剂，严禁向混凝土中加水。

3. 混凝土裂缝的防治措施

（1）合理选择混凝土的配合比

尽量选用水化热低和安定性好的水泥，并在满足设计强度的前提下，尽可能减少水泥用量。

（2）连续性施工

底板混凝土浇筑采用"斜面分层、薄层浇筑、自然流淌、层层推进"的浇筑方法，具体浇筑示意图如图2—1所示。

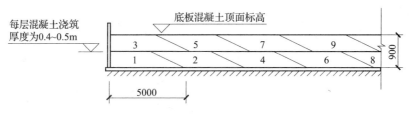

图2—1　底板混凝土浇筑示意图

（3）混凝土养护

混凝土养护拟采取保温蓄热养护，待混凝土面压光后，根据混凝土内外温度的监测情况控制混凝土的内外温差在25℃以内，避免产生温度裂缝。

五、训练质量检验

1. 对于到场的混凝土应进行抽检，坍落度过大或过小时拒收，一般到场混凝土坍落度控制在（150±10）mm。

2. 标高要求：偏差不得大于±10 mm。

3. 平整度要求：偏差不得大于±5 mm。

4. 混凝土不应有过振、漏振现象。

思考练习题

1. 地基处理的目的是什么？

2. 什么是换填垫层法？其使用范围是什么？

3. 砂和砂石垫层施工关键是将砂加密到设计要求的密实度。常用的用砂加密垫层的方法有哪些？工艺有什么要求？

4. 什么是真空预压法？简述真空预压法施工流程。

5. 强夯法与重锤夯实法加固地基的原理有何区别？

6. 挤密砂桩与砂井的作用有何区别？

7. 高压喷射注浆法与深层搅拌法加固地基各有什么特点？

8. 灰土挤密桩适用于哪些情况？

第三章 基础施工

基础施工可以分为浅基础施工和深基础施工。浅基础根据基础的材料、构造类型和受力特点不同可以分为刚性基础、柔性基础。常见的一种深基础是桩基础，采用浅基础沉降量过大或地基的承载力不能满足要求时常采用桩基础，它是用承台或梁将沉入土中的桩联系起来，以便承受整个上部荷载的一种基础。

第一节 浅基础施工

一、刚性基础施工

刚性基础指用砖、石、灰土、混凝土等抗压强度大而抗弯、抗剪强度小的材料做的基础（受刚性角的限制）。刚性基础用于地基承载力较好、压缩性较小的中小型民用建筑，包括砖基础、毛石基础和混凝土基础等。

1. 砖基础施工

砖基础多用于低层建筑的墙下基础。其优点是可就地取材，砌筑方便，但强度低且抗冻性差。因此，在寒冷而潮湿的地区不宜采用。为保证耐久性，砖的强度等级不低于MU10，砌筑砂浆的强度等级不低于M5。砖基础剖面一般砌成阶梯形，通常称其为大放脚。大放脚从垫层上开始砌筑，为保证大放脚的刚度宜采用两皮一收方式或两皮一收与一皮一收相间砌筑（即二一间收砌筑法），每砌一阶，基础两边各收1/4砖长，一皮即一层砖，标志尺寸为60 mm。砖基础如图3—1所示。

2. 毛石基础施工

毛石基础是用强度等级不低于MU20的毛石和强度等级不低于M5的砂浆砌筑而成的。由于毛石尺寸差别较大，为保证砌筑质量，毛石基础每台阶高度和基础墙厚不宜小于400 mm，每阶两边各伸出宽度不宜大于200 mm。石块应错缝搭砌，缝内砂浆应饱满，且每步台阶不应少于两皮毛石。毛石基础如图3—2所示。毛石基础的抗冻性较好，在寒冷潮湿地区可用于6层以下建筑物的基础。

3. 混凝土基础施工

混凝土基础的强度、耐久性和抗冻性均较好，混凝土的强度等级一般可采用C15，常用于荷载较大的墙柱基础。当浇筑较大基础时，为了节约混凝土用量，可在混凝土内掺入15%~25%（体积比）的毛石做成毛石混凝土基础，如图3—3所示，掺入毛石的尺寸不得大于30 mm，使用前须冲洗干净。

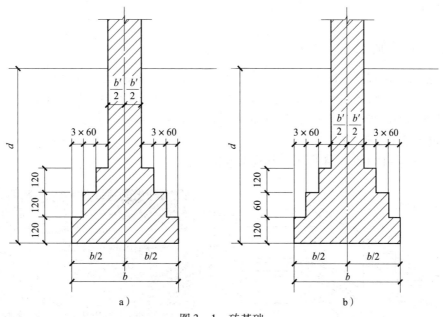

图 3—1 砖基础

a) 两皮一收　b) 二一间收

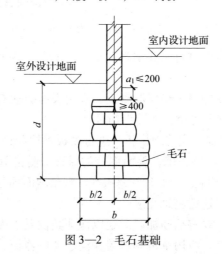

图 3—2 毛石基础

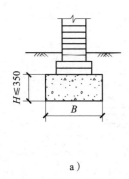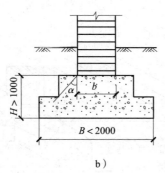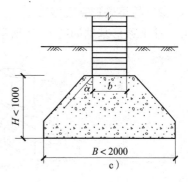

a)　　　　　　　　　　b)　　　　　　　　　　c)

图 3—3 毛石混凝土基础

二、柔性基础施工

柔性基础指用抗拉、抗压、抗弯、抗剪均较好的钢筋混凝土材料做基础（不受刚性角的限制）。柔性基础用于地基承载力较差、上部荷载较大、设有地下室且基础埋深较大的建筑。柔性基础按构造类型可分为墙下条形基础、柱下条形基础、筏形基础和箱形基础等。

1．墙下条形基础施工

墙下条形基础如图 3—4 所示，其施工流程如下。

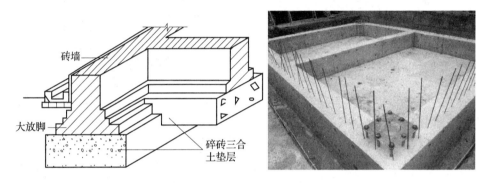

图 3—4　墙下条形基础

（1）在混凝土浇灌前应先进行基底清理和验槽，轴线、基坑尺寸和土质应符合设计规定。

（2）在基坑验槽后应立即浇筑垫层混凝土，宜用表面振动器进行振捣，要求表面平整。当垫层达到一定强度后，方可支模、铺设钢筋网片。

（3）在基础混凝土浇灌前，应清理模板，进行模板预检和钢筋的隐蔽工程验收。对于锥形基础，应注意锥体斜面坡度的正确，斜面部分的模板应随混凝土浇捣分段支设并顶压紧，以防模板上浮变形，边角处的混凝土必须注意捣实。严禁斜面部分不支模，用铁锹拍实。

（4）基础混凝土宜分层连续浇筑完成。

（5）基础上有插筋时，要将插筋加以固定以保证其位置正确。

（6）基础混凝土浇灌完，应用草帘等覆盖并浇水加以养护。

2．柱下条形基础施工

柱下条形基础如图 3—5 所示，其施工流程如下。

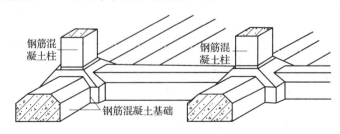

图 3—5　柱下条形基础

（1）柱下条形基础梁的高度宜为柱距的1/8～1/4。翼板厚度不应小于200 mm。当翼板厚度大于250 mm时，宜采用变厚度翼板，其坡度宜小于或等于1:3。

（2）条形基础的端部宜向外伸出，其长度宜为第一跨距的0.25倍。

（3）现浇柱与条形基础梁的交接处，其平面尺寸不应小于图3—6的规定。

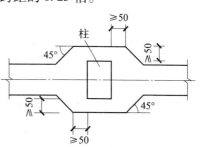

（4）条形基础梁顶部和底部的纵向受力钢筋除满足计算要求外，顶部钢筋按计算配筋全部贯通，底部通长钢筋不应少于底部受力钢筋截面总面积的1/3。

（5）柱下条形基础的混凝土强度等级，不应低于C20。

3. 筏形基础施工

筏形基础如图3—7所示，其施工流程如下。

图3—6 现浇柱与条形基础梁
交接处平面尺寸

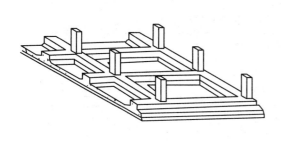

图3—7 筏形基础

（1）施工前，如地下水位较高，可采用人工降低地下水位至距基坑底不小于500 mm，以保证在无水情况下进行基坑开挖和基础施工。

（2）施工时，可先在垫层上绑扎底板、梁的钢筋和柱子锚固插筋，浇筑底板混凝土，待达到25%设计强度后，再在底板上支梁模板，继续浇筑完梁部分混凝土；也可采用底板和梁模板一次同时支好，混凝土一次连续浇筑完成，梁侧模板采用支架支承并固定牢固。

（3）混凝土浇筑时一般不留施工缝，必须留设时，应按施工缝要求处理，并应设置止水带。

（4）混凝土浇筑完毕，表面应覆盖和洒水养护不少于7天。

（5）当混凝土强度达到设计强度的30%时，应进行基坑回填。

4. 箱形基础施工

箱形基础如图3—8所示，其施工流程如下：

（1）基坑开挖，如地下水位较高，应采取措施降低地下水位至基坑底以下500 mm处。当采用机械开挖时，在基坑底面标高以上保留200～400 mm

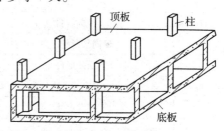

图3—8 箱形基础

厚的土层，采用人工清槽。基坑验槽后，应立即进行基础施工。

（2）施工时，基础底板、内外墙和顶板的支模、钢筋绑扎和混凝土浇筑，可采取分块进行，其施工缝的留设位置和处理应符合钢筋混凝土工程施工及验收规范有关要求，外墙接缝应设止水带。

（3）基础的底板、内外墙和顶板宜连续浇筑完毕。如设置后浇带（按设计要求或按施工组织设计要求不能一次浇筑混凝土的位置可设置后浇带），应在顶板浇筑后至少2周以上再施工，使用比设计强度提高一级的细石混凝土。

（4）基础施工完毕，应立即进行回填土。

三、基础施工质量检验

基础施工完毕后，应按照要求进行施工质量验收，验收项目及验收要求见表3—1至表3—3。

表3—1　　　　　　　砖石基础尺寸、位置允许偏差及检验方法

项次	项目	允许偏差（mm）				检验方法
		砖	毛石	毛料石	粗料石	
1	轴线位置偏移	10	20		15	经纬仪或拉线和钢尺检查
2	基础顶面标高	±15	±25		±15	水平仪和钢尺检查
3	砌体厚度	—	+30 0	+30 0	+15 0	钢尺检查

表3—2　　　　　　　混凝土基础尺寸、位置允许偏差及检验方法

项次	项目	允许偏差（mm）		检验方法
		独立基础	其他基础	
1	轴线位移	10	15	钢尺检查
2	截面尺寸	+8，−5		钢尺检查

表3—3　　　　　　　混凝土设备基础尺寸、位置允许偏差及检验方法

项次	项目		允许偏差（mm）	检验方法
1	坐标位置		20	钢尺检查
2	不同平面的标高		0，−20	水准仪或拉线和钢尺检查
3	平面外形尺寸		±20	钢尺检查
	凸台上平面外形尺寸		0，−20	钢尺检查
	凹穴尺寸		+20，0	钢尺检查
4	水平度	每米	5	水平尺和楔形塞尺检查
		全长	10	水准仪或拉线、钢尺检查

续表

项次	项目		允许偏差（mm）	检验方法
5	垂直度	每米	5	经纬仪或吊线和钢尺检查
		全高	10	
6	预埋地脚螺栓	标高（顶部）	+20，0	水准仪或拉线和钢尺检查根部及顶端
		中心距	±2	
7	预埋地脚螺栓孔	中心线位置	10	钢尺检查纵、横两个方向
		深度	+20，0	钢尺检查
		孔垂直度	10	吊线和钢尺检查
8	预埋活动地脚螺栓锚板	标高	+20，0	水准仪或拉线和钢尺检查
		中心线位置	5	钢尺检查
		带螺纹孔锚板平整度	2	钢尺和楔形塞尺检查
		带槽锚板平整度	5	钢尺和楔形塞尺检查

注：检查坐标、中心线位置时，应沿纵、横两个方向测量，并取其中的较大值。

第二节　桩基础施工

桩基础由桩身和承台两部分组成，桩身埋入土中，将上部结构的荷载通过桩穿过软弱土层传递到较深的地基，以解决浅基础承载力不足和变形较大的地基问题。

桩基础按传力性质不同，可分为端承桩和摩擦桩；按制作方式不同可分为预制桩和灌注桩；按成桩方法不同，可分为非挤土成孔桩、部分挤土桩和挤土桩；按断面形式不同，可分为圆桩、方桩、多边形桩等；按制作材料不同，可分为混凝土桩、钢筋混凝土桩和钢桩等。

一、预制桩施工

钢筋混凝土预制桩为使用较多的一种桩型。常用截面有混凝土方形桩和预应力混凝土管桩两种。方形桩边长通常为 250 ~ 500 mm，长 7 ~ 25 m，在桩的尖端设置桩靴。当长桩受运输条件与桩架高度限制时，可将桩分成数节。每节长度根据桩架有效高度、制作场地和运输设备条件等确定。

1. 桩的预制

较短的桩一般在预制厂制作，较长的桩一般在施工现场附近采用叠浇预制。

预制桩叠浇预制时，桩与桩之间要做隔离层（可涂废机油或黏土石灰膏），以保证起吊时不互相黏结。叠浇层数，应由地面允许荷载和施工要求而定，一般不超过 4 层，上层桩必须在下层桩的混凝土达到设计强度等级的 30% 以后，方可进行浇筑（见图 3—9）。

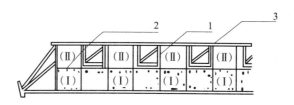

图 3—9　重叠法间隔施工
1—侧模板　2—隔离剂或隔离层　3—卡具
Ⅰ—第一批浇筑桩　Ⅱ—第二批浇筑桩

桩的主筋上端以伸至最上一层钢筋网之下为宜，并应连成"┌─┐"形，这样能更好地接受和传递桩锤的冲击力。主筋必须位置正确，桩身混凝土保护层厚度不宜小于 30 mm，要均匀，不可过厚，否则打桩时容易剥落。

钢筋混凝土预制桩的钢筋骨架的主筋连接宜采用对焊。主筋接头配置在同一截面内的数量，当采用闪光对焊和电弧焊时，不得超过 50%；同一根钢筋两个接头的距离应大于 $30d$（d 为主筋直径），且不小于 500 mm。预制桩的混凝土浇筑工作应由桩顶向桩尖连续浇筑，严禁中断。制作完成后，应洒水养护不少于 7 天。

制作完成的预制桩应在每根桩上标明编号及制作日期，如设计不埋设吊环，则应标明绑扎点位置。预制桩的几何尺寸允许偏差为：横截面边长 ±5 mm；桩顶对角线之差小于 10 mm；混凝土保护厚度 ±5 mm；桩身弯曲矢高不大于 0.1% 桩长；桩尖中心线小于 10 mm；桩顶面平整度小于 2 mm。预制桩制作质量还应符合下列规定：

（1）桩的表面应平整、密实，掉角深度不应超过 10 mm，且局部蜂窝和掉角的缺损总面积不得超过该桩表面全部面积的 0.5%，且不得过分集中。

（2）由于混凝土收缩产生的裂缝，深度不得大于 20 mm，宽度不得大于 0.25 mm；横向裂缝长度不得超过边长或管径的一半；不得有贯穿裂缝。

（3）桩顶和桩尖处不得有蜂窝、麻面、裂缝和掉角。

2. 桩的起吊、运输、堆放

钢筋混凝土预制桩在混凝土达到设计强度等级的 70% 后方可起吊，达到设计强度等级的 100% 才能运输和打桩。

桩在起吊和搬运时，必须平稳，并且不得损坏。吊点应符合设计要求，一般吊点的设置如图 3—10 所示。

桩的运输可用平板拖车，桩下宜设活动支座，运输时做到平稳且不得损坏桩。桩经过运输后还须对其外形进行检查。

桩的堆放应遵守下列规定：堆放场地应平整、坚实，不得产生不均匀沉降；每皮桩应有垫木垫起，垫木位置应与吊点在同一垂直线上；堆放层数不宜超过 4 层；不同规格桩应分别堆放。

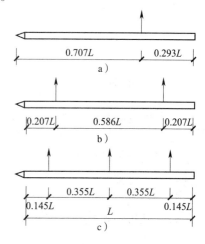

图 3—10　桩的合理吊点
a）一点起吊　b）两点起吊　c）三点起吊

3．锤击沉桩施工机具、施工工艺、安全要求

锤击沉桩施工就是利用桩锤的冲击克服土对桩的阻力，使桩沉到预定深度或达到持力层。这是最常用的一种沉桩方法。

（1）打桩机具及选择

打桩机具主要包括打桩机及辅助设备。打桩机主要有桩锤、桩架和动力装置三部分，如图3—11所示。

图3—11　打桩机

1）桩锤。桩锤是对桩施加冲击，将桩打入土中的主要机具。桩锤主要有落锤、蒸汽锤、柴油锤和液压锤等，目前应用最多的是柴油锤。

桩锤的选用应根据地质条件、桩型、桩的密集程度、单桩竖向承载力及现有施工条件等决定，可参考表3—4进行选择。

表3—4　　　　　　　　　　　　　　桩锤的选择

锤型		柴油锤					
		20	25	35	45	60	72
锤的动力性能	冲击部分重（t）	2.0	2.5	3.5	4.5	6.0	7.2
	总重（t）	4.5	6.5	7.2	9.6	15.0	18.0
	冲击力（kN）	2 000	2 000~2 500	2 500~4 000	4 000~5 000	5 000~7 000	7 000~10 000
	常用冲程（m）	1.8~2.3					
桩的截面	混凝土预制桩的边长或直径（cm）	25~35	35~40	40~45	45~50	50~55	55~60
	钢管桩的直径（cm）	40			60	90	90~100

锤型			柴油锤					
			20	25	35	45	60	72
持力层	黏性土粉土	一般进入深度（m）	1.0～2.0	1.5～2.5	2.0～3.0	2.5～3.5	3.0～4.0	3.0～5.0
		静力触探比贯入度平均值（MPa）	3	4	5	>5		
	砂土	一般进入深度（m）	0.5～1.0	0.5～1.5	1.0～2.0	1.5～2.5	2.0～3.0	2.5～3.5
		标准贯入击数 N（未修正）	15～25	20～30	30～40	40～45	45～50	50
常用的控制贯入度（cm/10 击）				2～3		3～5	4～8	
设计单桩极限承载力（kN）			400～1 200	800～1 600	2 500～4 000	3 000～5 000	5 000～7 000	7 000～10 000

2）桩架。桩架的作用是：支持桩身和桩锤，将桩吊到打桩位置，并在打入过程中引导桩的方向，保证桩锤沿着所要求的方向冲击。常用的桩架形式有滚筒式桩架、多功能桩架和履带式桩架。

选择桩架时，应考虑桩锤的类型、桩的长度和施工条件等因素。桩架的高度由桩的长度、桩锤高度、桩帽厚度及所用滑轮组的高度来确定。此外，还应留 1～3 m 的高度作为桩锤的伸缩余地。

桩架高度 = 桩长 + 桩锤高度 + 桩帽高度 + 滑轮组高度 + 起锤工作余地。

3）动力装置。打桩机的动力装置，主要根据所选的桩锤性质而定。选用蒸汽锤则需配备蒸汽锅炉；用压缩空气来驱动，则需考虑电动机的或内燃机的空气压缩机；用电源作动力，则应考虑变压器容量和位置、电缆规格及长度、现场供电情况等。

（2）打桩前的准备工作

1）处理障碍物。打桩前，应认真处理高空、地上和地下障碍物，如地下管线、旧有基础、树木杂草等。

2）平整场地。在建筑物基线以外 4～6m 范围内的整个区域或桩机进出场地及移动路线上，应做适当平整压实，并做适当坡度，保证场地排水良好。

3）材料、机具的准备。桩机进场后，按施工顺序铺设轨道，选定位置架设桩机和设备，接通电源，进行试机，并移机至桩位，力求桩架平稳垂直。

4）进行打桩试验。

5）确定打桩顺序。为了保证质量和进度，防止周围建筑物破坏，打桩前根据桩的密集程度、桩的规格、桩的长短及桩架移动是否方便等因素来选择正确的打桩顺序。

常用的打桩顺序一般有自两侧向中间打（见图 3—12a）、逐排打设（见图 3—12b）、自中部向四周打（见图 3—12c）和分段打设（见图 3—12d）。根据施工经验，打桩的顺序以自中部向四周打和分段打设为最好。

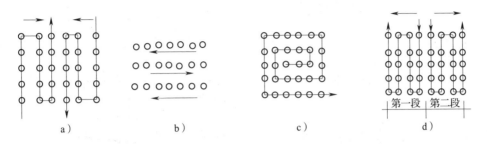

图 3—12 打桩顺序

a) 自两侧向中间打　b) 逐排打设　c) 自中部向四周打　d) 分段打设

6）抄平放线，定桩位，设标尺。在沉桩现场或附近区域，应设置数量不少于 2 个的水准点，以作抄平场地标高和检查桩的入土深度之用。根据建筑物的轴线控制桩，按设计图纸要求定出桩基础轴线（偏差值应≤20 mm）和每个桩位（偏差值应≤10 mm）。打桩施工前，应在桩架或桩侧面设置标尺，以观测、控制桩的入土深度。

（3）打桩

打桩的工艺流程为吊桩就位、打桩、接桩、送桩。

桩架就位后，由起重机将桩运至桩架下，利用桩架上的动力装置提升桩至直立，将桩尖准确地对在桩位上，放下桩帽套入桩顶。检查桩的垂直度，偏差不得超过 0.5%，在桩自重和锤重作用下，桩会沉入土中一定深度，待下沉停止，再检查、校核，合格后即可进行打桩。为防止击碎桩顶，应在桩锤与桩帽、桩帽与桩之间安放衬垫材料（如硬木等）作为缓冲。

打桩应采用"重锤低击、低提重打"的方法，以取得良好效果。打桩时，应随时观察桩锤反弹和贯入度变化，如出现贯入度突增或桩锤回弹异常，应暂停锤击，查明情况。

二、静力压桩施工

静力压桩是在软弱土层中，利用静压力（压桩机自重及配重）将预制桩逐节压入土中的一种沉桩法。这种方法节约钢筋和混凝土，降低工程造价，而且施工时无噪声、无振动、无污染，对周围环境的干扰小，适用于软土地区、城市中心或建筑物密集处的桩基础工程，以及精密工厂的扩建工程。

静力压桩机有机械式和液压式之分，根据顶压桩的部位又分为在桩顶顶压的顶压式压桩机，以及在桩身抱压的抱压式压桩机。目前使用的多为液压式静力压桩机，压力可达 6 000 kN 甚至更大，如图 3—13 所示是一种采用抱压式的液压静力压桩机。

静力压桩一般采用分节进行，逐段接长。当第一节桩压入土中，其上端距地面 1 m 左右时将第二节桩接上，继续压入。对每一根桩的压入，各工序应连续。其接桩方法采用焊接法、硫黄胶泥锚接法等。静力压桩沉桩程序如图 3—14 所示。

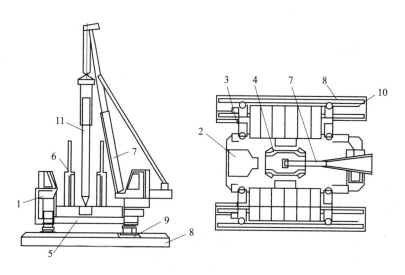

图3—13　液压式静力压桩机

1—操纵室　2—电气控制台　3—液压系统　4—导向架　5—配重　6—夹持装置　7—吊桩把杆
8—支腿平台　9—横向行走与回转装置　10—纵向行走装置　11—桩

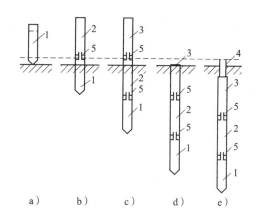

图3—14　静力压桩程序

a）准备压第一节桩　b）接第二节桩　c）接第三节桩　d）整根桩压入地面　e）采用送桩，压桩完毕

1—第一节桩　2—第二节桩　3—第三节桩　4—送桩　5—接桩处

三、灌注桩施工

灌注桩是直接在桩位上就地成孔，然后在孔内安放钢筋笼灌注混凝土而成。灌注桩能适应各种地层，无须接桩，施工时无振动、无挤土、噪声小，宜在建筑物密集地区使用。灌注桩施工的缺点是操作要求严格，施工后需较长的养护期方可承受荷载，成孔时有大量土渣或泥浆排出。根据成孔工艺不同，分为干作业成孔的灌注桩、泥浆护壁成孔的灌注桩、套管成孔的灌注桩和爆扩成孔的灌注桩等。灌注桩施工工艺近年来发展很快，还出现夯扩

沉管灌注桩、钻孔压浆成桩等一些新工艺。

1. 泥浆护壁成孔灌注桩施工工艺

如图 3—15 所示，泥浆护壁成孔灌注桩是利用泥浆护壁，钻孔时通过循环泥浆将钻头切削下的土渣排出孔外而成孔，然后吊放钢筋笼，水下灌注混凝土而成桩。成孔方式有正（反）循环回转钻成孔、正（反）循环潜水钻成孔、冲击钻成孔、钻斗钻成孔等。

图 3—15　泥浆护壁成孔灌注桩施工

（1）测定桩位

平整清理好施工场地后，设置桩基轴线定位点和水准点，根据桩位平面布置施工图，定出每根桩的位置，并做好标志。施工前，桩位要检查复核，以防被外界因素影响而造成偏移。

（2）埋设护筒

护筒的作用是固定桩孔位置，防止地面水流入，保护孔口，增高桩孔内水压力，防止塌孔，成孔时引导钻头方向。护筒用 4～8 mm 厚钢板制成，内径比钻头直径大 100～200 mm，顶面高出地面 0.4～0.6 m，上部开 1～2 个溢浆孔。埋设护筒时，先挖去桩孔处表土，将护筒埋入土中，其埋设深度，在黏土中不宜小于 1 m，在砂土中不宜小于 1.5 m。其高度要满足孔内泥浆液面高度的要求，孔内泥浆面应保持高出地下水位 1 m 以上。采用挖坑埋设时，坑的直径应比护筒外径大 0.8～1.0 m。护筒中心与桩位中心线偏差不应大于 50 mm，对位后应在护筒外侧填入黏土并分层夯实。

（3）泥浆制备

泥浆的作用是护壁、携沙排土、切土润滑、冷却钻头等，以护壁为主。

泥浆制备方法应根据土质条件确定：在黏土和粉质黏土中成孔时，可注入清水，以原土造浆，排渣泥浆的密度应控制在 1.1～1.3 g/cm³；在其他土层中成孔，泥浆可选用高塑性的黏土或膨润土制备；在砂土和较厚夹砂层中成孔时，泥浆密度应控制在 1.1～1.3 g/cm³；在穿过砂夹卵石层或容易塌孔的土层中成孔时，泥浆密度应控制在 1.3～1.5 g/cm³。施工中应经常测定泥浆密度，并定期测定黏度、含砂率和胶体率。泥浆的控制指标为黏度 18～22 s、含砂率不大于 8%、胶体率不小于 90%，为了提高泥浆质量可加入外掺料，如增重剂、增黏剂、分散剂等。施工中废弃的泥浆、泥渣应按环保的有关规定处理。

（4）成孔

回转钻成孔是国内灌注桩施工中最常用的方法之一，按排渣方式不同分为正循环回转钻成孔（见图3—16）和反循环回转钻成孔（见图3—17）两种。

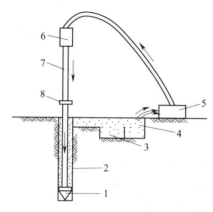 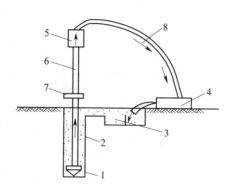

图3—16　正循环回转钻机工作原理
1—钻头　2—泥浆循环方向　3—沉淀池
4—泥浆池　5—泥浆泵　6—水龙头
7—钻杆　8—钻机回转装置

图3—17　反循环回转钻机工作原理
1—钻头　2—新泥浆流向　3—沉淀池
4—砂石泵　5—水龙头　6—钻杆
7—钻机回转装置　8—混合液流向

1）正循环回转钻成孔由钻机回转装置带动钻杆和钻头回转切削破碎岩土，由泥浆泵往钻杆输进泥浆，泥浆沿孔壁上升，从溢浆孔溢出流入泥浆池，经沉淀处理返回循环池。正循环成孔泥浆的上返速度低，携带土粒直径小，排渣能力差，岩土重复破碎现象严重，适用于填土、淤泥、黏土、粉土、砂土等地层，对于卵砾石含量不大于15%、粒径小于10 mm的部分砂卵砾石层和软质基岩及较硬基岩也可使用。桩孔直径不宜大于1 000 mm，钻孔深度不宜超过40 m。一般砂土层用硬质合金钻头钻进时，转速取40～80 r/min，较硬或非均质地层中转速可适当调慢；对于钢粒钻头钻进时，转速取50～120 r/min，大桩取小值，小桩取大值；对于牙轮钻头钻进时，转速一般取60～180 r/min，在松散地层中，应以冲洗液畅通和钻渣清除及时为前提，灵活确定钻压；在基岩中钻进时，可以通过配置加重锤或重块来提高钻压；对于硬质合金钻钻进成孔，钻压应根据地质条件、钻杆与桩孔的直径差、钻头形式、切削具数目、设备能力和钻具强度等因素综合确定。

2）反循环回转钻成孔由钻机回转装置带动钻杆和钻头回转切削破碎岩土，利用泵吸、气举、喷射等措施抽吸循环护壁泥浆，挟带钻渣从钻杆内腔抽吸出孔外。根据抽吸原理不同可分为泵吸反循环、气举反循环和喷射（射流）反循环三种施工工艺：泵吸反循环是直接利用砂石泵的抽吸作用使钻杆的水流上升而形成反循环；喷射反循环是利用射流泵设出的高速水流产生负压使钻杆内的水流上升而行程反循环；气举反循环是利用送入压缩空气使水循环，钻杆内水流上升速度与钻杆内外液柱重度差有关，随孔深增大效率增加。当孔深小于50 m时，宜选用泵吸或射流反循环；当孔深大于50 m时，宜采用气举反循环。

（5）清孔

当钻孔达到设计要求深度并经检查合格后，应立即进行清孔，目的是清除孔底沉渣以减少桩基的沉降量，提高承载能力，确保桩基质量。清孔方法有真空吸泥渣法、射水抽渣法、换浆法和掏渣法。

清孔应达到如下标准才算合格：一是对孔内排出或抽出的泥浆，用手摸、捻应无粗粒感觉，孔底 500 mm 以内的泥浆密度小于 1.25 g/cm³（原土造浆的孔则应小于 1.1 g/cm³）；二是在浇筑混凝土前，孔底沉渣允许厚度符合标准规定，即端承桩不大于 50 mm，摩擦端承桩、端承摩擦桩不大于 100 mm，摩擦桩不大于 300 mm。

（6）吊放钢筋笼

清孔后应立即安放钢筋笼、浇混凝土。钢筋笼一般都在工地制作，制作时要求主筋环向均匀布置，箍筋直径及间距、主筋保护层、加劲箍的间距等均应符合设计要求。分段制作的钢筋笼，其接头采用焊接且应符合施工及验收规范的规定。钢筋笼主筋净距必须大于 3 倍的骨料粒径，加劲箍宜设在主筋外侧，钢筋保护层厚度不应小于 35 mm（水下混凝土不得小于 50 mm）。可在主筋外侧安设钢筋定位器，以确保保护层厚度。为了防止钢筋笼变形，可在钢筋笼上每隔 2 m 设置一道加强箍，并在钢筋笼内每隔 3～4 m 装一个可拆卸的"十"字形临时加劲架，在吊放入孔后拆除。吊放钢筋笼时应保持垂直、缓缓放入，防止碰撞孔壁。

若塌孔或安放钢筋笼时间太长，应进行二次清孔后再浇筑混凝土。

2．套管成孔沉管灌注桩施工工艺

套管成孔沉管灌注桩施工过程如图 3—18 所示。

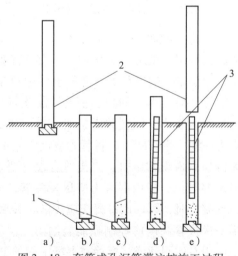

图 3—18　套管成孔沉管灌注桩施工过程

a）就位　b）沉套管　c）开始灌注混凝土　d）下钢筋骨架继续浇筑混凝土　e）拔管成型
1—桩靴　2—钢管　3—钢筋

套管成孔沉管灌注桩是利用锤击打桩法或振动沉桩法，将带有活瓣式桩靴或带有预制混凝土桩靴的钢套管沉入土中，然后边拔套管边灌注混凝土而成。若配有钢筋时，则在浇筑混凝土前先吊放钢筋骨架。利用锤击沉桩设备沉管、拔管的桩，称为锤击沉管灌注桩；

利用激振器的振动沉管、拔管的桩，称为振动沉管灌注桩。

（1）锤击沉管灌注桩

锤击沉管灌注桩的机械设备由桩管、桩锤、桩架、卷扬机滑轮组、行走机构组成，如图 3—19 所示。

图 3—19　锤击沉管灌注桩施工

锤击沉管桩适用于一般黏性土、淤泥质土、砂土和人工填土地基，但不能在密实的砂砾石、漂石层中使用。它的施工程序一般为：定位埋设混凝土预制桩尖→桩机就位→锤击沉管→灌注混凝土→边拔管、边锤击、边继续灌注混凝土（中间插入吊放钢筋笼）→成桩。

施工时，用桩架吊起钢桩管，对准埋好的预制钢筋混凝土桩尖。桩管与桩尖连接处要垫以麻袋、草绳，以防地下水渗入管内。缓缓放下桩管，套入桩尖压进土中，桩管上端扣上桩帽，检查桩管与桩锤是否在同一垂直线上，桩管垂直度偏差不大于 0.5% 时即可锤击沉管。先用低锤轻击，观察无偏移后再正常施打，直至符合设计要求的沉桩标高，并检查管内有无泥浆或进水，即可浇筑混凝土。管内混凝土应尽量灌满，然后开始拔管。凡灌注配有不到孔底的钢筋笼的桩身混凝土时，第一次混凝土应先灌至笼底标高，然后放置钢筋笼，再灌混凝土至桩顶标高。第一次拔管高度应控制在能容纳第二次所需灌入的混凝土量，不宜拔得过高。在拔管过程中应用专用测锤或浮标检查混凝土面的下降情况。

锤击沉管桩混凝土强度等级不得低于 C20，每立方米混凝土的水泥用量不宜少于 300 kg。混凝土坍落度在配钢筋时宜为 80 ~ 100 mm，无筋时宜为 60 ~ 80 mm。碎石粒径在配有钢筋时不大于 25 mm，无筋时不大于 40 mm。预制钢筋混凝土桩尖的强度等级不得低于 C30。混凝土充盈系数（实际灌注混凝土体积与按设计桩身直径计算的体积之比）不得小于 1.0，成桩后的桩身混凝土顶面标高应至少高出设计标高 500 mm。

（2）振动沉管灌注桩

振动沉管灌注桩是利用振动桩锤（又称激振器，见图3—20）和振动冲击锤将桩管沉入土中，然后灌注混凝土而成。这两种灌注桩与锤击沉管灌注桩相比，更适合于稍密及中密的砂土地基施工。振动沉管灌注桩和振动冲击沉管桩的施工工艺完全相同，只是前者用振动锤沉桩，后者用振动带冲击桩锤沉桩。

振动灌注桩可采用单打法、反插法或复打法施工。

单打法是一般正常的沉管方法，它是将桩管沉入到设计要求的深度后，边灌混凝土边拔管，最后成桩，适用于含水量较小的土层，且宜采用预制桩尖。桩内灌满混凝土后，应先振动 5～10 s，再开始拔管，边振边拔，每拔 0.5～1.0 m 停拔振动 5～10 s，如此反复进行，直至桩管全部拔出。拔管速度在一般土层内宜为 1.2～1.5 m/min，用活瓣桩尖时宜慢，预制桩尖可适当加快，在软弱土层中拔管速度宜为 0.6～0.8 m/min。

图3—20　振动桩锤

反插法是在拔管过程中边振边拔，每次拔管 0.5～1.0 m，再向下反插 0.3～0.5 m，如此反复并保持振动，直至桩管全部拔出。在桩尖处 1.5 m 范围内，宜多次反插以扩大桩的局部断面。穿过淤泥夹层时，应放慢拔管速度，并减少拔管高度和反插深度。在流动性淤泥中不宜使用反插法。

复打法是在单打法施工完拔出桩管后，立即在原桩位再放置第二个桩尖，再第二次下沉桩管，将原桩位未凝结的混凝土向四周土中挤压，扩大桩径，然后再第二次灌混凝土和拔管。采用全长复打的目的是提高桩的承载力。局部复打主要是为了处理沉桩过程中所出现的质量缺陷，如发现或怀疑出现缩颈、断桩等缺陷，局部复打深度应超过断桩或缩颈区 1 m 以上。复打必须在第一次灌注的混凝土初凝之前完成。

（3）沉管桩施工中常见问题的分析与处理

1）断桩。断桩的裂缝为水平或略带倾斜，一般都贯通整个截面，常常出现于地面以下 1～3 m 软硬土层交接处。

断桩原因主要有以下几点：桩距过小，邻桩施打时土的挤压产生的水平推力和隆起上拔力的影响；软硬土层传递水平力不同，对桩产生剪应力；桩身混凝土终凝不久，强度弱，承受不了外力的影响。

避免断桩的措施有以下几点：布桩应坚持少桩疏排的原则，桩与桩之间中心距不宜小于 3.5 倍桩径；桩身混凝土强度较低时，尽量避免振动和外力的干扰，因此要合理确定打桩顺序和桩架行走路线；采用跳打法或控制时间法以减少对邻桩的影响。控制时间法指在邻桩混凝土初凝以前，必须把影响范围内的桩施工完毕。

断桩的检查与处理措施有以下几点：在浅层（2～3 m）发生断桩，可用重锤敲击桩头侧面，同时用脚踏在桩头上，如桩已断，会感到浮振；深处断桩目前常用动测或开挖的办法检查。断桩一经发现，应将断桩段拔出，将孔清理后，略增大面积或加上铁箍连接，再重新浇混凝土补做桩身。

2）缩颈桩。缩颈桩又称瓶颈桩，是指部分桩径缩小、桩截面积不符合设计要求。

缩颈桩产生的原因有以下几点：拔管过快，管内混凝土存量过少，混凝土本身和易性差，出管扩散困难造成缩颈；在含水量大的黏性土中沉管时，土体受到强烈扰动和挤压，产生很高的孔隙水压力，拔管后，这种水压力便作用到新浇筑的混凝土桩上，使桩身发生不同程度的缩颈现象。

缩颈的防治措施有以下几点：在容易产生缩颈的土层中施工时，要严格控制拔管速度，采用"慢拔密击"；混凝土坍落度要符合要求且管内混凝土必须略高于地面，以保持足够的压力，使混凝土出管扩散正常。

施工时可设专人随时测定混凝土的下落情况，遇有缩颈现象，可采取复打处理。

3）桩尖进水、进泥沙。桩尖进水、进泥沙常见于地下水位高、含水量大的淤泥和粉砂土层，是由于桩管与桩尖接合处的垫层不紧密或桩尖被打破所致。处理办法：可将桩管拔出，修复改正桩靴缝隙或将桩管与预制桩尖接合处用草绳、麻袋垫紧，用砂回填桩孔后重打；如果只受地下水的影响，则当桩管沉至接近地下水位时，用水泥砂浆灌入管内约 0.5 m 作封底，再灌 1 m 高的混凝土，然后继续沉桩。若管内进水不多（小于 200 mm）时，可不作处理，只在灌第一槽混凝土时酌情减少用水量即可。

4）吊脚桩。吊脚桩即桩底部的混凝土隔空，或混凝土中混进了泥沙而形成松软层。形成吊脚桩的原因是混凝土桩尖质量差，强度不足，沉管时被打坏而挤入桩管内，且拔管时冲击振动不够，桩尖未及时被混凝土压出或活瓣未及时张开。

为了防止出现吊脚桩，要严格检查混凝土桩尖的强度（应不小于 C30），以免桩尖被打坏而挤入管内。沉管时，用吊砣检查桩尖是否有缩入管内的现象。如果有，应及时拔出纠正并将桩孔填砂后重打。

3. 干作业成孔灌注桩施工工艺

干作业成孔灌注桩适用于地下水位较低、在成孔深度内无地下水的土质，不需护壁可直接取土成孔，目前常用螺旋钻机成孔。

（1）施工工艺流程

场地清理→测量放线定桩位→桩机就位→钻孔取土成孔→清除孔底沉渣→成孔质量检查验收→吊放钢筋笼→浇筑孔内混凝土。

（2）施工注意事项

1）开始钻孔时，应保持钻杆垂直、位置正确，防止因钻杆晃动引起孔径扩大及增多孔底虚土。

2）发现钻杆摇晃、移动、偏斜或难以钻进时，应提钻检查，清除地下障碍物，避免桩孔偏斜和钻具损坏。

3）钻进过程中，应随时清理孔口黏土，遇到地下水、塌孔、缩孔等异常情况，应停止钻孔，同有关单位研究处理。

4）钻头进入硬土层时，易造成钻孔偏斜，可提起钻头上下反复扫钻几次，以便削去硬土。若纠正无效，可在孔中局部回填黏土至偏孔处 0.5 m 以上，再重新钻进。

5）成孔达到设计深度后，应保护好孔口，按规定验收，并做好施工记录。

6）孔底虚土尽可能清除干净，可采用夯锤夯击孔底虚土或进行压力注水泥浆处理，然后快吊放钢筋笼，并浇筑混凝土。混凝土应分层浇筑，每层高度不大于 1.5 m。

四、施工安全技术要求

1. 挖孔达到设计深度后，应及时进行孔底处理，必须做到无松渣、淤泥等扰动软土层，使孔底情况满足设计要求。

2. 嵌入承台的锚固钢筋长度不得低于规范规定的最小锚固长度要求。

3. 混凝土的原材料和混凝土强度必须符合设计要求和施工规范的规定，且桩芯灌注混凝土量不得小于计算体积。

4. 钻孔灌注桩工人劳动强度大，风险也较大，应严格按照《公路工程施工安全技术规范》（JTG F90—2015）执行各项安全措施，施工中应由专人负责安全问题，防止塌孔、有毒气体侵害等危及人员安全的事故发生。

技能训练 3   基础回填土施工

一、训练任务

在已有基槽和基础施工完成的情况下，分小组进行基础回填土的施工，回填土采用3:7灰土（体积配合比），回填深度根据现场情况而定。

二、训练目的

通过本项目的实训，建立基础回填土施工流程与要求的工程实践操作模式。掌握回填土施工工艺流程与质量要求，体验工程实践协调处理的方式方法。

三、训练准备

1. 一般准备

基础回填土场地、灰土、压实机具。

2. 材料准备

土：土料采用基坑开挖时存储在土库内的土不得使用含有机杂质的土或耕植土，土料应过筛，其颗粒不得大于 15 mm，含水率控制在 16% 左右，一般以手握成团、落地开花为宜。

石灰：使用Ⅰ级以上新鲜灰块，使用前 1～2 天消解并过筛，其颗粒不得大于 5 mm，且不应夹有未熟化的生石灰块粒及其他杂质，不得含有过多水分。

砂：采用含泥量不大于5%的中砂。

石：采用含泥量不大于5%的碎石，不得含有垃圾等杂物。

配合比：灰土采用体积配合比3：7（石灰：土），石灰和土料应计量，用人工或机械翻拌，不少于 3 遍，使之达到拌和均匀，颜色一致。

四、训练流程要点

1. 工艺流程

拌和灰土—清理基坑—回填土并分层夯实—取样检验。

2. 操作要点

（1）施工前应验槽（坑），将坑底积水、垃圾杂物等清理干净；清理到基础底面标高，将回落的松散土、砂浆、石子等清理干净，并应做好水平标志，以控制回填的高度和厚度，可以在承台或剪力墙上按每 250 mm 分层弹线。

（2）灰土施工时，应适当控制其含水量，以用手紧握成团、两手指轻捏能碎为宜，如土料水分过多或不足时可以晾干或洒水湿润。灰土应拌和均匀，颜色一致，拌好后应及时铺好夯实，铺土应分层进行，每层铺土厚度见表3—5。

表 3—5 填方每层铺土厚度和压实遍数

压实机具	每层铺土厚度（mm）	每层压实遍数
平碾	200～300	6～8
羊足碾	200～350	8～16
蛙式打夯机	200～250	3～4
振动碾	60～130	6～8
人工打夯	不大于200	3～4

注：人工打夯时土块粒径不应大于50 mm。

（3）每层灰土的夯打遍数，应根据设计的干密度由现场试验确定。回填土每层至少夯打3遍。打夯应一夯压半夯，夯夯相连，纵横交叉，并且严禁采用水浇使土下沉的所谓"水夯"法。

（4）深浅基坑（槽）相连时，应先填夯深基坑，填至浅基坑相同的标高时，再与浅基坑一起填夯。在独立基坑与地沟相连时应分段填夯，交接处应填成阶梯形。

（5）在地下水位以下的基槽，坑内施工时，应采取降水措施，在无水状态下施工。入槽的灰土不得隔日夯打。夯实后的灰土三天内不得受水浸泡。

（6）灰土打完后要做好临时遮盖，防止日晒雨淋刚打完或尚未夯实的灰土。如遭受雨淋浸泡，则应将积水及松软灰土除去并补填夯实。受浸泡的灰土应在晾干后按比例拌和石灰后再使用。

（7）1：1 级配砂石回填，先将砂、石拌和均匀后再铺夯压实。施工时砂的含水量控制在 15% ~ 20%，应分层铺设，分层夯或压实，每层铺设厚度 200 mm。事先在边坡上弹线，配制级配砂石的铺设厚度。采用平板振动器往复振捣，振动器移动时，每行搭接 1/3，以防振动面积不搭接。平板振动器的振动频率不小于 2 800 r/min，电动机功率不小于 2.2 kW，质量不小于 65 kg。每层振动 3 遍。施工完毕，立即进行下道工序施工，严禁小车及人在砂层上通行，必要时应在砂层上铺板后通行。

（8）回填每层夯实后，应按规范规定进行环刀取样，测出干密度；达到要求后，再进行下一层回填的施工。取样数量：基坑填土每层按 100 ~ 500 m² 取一点，但不少于一点。基槽管沟：每层按长度 20 ~ 50 m 取一点，但不少于一点。

（9）取样时，应每段每层进行检验，并在夯实层下半部（至每层表面以下 2/3 处）环刀取样。

五、训练质量检验

基础回填施工训练质量检验标准见表 3—6。

表 3—6   基础回填施工训练质量检验标准

项目	序号	检查项目	允许偏差或允许值（mm）					检查方法
			柱基基坑基槽	场地平整		管沟	地（路）面基础层	
				人工	机械			
主控项目	1	标高	−50	±30	±50	−50	−50	水准仪检查
	2	分层压实系数	设计要求					按规定方法
一般项目	1	回填土料	20	20	50	20	20	2 m 靠尺和楔形塞尺检查
	2	分层厚度及含水量	设计要求					观察或土样分析
	3	表面平整度	20	20	30	20	20	塞尺或水准仪检查

思考练习题

1. 什么情况下需采用桩基础？
2. 按施工方法不同，桩可分成哪几类？
3. 什么是端承桩？什么是摩擦桩？摩擦桩和端承桩在受力上有何区别？
4. 预制桩制作、搬运、堆放有哪些要求？
5. 打桩机主要由哪几部分组成？
6. 桩锤和桩架的作用是什么？
7. 钢筋混凝土预制桩的打桩顺序一般有哪几种？
8. 打桩时，为什么采用"重锤低击"，而不采用"轻锤高击"？
9. 打桩质量评定包括哪两个方面？

10. 什么是泥浆护壁成孔灌注桩？

11. 泥浆护壁成孔灌注桩的护筒有何作用？

12. 清孔方法有几种？清孔要求怎样？孔底沉渣有何规定？

13. 什么是沉管灌注桩？根据沉管方式不同，它又分为哪两种形式？

第四章 框架结构施工

本章以常见结构形式之一的框架结构主体部分施工作为主要课程内容。框架结构施工过程分为框架柱施工、框架梁施工和框架板施工等阶段。本章从常见的结构形式开始论述，介绍各种结构形式的特点及主要结构形式之——框架结构的施工图识读，在基础知识介绍后，主要介绍框架柱、梁、板工程施工工艺。

第一节 框架结构简介与施工图识读

一、框架结构简介

框架结构又称构架式结构，是指由梁和柱以刚接或者铰接相连接构成承重体系的结构，即由梁和柱组成框架共同抵抗使用过程中出现的水平荷载和竖向荷载，如图4—1所示。结构的房屋墙体不承重，仅起到围护和分隔作用，一般用预制的加气混凝土、膨胀珍珠岩、空心砖或多孔砖、浮石、蛭石、陶粒等轻质建材砌筑或装配而成。

图4—1 框架结构

房屋的框架按跨数分有单跨、多跨；按层数分有单层、多层；按立面构成分有对称、不对称；按所用材料分有钢框架、混凝土框架、胶合木结构框架或钢与钢筋混凝土混合框架等。其中最常用的是混凝土框架（现浇整体式、装配式、装配整体式，也可根据需要施加预应力，主要是对梁或板）、钢框架。装配式、装配整体式混凝土框架和钢框架适合大规模工业化施工，施工效率较高，工程质量较好。

1. 框架结构施工顺序

框架结构施工时，首先测量放轴线、控制线，套柱箍筋，柱筋电渣压力焊，柱箍筋绑扎，模板支撑搭设，模板安装，模板加固校正，柱混凝土浇筑，梁板钢筋安装，梁板混凝土浇筑，养护，填充砌体施工。以上各层以此类推。

2. 框架结构的特点

框架结构建筑的优点主要有以下几点：空间分隔灵活，自重轻，节省材料；具有可以较灵活地配合建筑平面布置的优点，利于安排需要较大空间的建筑结构；框架结构的梁、柱构件易于标准化、定型化，便于采用装配整体式结构，以缩短施工工期；采用现浇混凝土框架时，结构的整体性、刚度较好，设计处理好也能达到较好的抗震效果，而且可以把梁或柱浇筑成各种需要的截面形状。

框架结构体系的缺点主要有以下几点：框架节点应力集中显著；框架结构的侧向刚度小，属柔性结构框架，在强烈地震作用下，结构产生的水平位移较大，易造成严重的非结构性破坏，吊装次数多，接头工作量大，工序多，浪费人力，施工受季节、环境影响较大；不适宜建造高层建筑，一般适用于建造不超过15层的房屋。

3. 框架结构应用范围

框架结构可设计成静定的三铰框架或超静定的双铰框架与无铰框架。混凝土框架结构广泛用于住宅、学校、办公楼，也可根据需要对混凝土梁或板施加预应力，以适用于较大的跨度；框架钢结构用于大跨度的公共建筑、多层工业厂房和一些特殊用途的建筑物中，如剧场、商场、体育馆、火车站、展览厅、造船厂、飞机库、停车场、轻工业车间等。

二、框架结构施工图的主要内容

1. 结构说明

（1）结构形式（结构材料及规格、强度等级）。

（2）地基与基础（包括地基土的地耐力等）。

（3）施工技术要求及注意事项。

（4）选用的标准图集等。

2. 结构布置平面图

（1）基础平面。

（2）楼层结构平面布置图。

（3）屋面结构平面布置图。

3. 构件详图

（1）梁、板、柱、基础结构详图。

（2）楼梯结构详图。

（3）屋架（屋面）结构详图。

（4）其他详图，天沟、雨篷、圈梁、过梁、门窗过梁、阳台、管道井、烟道井等。

4. 特点

（1）沿房屋防潮层的水平剖切表示基础平面图，沿每层楼板面水平剖切表示各层楼层结构平面图，沿屋面承重层的水平剖切表示屋面结构平面图。

（2）用单个构件的正投影来表达构件详图，以其平面、立面及断面来表达出材料明细表，有的要出模板图、预埋件图。但这种图重复多，易出差错。

（3）用双比例法绘出构件详图，构件轴线按一种比例，而构件局部用放大比例出图，便于更清晰表达节点的施工尺寸与搭接关系。

（4）结施中，构件的立面、断面轮廓线用细线或中实线表示，而构件内部钢筋配置则用粗实线和黑点表示。

三、结构施工图识读步骤与识读要点

1．结构施工图识读步骤

（1）先看结构设计说明。

（2）再读基础平面图、基础结构详图。

（3）然后读楼层结构平面布置图、屋面结构平面布置图。

（4）最后读构件详图、钢筋详图和钢筋表。

各种图样之间不是孤立的，应互相联系进行阅读。识读施工图时，应熟练运用投影关系、图例符号、尺寸标注及比例，以读懂整套结构施工图。

2．结构施工图识读要点

（1）结构施工图常用构件代号见表4—1。

表4—1　　　　　　　　　　结构施工图常用构件代号

序号	名称	代号	序号	名称	代号
1	板	B	17	过梁	GL
2	屋面板	WB	18	连系梁	LL
3	空心板	KB	19	基础梁	JL
4	槽形板	CB	20	楼梯梁	TL
5	折板	ZB	21	檩条	LT
6	密肋板	MB	22	屋架	WJ
7	楼梯板	TB	23	托架	TJ
8	盖板或沟盖板	GB	24	天窗架	CJ
9	挡面板或檐口板	YB	25	框架	KJ
10	吊车安全走道板	DB	26	刚架	GJ
11	墙板	QB	27	支架	ZJ
12	天沟板	TGB	28	柱	Z
13	梁	L	29	基础	J
14	屋面梁	WL	30	设备基础	SJ
15	吊车梁	DL	31	桩	ZH
16	圈梁	QL	32	柱间支撑	ZC

续表

序号	名称	代号	序号	名称	代号
33	垂直支撑	CC	38	梁垫	LD
34	水平支撑	SC	39	预埋件	M
35	梯	T	40	天窗端壁	TD
36	雨篷	YP	41	钢筋网	W
37	阳台	YT	42	钢筋骨架	G

（2）钢筋符号图例及画法，钢筋符号见表4—2，钢筋一般图例见表4—3，钢筋画法见表4—4。

表4—2 钢筋符号

新符号	钢筋表面形状	级别
ϕ	光圆	HPB300
Φ	热轧带肋	HRB335
Φ_F	细晶粒热轧带肋	HRBF335
Φ	热轧带肋	HRB400
Φ_F	细晶粒热轧带肋	HRBF400
Φ_R	余热处理带肋	RRB400
Φ_E	有较高抗震性能的普通热轧带肋	HRB400E
Φ	热轧带肋	HRB500
Φ_F	细晶粒热轧带肋	HRBF500

表4—3 钢筋一般图例

名称	图例	名称	图例	名称	图例
钢筋断面	O	带直钩的钢筋端部		半圆形弯钩的钢筋搭接	
无弯钩的钢筋端部	下图表示长短钢筋投影重叠时，可在钢筋的端部用45°斜画线表示	带丝扣钢筋端部		半直钩的钢筋端部	
半圆形弯钩的钢筋端部		无弯钩的钢筋搭接		套管接头	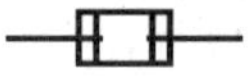

表4—4　　　　　　　　　　　　　　　钢筋画法

名称	图例	说明
平面图中的双层钢筋		底层钢筋弯钩向上或向左
端体中的钢筋立面图		远面钢筋弯钩向下或向右
一般钢筋大样图		断面图中钢筋重影时在断面图外面增加大样图
箍筋大样图		箍筋或环筋复杂时须画其大样图
平面图或立面图中布置相同钢筋的起止范围		

钢筋的标注方法与含义如图4—2 和图4—3 所示。

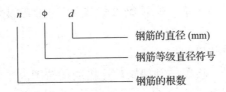

图4—2　钢筋的标注方法与含义

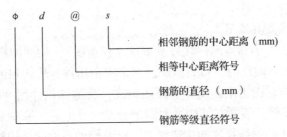

图4—3　钢筋的标注方法与含义

板的标注方法与含义如图4—4所示。

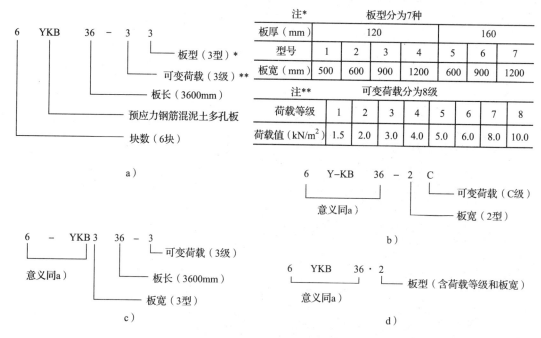

图4—4　板的标注方法与含义

3. 结构平面图识读的主要内容

（1）图名、比例，定位轴线及其编号。

（2）下层承重墙和门窗洞的布置，本层柱子的位置。

（3）楼层或屋顶结构构造的平面布置，如各种梁（楼屋面梁、雨篷梁、阳台梁、门窗过梁、圈梁等）、楼板（或屋面板）的布置和代号等。

（4）单层厂房则有柱、吊车梁、连系梁（或墙梁）、柱间支撑结构布置图和屋架及支撑布置图。

（5）轴线尺寸和构件定位尺寸。

（6）附有有关屋架、梁、板等与其他构件连接的构造图。

（7）施工说明等。

4. 钢筋混凝土构件结构详图识读的主要内容

（1）图名、比例。

（2）构件定位轴线及其编号。

（3）构件的形状、大小和预埋件代号及布置（模板图），构件的配筋（配筋图），当构件的外形比较简单又无预埋件时，可只画配筋图来表示构件的形状和钢筋配置。

（4）梁、柱的结构详图由立面图和断面图组成，板的结构详图一般只画它的断面图和剖面图，也可把板的配筋直接画在结构平面图中。

（5）构件外形尺寸、钢筋尺寸和构造尺寸，以及构件底面的结构标高。

（6）施工说明等。

5．楼梯结构详图识读的主要内容

（1）楼梯平面图表明各构件（如楼梯梁、梯段板、平台板，以及楼梯间和门窗过梁等）的平面布置和代号、大小和定位尺寸，以及它们的结构标高。

（2）楼梯剖面图表示各构件的竖向布置和构造、梯段板和楼梯梁的形状和配筋（当平台板和楼板为现浇板时的配筋）、大小尺寸、定位尺寸和钢筋尺寸以及构件底面的结构标高。

第二节　框架柱工程

一、框架柱平法施工图识读

1．柱子内部钢筋的种类

柱子内部钢筋包括纵向受力钢筋（竖向）和箍筋，纵向受力钢筋又包括基础插筋、中间层钢筋和顶层钢筋。

2．柱平法施工图的表达方式

柱的平法施工图主要采用列表注写或截面注写的方式进行表达。

（1）列表标注

列表标注即用列表的方式，来表达柱的尺寸、形状和配筋要求。在平面图上表达柱的位置和编号，用一个表注写柱的高度，用另一表注写柱的结构配筋情况。柱箍筋的注写包括钢筋级别、直径与间距。当箍筋间距有变化时用"/"区分不同的箍筋间距。当箍筋间距沿柱全高为一种间距时，则不用"/"。当圆柱采用螺旋箍筋时，在箍筋前面标注"L"。

图4—5中，框架柱 KZ1 的平面位置是在轴线③、④、⑤与轴线 B、C、D 交汇处。从柱表中可知，KZ1 的高度从1层（标高 − 0.030 m）到屋面1（标高 59.070 m），层高有4.50 m、4.20 m、3.60 m、3.30 m 4 种。同时从柱表中看出 KZ1 的截面尺寸及配筋情况，在标高 − 0.030 m 到标高 19.470 m 的高度范围内（1 到 6 层），KZ1 截面尺寸为 750 mm × 700 mm，KZ1 配筋情况为：纵筋 24 根 Φ 25 钢筋；柱箍筋为 10@ 200，加密区为 10@ 100；从标高 19.470 m 起，截面尺寸和纵向钢筋均有变化。

（2）截面注写法

截面注写法是在标准层绘制的柱平面布置图上，分别在同一编号的柱中选择一个截面，直接注写截面尺寸和钢筋具体数字的方式来表达柱截面的尺寸、配筋等情况的一种方法。

如图4—6 所示，KZ1 截面尺寸为 650 mm × 600 mm，轴线有偏移（偏移位置见图）。柱截面四角配有 4Φ25，b 边一侧中部配有 5Φ25，h 边一侧中部配有 4Φ22；柱箍筋为 10@ 200，加密区为 10@ 100。

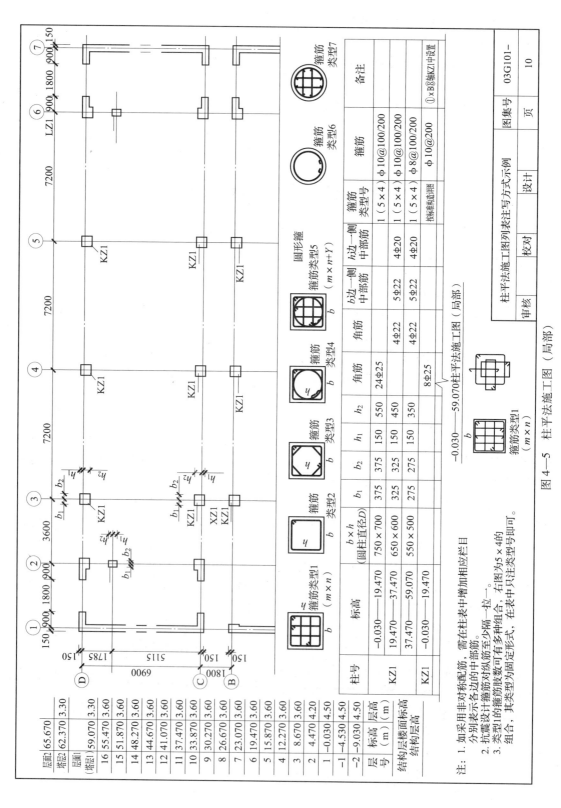

图 4—5 柱平法施工图（局部）

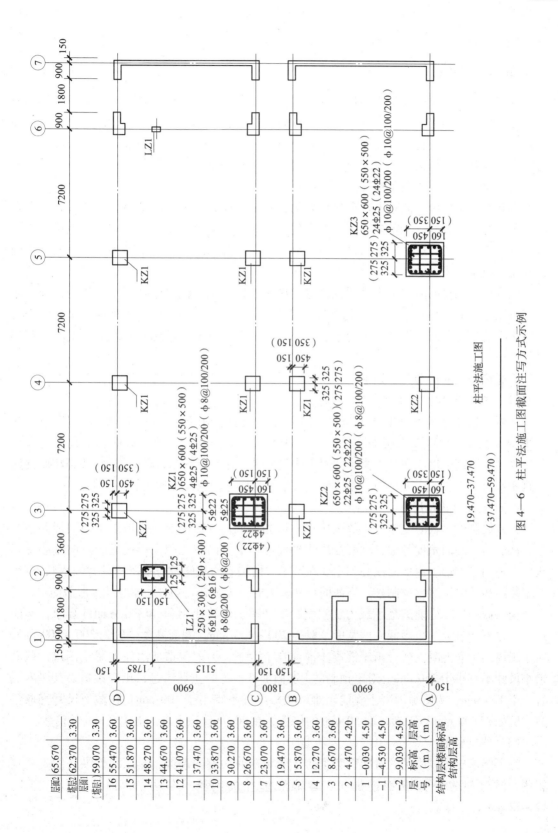

图 4—6 柱平法施工图截面注写方式示例

二、框架柱构造

在建筑工程中有许多受压构件，如柱、屋架上弦杆、脚手架立杆等。当构件上作用有纵向压力为主的内力时，称为受压构件，柱就是这种构件的代表。柱在荷载作用下，截面上除了轴力，一般还有弯矩和剪力。当柱只有轴向压力作用，且作用线与柱的截面重心重合时，称为轴心受压构件；当轴向压力作用线偏离截面重心或构件截面上同时作用轴向压力和弯矩时，称为偏心受压构件。

实际工程中，由于混凝土自身的不均匀性、施工偏差，理想的轴心受压构件是不存在的。屋架的受压腹杆、等跨多层框架的中柱因弯矩很小而忽略不计，可以近似地按轴心受压构件计算。当然厂房柱、框架柱、屋架上弦杆、拱等都属于偏心受压构件，框架结构的角柱属双向偏心受压构件。

配有纵筋和箍筋的柱称为普通箍筋柱。纵筋的作用是和混凝土共同承担压力，同时还承担可能存在的较小弯矩及混凝土变形引起的拉应力，提高构件的塑性性能。箍筋的作用是防止纵筋向外压屈，提高柱受剪承载力，与纵筋形成骨架，且对核心部分的混凝土起到约束作用。

普通箍筋柱的构造要求如下：

（1）材料选择

混凝土强度等级不宜低于 C20。纵向受力钢筋宜采用 HRB400、HRB500、HRBF400、HRBF500 钢筋，也可以采用 HPB300、HRB335、HRBF335、RRB400 钢筋。不宜用高强钢筋，这是因为高强钢筋在与混凝土共同工作受压时，并不能发挥其高强作用。RRB400 钢筋不宜用作重要部位的受力钢筋，不应作为直接承受疲劳荷载构件的钢筋。

（2）截面形状及尺寸

为方便制作，轴心受压柱一般采用正方形和矩形，特殊情况下也可以采用圆形和多边形，从受力合理的角度考虑，轴心受压构件和在两个方向偏心距大小接近的双向偏心受压构件宜采用正方形，而单向偏心和主要在一个方向偏心的双向偏心受压构件宜采用长方形。对于装配式单层厂房的预制柱，当截面尺寸较大时，为减轻自重，也常采用 I 形截面。

构件截面尺寸应能满足承载力、刚度、配筋率、建筑使用和经济等方面的要求，不能过小，也不能过大。矩形截面的宽度一般为 200 ~ 400 mm，截面高度一般为 300 ~ 800 mm。对于现浇的钢筋混凝土柱，由于混凝土灌注自上而下，为避免造成灌注混凝土困难，截面最小尺寸不宜小于 250 mm。对于预制的 I 形截面柱，为防止翼缘过早出现裂缝，其厚度不宜小于 120 mm，为避免混凝土浇捣困难，腹板厚度不宜小于 100 mm。柱截面尺寸宜取整数。例如在 800 mm 以下者，取 50 mm 的倍数；在 800 mm 以上者，取 100 mm 的倍数。

（3）纵向钢筋

为了能形成比较刚劲的骨架，为了防止受压钢筋的侧向弯曲，受压构件纵筋的直径宜粗些，但过粗也会造成钢筋加工、运输和绑扎的困难。在柱中，钢筋直径一般为 12 ~ 32 mm。

（4）箍筋在受压构件中的配置

设置箍筋的目的主要是约束受压钢筋，防止其受压后外凸，某些剪力较大的偏心受压构件也可能需要箍筋来抗剪。柱中箍筋应做成封闭式，直径不应小于 $d/4$（d 为纵向钢筋最大直径），且不小于 6 mm。箍筋间距不应大于 400 mm，且不应大于构件截面的短边尺寸，同时在绑扎骨架中不应大于 15d。在绑扎骨架中的搭接接头区段内，当搭接钢筋受拉时，其箍筋间距不应大于 5d，且不大于 100 mm；当搭接钢筋受压时，其箍筋间距不应大于 10d，且不大于 200 mm。

三、框架柱钢筋制作、安装

1. 框架柱钢筋加工

（1）钢筋的技术性能及现场检验

1）钢筋技术性能。钢筋技术性能主要有力学性能、工艺性能两大方面。力学性能包括拉伸性能、冲击韧性、硬度。工艺性能包括冷弯性能和可焊性能。拉伸性能可反映钢材的强度和塑性；冲击韧性反映钢材抵抗冲击荷载的能力；硬度反映钢材表面抵抗硬物压入产生塑性变形的能力。冷弯性能反映钢材在常温下承受弯曲变形的能力；可焊性能反映在一定的焊接条件下，焊缝及附近过热区是否存在裂缝及脆硬倾向，焊缝强度是否接近母材的性能。

2）钢筋现场检验。钢筋进场必须持有出厂证明书和试验报告单。每捆或每盘钢筋均应有标牌。钢筋进场后应对不同品种、直径和批号的钢筋分批验收，并分别堆放，不得混杂。验收的内容包括查对标牌，查对钢筋生产厂家或出品公司、种类、执行标准、牌号、规格、生产批号、检验证号等。外观检查，钢筋表面不得有裂缝、片状或颗粒状老锈和折叠，钢筋表面的凸块不得超过螺纹的高度等。并按规定抽取试样进行力学性能试验，检验合格后才能使用。

（2）钢筋的冷拉

钢筋冷拉是在常温下，以超过钢筋屈服强度的拉应力对热轧钢筋进行拉伸，使钢筋产生塑性变形，以提高强度，节约钢材。冷拉时，钢筋被拉直，表面锈渣自动剥落，因此冷拉不但可提高钢筋强度，还可以同时完成调直、除锈工作。

（3）钢筋的连接方法

钢筋的连接方式有焊接、机械连接和绑扎连接。

1）钢筋的焊接。采用焊接代替绑扎，可改善结构受力性能，提高工效，节约钢材，降低成本。钢筋焊接时，应采用闪光对焊、电弧焊、电渣压力焊和电阻点焊。钢筋与钢板的T形连接，宜采用埋弧压力焊或电弧焊。

①闪光对焊。闪光对焊广泛用于钢筋接长及预应力钢筋与螺丝端杆的焊接。热轧钢筋的焊接宜优先用闪光对焊，条件不可能时才用电弧焊。闪光对焊适用于焊接直径 10 ～ 40 mm 各级热轧钢筋。

②电弧焊。电弧焊是利用弧焊机使焊条与焊件之间产生高温电弧，在电弧的作用下焊

条和燃烧范围内的焊件被熔化，待冷却凝固后，形成焊缝或接头。钢筋电弧焊可分搭接焊、帮条焊、坡口焊和熔槽帮条焊四种接头形式。

③电渣压力焊。现浇钢筋混凝土框架结构中直径 14～40 mm 的 HPB235、HRB335 钢筋的竖向连接宜采用自动或手动电渣压力焊进行焊接。与电弧焊相比，电渣压力焊工效高、钢材省、成本低，在高层建筑施工中得到广泛应用。采用电渣压力焊时，应按规范规定的方法检查外观质量和进行拉力试验，如图4—7所示为电渣压力焊的接头。

图4—7 电渣压力焊接头

2）钢筋的机械连接。钢筋机械连接常用挤压连接和套管螺纹连接两种形式，这是近年来大直径钢筋现场连接的主要方法。

①钢筋挤压连接。钢筋挤压连接又称钢筋套筒冷压连接，它是将需连接的变形钢筋插入特制钢套筒内，利用液压驱动的挤压机进行径向或轴向挤压，使钢套筒产生塑性变形，使它紧紧咬住变形钢筋，实现连接，如图4—8所示。它适用于竖向、横向及其他方向的较大直径变形钢筋的连接。与焊接相比，它具有节省电能、不受钢筋可焊性能的影响、不受气候的影响、无明火、施工简便和接头可靠度高等特点。压接顺序从中间逐道向两端压接；压接力能保证套筒与钢筋紧密咬合，压接力和压道数取决于钢筋直径、套筒型号和挤压机型号。

②钢筋套管螺纹连接。钢筋套管螺纹连接分为锥套管螺纹连接和直套管螺纹连接两种。连接时，检查螺纹无油污和损伤后，先用手旋入钢筋，然后用扭矩扳手紧固至规定的扭矩即完成连接，如图4—9所示。它施工速度快，不受气候影响，质量稳定，对中性好。

图4—8 钢筋挤压连接　　　　　　　图4—9 钢筋套管螺纹连接

3）钢筋的绑扎连接。钢筋的绑扎连接由于需要较长的搭接长度，浪费钢筋且连接不可靠，应限制使用。

（4）钢筋制作

1）钢筋配料。钢筋配料是钢筋加工前根据设计图纸和会审记录不同构件尺寸，计算钢筋下料长度，编制钢筋配料单，然后进行备料加工的钢筋加工过程，是钢筋工程施工的重要环节。

钢筋下料长度计算是钢筋配料的关键。设计图中注明的钢筋尺寸是钢筋的外轮廓尺寸（从钢筋外皮到外皮得的尺寸），称为钢筋的外包尺寸，在钢筋加工时，也按外包尺寸进行验收。钢筋弯曲后的特点是，在弯曲处内皮收缩、外皮延伸、轴线长度不变，直线钢筋的外包尺寸等于轴线长度；而钢筋弯曲段的外包尺寸大于轴线长度，两者之间存在一个差值，称量度差值。如果下料长度按外包尺寸的总和来计算，则加工后钢筋尺寸大于设计要求的尺寸，影响施工，也造成材料的浪费；只有按轴线长度下料加工，才能使钢筋形状尺寸符合设计要求。钢筋下料长度为各段外包尺寸之和，减去量度差值，再加上两端弯钩增加长度。

①钢筋中间部位弯曲量度差值见表4—5。

表4—5   钢筋弯曲量度差值

弯曲角度	30°	45°	60°	90°	135°
量度差值	0.3d	0.5d	d	2d	3d

②钢筋末端弯钩增长值。钢筋末端弯钩通常做成180°，其末端弯钩增长值，每个取6.25d。

③钢筋下料长度计算。常用的钢筋下料长度计算公式如下：

$$直钢筋下料长度 = 构件长度 - 保护层厚度 + 弯钩增加长度$$

$$弯起钢筋下料长度 = 直段长度 + 斜段长度 + 弯钩增加长度 - 弯曲量度差值$$

$$箍筋下料长度 = 直段长度 + 箍筋调整值$$

箍筋调整值见表4—6。

表4—6   箍筋调整值   mm

箍筋量度方法	箍筋直径			
	4~5	6	8	10~12
量外包尺寸	40	50	60	70
量内包尺寸	80	100	120	150~170

2）钢筋代换。现场施工时，有时会遇到工地无法提供设计图要求的钢筋品种和规格的情况，经设计审核批准，可根据库存条件进行钢筋代换。

代换必须遵循等强度代换原则。当构件按最小配筋率配筋时，可按面积相等原则代换，当构件受裂缝宽度或挠度控制时，代换后应进行裂缝宽度或挠度验算。

3）钢筋的加工。钢筋的加工包括调直、除锈、切断、接长、弯曲等工作。

钢筋调直宜采用机械方法，也可利用冷拉进行调直。采用冷拉方法调直钢筋时，HPB235 钢筋的冷拉率不宜大于4%；HRB335、HRB400、RRB400 钢筋的冷拉率不宜大于1%。除利用冷拉调直钢筋外，粗钢筋还采用锤直和拔直的方法；直径 4～14 mm 的钢筋可采用调直机进行。调直机具有使钢筋调直、除锈和切断三项功能。冷拔低碳钢丝在调直机上调直后，其表面不得有明显擦伤，抗拉强度不得低于设计要求。

钢筋的表面应洁净，油渍、漆污和用锤敲击时能剥落的浮皮、铁锈等应在使用前清除干净。在焊接前，焊点处的水锈应清除干净。钢筋的除锈，宜在钢筋冷拉或钢丝调直过程中进行。采用电动除锈机进行，钢筋的局部除锈较为方便。手工喷砂和酸洗等除锈，由于费工费料，现已很少采用。

钢筋下料时须按下料长度切断。钢筋切断可采用手动切断器或钢筋切断机（见图4—10）。手动切断器一般只用于直径小于 12 mm 的钢筋；钢筋切断机可切断直径小于40 mm 的钢筋。切断时根据下料长度统一排料；先断长料，后断短料；减少短头，减少耗损。

a）   b）

图4—10　钢筋切断设备

a）手动切断器　b）钢筋切断机

钢筋下料后，应按钢筋配料单进行划线，以便将钢筋准确地加工成所规定的尺寸。当弯曲形状比较复杂的钢筋时，可先放出实样，再进行弯曲。钢筋弯曲宜采用弯曲机，如图4—11 所示，钢筋弯曲机可弯直径 6～40 mm 的钢筋。无弯曲机时，直径小于 25 mm 的钢筋也可采用板钩弯曲。目前钢筋弯曲机主要承担弯曲粗钢筋的工作。为了提高工效，工地常自制多头弯曲机（一个电动机带动几个钢筋弯曲盘）以弯曲细钢筋。

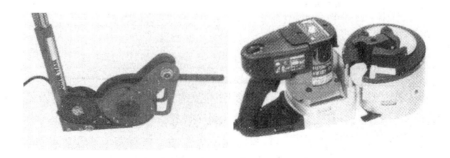

图4—11　钢筋弯曲机

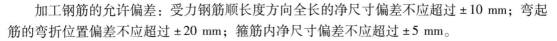

加工钢筋的允许偏差：受力钢筋顺长度方向全长的净尺寸偏差不应超过 ± 10 mm；弯起筋的弯折位置偏差不应超过 ± 20 mm；箍筋内净尺寸偏差不应超过 ± 5 mm。

2. 框架柱钢筋的绑扎和安装

（1）框架柱钢筋绑扎的要求

钢筋加工后即可进行绑扎、安装。钢筋绑扎、安装前，应先熟悉图纸，核对钢筋配料单和钢筋加工牌，研究与有关工种的配合，确定绑扎顺序和方法。

1）钢筋绑扎时，应采用铁丝扎牢；常用绑扎铁丝的规格是 20 ~ 22 号，绑扎钢筋网片一般用单根铁丝，绑扎梁柱钢筋骨架时则用双根铁丝。当绑扎直径在 12 mm 以下的钢筋时，宜用 22 号铁丝；绑扎直径在 14 mm 以上的钢筋时宜用 20 号铁丝。绑扎铁丝的长度一般以用钢筋钩拧 2 ~ 3 转后，铁丝出头长度留 20 mm 左右为宜。

2）梁和柱箍筋除设计有特殊要求外，应与受力钢筋垂直设置。箍筋弯钩叠合处，在柱中应按四角错开绑扎，不要绑扎在同一根主筋上，在梁中应沿受力钢筋方向交错绑扎在不同的架立筋上，箍筋弯钩应放在受压区。

3）箍筋转角与钢筋的交接点均应绑扎，但箍筋平直部分和钢筋的交接点可成梅花形交错绑扎。

4）为防止骨架发生歪斜变形，绑扣应采用"八"字形绑扎法。在柱中竖向钢筋搭接时，角部钢筋的弯钩平面与模板面的夹角，对矩形柱应为 45°，对多边形柱应为模板内角的平分角，圆形柱钢筋的弯钩平面应与模板的切平面垂直，中间钢筋的弯钩平面应与模板面垂直，如柱截面较小，为避免振动器碰到钢筋，弯钩可放偏一些，但与模板所成角度不得小于 15°。

5）绑扎时必须先将接头绑好，不允许接头和横筋一起绑扎。

6）在条件允许的情况下，尽量采用预制钢筋网架，然后再将预制钢筋网架放入模板内。但钢筋网架在预制时，应注意网架外形尺寸要正确，特别是组成多边形的钢筋骨架，更要注意多边形的各个内角和各边长是否正确，避免在入模安装时发生困难；当无条件预制骨架安装时可采用现场绑扎。

7）钢筋绑扎前，首先应根据不同的构件确定相应的绑扎顺序，特别是在一些钢筋种类、编号、数量多，形状复杂，标高层叠的结构中，更应结合具体情况，逐个编号，并按顺序绑扎，以免错绑、漏绑或钢筋穿不进去造成返工，以致人力、材料的浪费，并影响工期。

（2）框架柱钢筋绑扎接头的要求

当受力钢筋采用机械连接接头或焊接接头时，设置在同一构件内的接头宜互相错开。同一构件中相邻纵向受力钢筋的绑扎搭接接头宜相互错开。钢筋搭接处，应在中心和两端用铁丝扎牢。在受拉区域内，HPB235 钢筋绑扎接头的末端应做弯钩。绑扎搭接接头中钢筋的横向净距不应小于钢筋直径，且不应小于 25 mm；钢筋绑扎搭接接头连接区段的长度为 $1.3l$（l 为搭接长度）。凡搭接接头中点位于该连接区段长度内的搭接接头均属于同一连接区段。同一连接区段内，纵向钢筋搭接接头面积百分率为该区段内有搭接接头的纵向受力钢筋截面面积与全部纵向受力钢筋面积的比值；同一连接区段内，纵向受拉钢筋搭接接头面积百分率应符合规范要求。

钢筋绑扎搭接长度按下列规定确定：

1）纵向受拉钢筋绑扎搭接接头面积百分率不大于 25%，其最小搭接长度应符合表 4—7 规定。

表 4—7　　　　　　　　　　　　纵向受拉钢筋的最小搭接长度

钢筋类型		混凝土强度等级			
		C15	C20 ~ C25	C30 ~ C35	≥C40
光圆钢筋	HPB235	45d	35d	30d	25d
带肋钢筋	HRB335	55d	45d	35d	30d
	HRB400、RRB400		55d	40d	35d

2）当纵向受拉钢筋搭接接头面积百分率大于 25%，但不大于 50% 时，其最小搭接长度应按表 4—7 中的数值乘以系数 1.2 取用；当接头面积百分率大于 50% 时，应按表 4—7 中的数值乘以系数 1.35 取用。

3）纵向受拉钢筋的最小搭接长度根据前述两条确定后，在下列情况时还应进行修正：带肋钢筋的直径大于 25 mm 时，其最小搭接长度应按相应数值乘以系数 1.1 取用；对环氧树脂涂层的带肋钢筋，其最小搭接长度应按相应数值乘以系数 1.25 取用；当在混凝土凝固过程中受力钢筋易受扰动时（如滑模施工），其最小搭接长度应按相应数值乘以系数 1.1 取用；对末端采用机械锚固措施的带肋钢筋，其最小搭接长度可按相应数值乘以系数 0.7 取用；当带肋钢筋的混凝土保护层厚度大于搭接钢筋直径的 3 倍且配有箍筋时，其最小搭接长度可按相应数值乘以系数 0.8 取用；对有抗震设防要求的结构构件，其受力钢筋的最小搭接长度对一、二级抗震等级应按相应数值乘以系数 1.15 采用，对三级抗震等级应按相应数值乘以系数 1.05 采用。

4）纵向受压钢筋搭接时，其最小搭接长度应根据上述三条的规定确定相应数值后，乘以系数 0.7 取用。

5）在任何情况下，受拉钢筋的搭接长度不应小于 300，受压钢筋的搭接长度不应小于 200 mm。

钢筋保护层应按设计或规范的要求正确确定。工地常用预制水泥垫块垫在钢筋与模板之间，以控制保护层厚度。垫块应布置成梅花形，其间距不大于 1 m，上、下双层钢筋之间的尺寸，可通过绑扎短钢筋或设置撑脚来控制。

（3）框架柱钢筋的绑扎和安装

钢筋骨架的安装是钢筋工程的最后一道工序，它是将弯曲成型后的单根钢筋在施工现场采用绑扎（有时是焊接）的方法，组合成钢筋骨架或钢筋网片。下面以现浇混凝土框架安装为例说明钢筋骨架的安装。

现浇框架柱安装工艺：调整下层柱预留筋→套柱箍筋→连接竖向受力筋→画箍筋间距线→绑箍筋→检查验收。

操作要点:

1)套柱箍筋。按图样要求间距,计算好每根柱箍筋数量,先将箍筋套在下层伸出的预留筋上,然后立柱子钢筋。在搭接长度内,绑扣不少于 3 个,绑扣应朝向柱中心。如果柱子主筋采用光圆钢筋搭接时,角部弯钩应与模板成 45°,中间钢筋的弯钩应与模板成 90°。

2)连接竖向受力筋。柱子主筋大于 16 mm 时宜采用焊接或机械连接,其连接区段的长度为 35d(d 为受力筋的较大直径),且不小于 500 mm,该区段内接头钢筋不得超过钢筋总面积的 50% 。

3)绑箍筋。用粉笔在立好的柱子竖向钢筋上画箍筋间距线,按已画好的箍筋位置线,将已套好的箍筋往上移动,由上往下绑扎,宜采用缠扣绑扎。箍筋与主筋要垂直,箍筋转角处与主筋交点均要绑扎,主筋与箍筋非转角部分的相交点呈梅花形交错绑扎。箍筋的弯钩叠合处应沿柱子竖筋交错布置,并绑扎牢固。

4)柱筋保护层厚度应符合规范要求,主筋外皮为 25 mm,垫块应绑在柱竖筋外皮上,间距一般 1 000 mm,或用塑料卡卡在外竖筋上,以保证主筋保护层厚度准确。

四、框架柱模板制作、安装及拆除

模板是使混凝土结构和构件按所要求的几何尺寸成型的模型板。模板系统包括模板和支架系统两大部分,此外尚需适量的紧固连接件。现浇钢筋混凝土结构施工中,模板应保证工程结构各部分形状尺寸和相互位置的正确性,具有足够的承载能力、刚度和稳定性,构造简单,装拆方便,接缝不得漏浆。模板工程量大,材料和劳动力消耗多。正确选择模板形式、材料及合理组织施工对加速现浇钢筋混凝土结构施工和降低工程造价具有重要作用。

1. 柱木模板

(1)木模板制作

木模板一般是在木工车间或木工棚加工成基本组件,然后在现场进行拼装。拼板由板条用拼条钉成。为避免模板在干缩时缝隙均匀,浇水后易于密封,受潮后不易翘曲,板条宽度不宜超过 200 mm(工具式模板不超过 150 mm);板条厚度一般为 25 ~ 50 mm,梁底的拼板由于承受较大的荷载要加厚至 40 ~ 50 mm。拼板的拼条根据受力情况可以平放,也可以立放。拼条间距取决于所浇筑混凝土的侧压力和板条厚度,一般为 400 ~ 500 mm。

(2)柱木模板构造

柱模板由两块相对的内拼板夹在两块外拼板之间拼成(见图 4—12),亦可用短横板代替外拼板钉在内拼板上。柱底一般有一钉在底部混凝土上的木框,用以固定柱模板下口位置。柱模板底部应开有清理孔;如柱的高度超过允许自由倾落高度,应在柱的中间部位开有浇筑孔。模板顶部根据需要开有与梁模板连接的缺口。为承受混凝土的侧压力和保持模板形状,拼板外面需要设柱箍。柱箍间距与混凝土的侧压力、拼板厚度有关。由于柱子底部混凝土侧压力较大,柱模板越靠近下部柱箍越密。

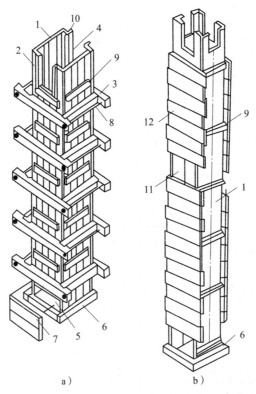

图4—12　柱模板的安装

a）拼板柱模板　b）短横板柱模板

1—内拼板　2—外拼板　3—柱箍　4—梁缺口　5—清理孔　6—木框　7—盖板
8—拉紧螺栓　9—拼条　10—三角木条　11—浇筑孔　12—短横板

（3）柱子的特点

柱子的断面尺寸不大而比较高。因此，柱模板的支设须保证其垂直度及抵抗新浇筑混凝土的侧压力。

（4）柱模板的安装

1）柱模板安装工艺。柱模板安装工艺流程如图4—13所示，包括：搭设安装架子→第一层模板安装就位→检查对角线、垂直和位置→安装柱箍→第二、三层柱模板及柱箍安装→安有梁口的柱模板→全面检查校正→群体固定。

2）柱模板施工要点

①先将柱子第一层上面的模板就位组拼好，每面带一阴角模或连接角模，用U形卡反正交替连接，使模板四面按给定柱截面线就位，并使之垂直，对角线相等。

②以第一层模板为基准，以同样方法组拼第二、三层，直至带梁口柱模板。用U形卡对竖向、水平接缝反正交替连接。在适当高度进行支撑和拉结，以防倾倒。

③对模板的轴线位移、垂直偏差、对角线、扭向等全面校正，并安装定型斜撑。检查安装质量，最后进行群体的水平拉（支）杆及剪力支杆的固定。最后将柱根模板内清理干净，封闭清理口。

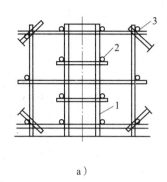 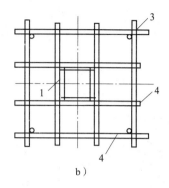

a)   b)

图4—13 柱模板安装工艺流程

a）立面图 b）平面图

1—柱模板 2—柱箍 3—满堂井字支架 4—固定连杆

（5）柱模板拆除施工工艺

柱、剪力墙的模板均为侧模板。侧模板拆除时，混凝土的强度应保证构件或部位表面不受损坏。

拆模时应注意的问题：

1）拆模时不要用力过猛、过急，拆下来的模板要及时运走、清理。

2）拆装模板的顺序和方法，应按照配板设计的规定进行。若无设计规定时，应遵循的原则：先支后拆，后支先拆；先拆不承重的模板，后拆承重部分的模板；自上而下，支架先拆侧向支撑，后拆竖向支撑。

3）对于多层楼板模板支柱的拆除，应按下列要求进行：上层楼板正在浇灌混凝土时，下一层楼板的模板支柱不得拆除，再下一层楼板模板的支柱仅可拆除一部分；跨度4 m及4 m以下的梁下均保留支柱，其间距不得大于3 m。

4）拆除柱模时，应采取自上而下分层拆除。拆除第一层模板时，用木锤或带橡胶垫的锤向外侧轻击模板的上口，使之松动，脱离柱混凝土。依次拆除下一层模板时，要轻击模边肋，切不可用撬棍从柱角撬离。

2．组合钢模板

组合钢模板由钢模板和配件两大部分组成。它可以拼成不同尺寸、不同形状的模板，以适应基础、柱、梁、板、墙施工的需要。组合钢模板尺寸适中，轻便灵活，装拆方便，既适用于人工装拆，也可预制拼成大模板、台模等。组合钢模板用起重机吊运安装。

（1）钢模板的类型

钢模板有通用模板和专用模板两类。通用模板包括平面模板、阴角模、阳角模和连接角模；专用模板包括倒棱模板、梁腋模板、柔性模板、搭接模板、可调模板及嵌补模板。

平面模板（见图4—14a）由面板、边框、纵横肋构成。为便于连接，边框上有连接孔，边框的长向及短向孔距均一致，以便横竖都能拼接。平模的长度有1 800 mm、1 500 mm、1 200 mm、900 mm、750 mm、600 mm、450 mm七种规格，宽度有100～600 mm（以50 mm进级）十一种规格，因而可组成不同尺寸的模板。在构件接头处及一些特殊部位，可用专用模板嵌补。不足模数的空缺也可用少量木模补缺，用钉子或螺栓将方木与平模边框孔洞连接。阴、阳角模（见图4—14b和图4—14c）用以成型混凝土结构的阴、阳角，连接角模（见图4—14d）用作两块平模拼成90°角的连接件。

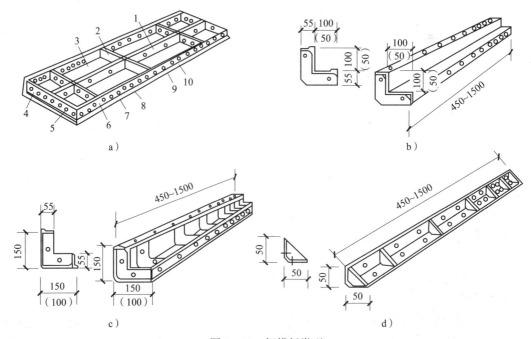

图4—14　钢模板类型

a）平面模板　b）阳角模板　c）阴角模板　d）连接角模

1—中纵肋　2—中横肋　3—面板　4—横肋　5—插销孔　6—纵肋　7—凸棱　8—凸鼓　9—U形卡孔　10—钉子孔

定型组合钢模板的连接件包括U形卡、L形插销、钩头螺栓、紧固螺栓、对拉螺栓和扣件等，如图4—15所示。

U形卡是模板的主要连接件，用于相邻模板的拼装。L形插销用于插入两块模板纵向连接处的插销孔内，以增强模板纵向接头处的刚度。钩头螺栓是用于连接模板与支撑系统的连接件。紧固螺栓是用于内、外钢楞之间的连接件。对拉螺栓又称穿墙螺栓，用于连接墙壁两侧模板，保持墙壁厚度，承受混凝土侧压力及水平荷载，使模板不致变形。扣件用于将钢模板与钢楞紧固，与其他的配件一起将钢模板拼装成整体。

（2）钢模板配板

采用组合钢模时，同一构件的模板展开可用不同规格的钢模作多种方式的组合排列，因而形成不同的配板方案。配板方案对支模效率、工程质量和经济效益都有一定影响。合理的配板方案应满足：钢模块数少，木模嵌补量少，并能使支承件布置简单，受力合理。配板原则如下：

1）优先采用通用规格及大规格模板。这样模板的整体性好，又可以减少装拆工作。

2）合理排列。模板宜以其长边沿梁、板、墙的长度方向或柱的方向排列，以利于使用长度规格大的钢模，并扩大钢模的支承跨度。如结构的宽度恰好是钢模长度的整数倍，也可将钢模的长边沿结构的短边排列。模板端头接缝宜错开布置，以提高模板的整体性，并使模板在长度方向上易保持平直。

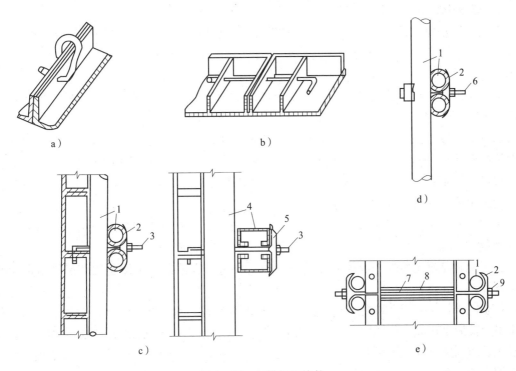

图4—15 钢模板连接件

a）U形卡连接 b）L形插销连接 c）钩头螺栓连接 d）紧固螺栓连接 e）对拉螺栓连接

1—圆钢管钢楞 2—"3"形扣件 3—钩头螺栓 4—内卷边槽钢钢楞

5—蝶形扣件 6—紧固螺栓 7—对拉螺栓 8—塑料套管 9—螺母

3）合理使用角模。对无特殊要求的阳角，可不用阳角模，而用连接角模代替。阴角模宜用于长度大的阴角，柱头、梁口及其他短边转角处，可用方木嵌补。

4）便于模板支承件的布置。对面积较方整的预制拼装大模板及钢模端头接缝集中在一条线上时，直接支承钢模的钢楞，其间距布置要考虑接缝位置，应使每块钢模都有两道钢楞支撑。对端头错缝连接的模板，其直接支承钢模的钢楞或桁架的间距，可不受接缝位置的限制。

五、框架柱混凝土施工

混凝土工程包括混凝土的拌制、运输、浇筑捣实和养护等施工过程。各个施工过程既相互联系又相互影响，在混凝土施工过程中除按有关规定控制混凝土原材料质量外，任一施工过程处理不当都会影响混凝土的最终质量，因此，如何在施工过程中控制每一施工环节，是混凝土工程需要研究的课题。随着科学技术的发展，近年来混凝土外加剂发展很快，它们的应用改进了混凝土的性能和施工工艺。此外，自动化和机械化的发展、纤维混凝土和碳素混凝土的应用、新的施工机械和施工工艺的应用，也大大地改变了混凝土工程的施工面貌。

1. 混凝土制备

混凝土制备应采用符合质量要求的原材料，按规定的配合比配料，混合料应拌和均匀，以保证结构设计所规定的混凝土强度等级，满足设计提出的特殊要求（如抗冻、抗渗等）和施工和易性要求，并应符合节约水泥、减轻劳动强度等原则。

混凝土的配合比是在试验室根据混凝土的配制强度经过试配和调整确定的，称为试验室配合比。试验室配合比所用砂、石都不含水分，而施工现场砂、石都有一定的含水率，且含水率大小随气温等条件不断变化，为保证混凝土的质量，施工中应按砂、石实际含水率对原配合比进行修正。根据现场砂、石含水率调整后的配合比称为施工配合比。

设试验室配合比为：水泥:砂:石 $=1:x:y$，水灰比 w/c，现场砂、石含水率分别为 w_x、w_y，则施工配合比为：

水泥:砂:石 $=1:x(1+w_x):y(1+w_y)$，水灰比 w/c 不变，但加水量应扣除砂、石中的含水量。

施工配料是确定每拌一次需要用的各种原材料量，它根据施工配合比和搅拌机的出料容量计算。

【例4—1】 某工程混凝土试验室配合比 $1:2.3:4.27$，水灰比 $w/c=0.6$，每立方米混凝土水泥用量为 300 kg，现场砂、石含水率分别为 3%及 1%，求施工配合比。若采用 250 L 搅拌机，求每拌一次材料用量。

解： 施工配合比，水泥:砂:石为：

$1:x(1+w_x):y(1+w_y)=1:2.3(1+0.03):4.27(1+0.01)\approx1:2.37:4.31$

用 250 L 搅拌机，每拌一次材料用量（施工配料）：

水泥：$300\times0.25=75$ kg

砂：$75\times2.37\approx177.8$ kg

石：$75\times4.31\approx323.3$ kg

水：$75\times0.6-75\times2.3\times0.03-75\times4.27\times0.01\approx36.6$ kg

2. 混凝土搅拌机械的选择

混凝土搅拌是将各种组成材料拌制成质地均匀、颜色一致、具备一定流动性的混凝土拌和物。混凝土搅拌不均匀，就不容易获得密实的混凝土，影响混凝土的质量，因此，搅拌是混凝土施工工艺中很重要的一道工序。由于人工搅拌混凝土质量差，消耗水泥多，而且劳动强度大，所以只有在工程量很小时才用人工搅拌，一般均采用机械搅拌。

混凝土搅拌机按其搅拌原理分为自落式和强制式两类。自落式搅拌机的搅拌筒内壁焊有弧形叶片，当搅拌筒绕水平轴旋转时，叶片不断将物料提升到一定高度，利用重力的作用，自由落下。由于各物料颗粒下落的时间、速度、落点和滚动距离不同，从而使物料颗粒达到混合的目的。自落式搅拌机宜于搅拌塑性混凝土和低流动性混凝土。

强制式搅拌机利用运动着的叶片强迫物料颗粒朝环向、径向和竖向各个方向产生运动。使各物料均匀混合。强制式搅拌机作用比自落式强烈，宜于搅拌干硬性混凝土和轻骨料混凝土。强制式搅拌机所搅拌的混凝土质量好，搅拌时间短，搅拌效率明显优于鼓筒型搅拌机，但也存在一些缺点，如动力消耗大、叶片和衬板磨损大、混凝土骨料尺寸大时易把叶片卡住而损坏机器等。

3．混凝土搅拌制度的确定

为了获得质量优良的混凝土拌和物，除正确选择搅拌机外，还必须正确确定搅拌制度，即搅拌时间、投料顺序和进料容量等。

（1）搅拌时间

搅拌时间是影响混凝土质量及搅拌机生产率的重要因素之一，时间过短，拌和不均匀，会降低混凝土的强度及和易性；时间过长，不仅会影响搅拌机的生产率，而且会使混凝土和易性降低或产生分层离析现象。搅拌时间与搅拌机的类型、鼓筒尺寸、骨料的品种和粒径，以及混凝土的坍落度等有关。普通混凝土搅拌的最短时间（即自全部材料装入搅拌筒中起到卸料止）可按表4—8采用。

表4—8　　　　　　　　　　　　　　普通混凝土的最短搅拌时间

混凝土坍落度（mm）	搅拌机类型	搅拌机的出料容量（L）		
		小于250	250～500	大于500
小于及等于30	自落式	90 s	120 s	150 s
	强制式	60 s	90 s	120 s
大于30	自落式	90 s	90 s	120 s
	强制式	60 s	60 s	90 s

注：1．当掺有外加剂时搅拌时间应适当延长。

2．全轻混凝土宜采用强制式搅拌机，砂轻混凝土可采用自落式搅拌机，搅拌时间均应延长60～90 s。

3．高强混凝土应采用强制式搅拌机搅拌，搅拌时间应适当延长。

（2）投料顺序

投料顺序应从提高搅拌质量，减少叶片、衬板的磨损，减少拌和物与搅拌筒的黏结，减少水泥飞扬、改善工作条件等方面综合考虑确定。常用的投料方法有一次投料法和二次投料法。

1）一次投料法。一次投料法即在上料斗中先装石子，再加水泥和砂，然后一次投入搅拌机。在鼓筒内先加水或在料斗提升进料的同时加水，这种上料顺序使水泥夹在石子和砂中间，上料时不致飞扬，又不致粘在斗底上，且水泥和砂先进入搅拌筒形成水泥砂浆，可缩短包裹石子的时间。

2）二次投料法。二次投料法又分为预拌水泥砂浆法和预拌水泥净浆法。预拌水泥砂浆法是先将水泥、砂和水加入搅拌筒内进行充分搅拌，成为均匀的水泥砂浆，再投入石子搅拌成均匀的混凝土。预拌水泥净浆法是将水泥和水充分搅拌成均匀的水泥净浆后，再加入砂和石子搅拌成混凝土。二次投料法搅拌的混凝土与一次投料法相比，混凝土强度提高约15%，在强度相同的情况下，可节约水泥15%～20%。

（3）进料容量（干料容量）

进料容量为搅拌前各种材料体积的累积。进料容量 V_j 与搅拌机搅拌筒的几何容量 V_g 有一定的比例关系。一般情况下 $V_j/V_g = 0.22～0.4$，鼓筒式搅拌机可用较小值。如任意超载

（进料容量超过10%）就会使材料在搅拌筒内无充分的空间进行拌和，影响混凝土拌和物的均匀性；如装料过少，则又不能充分发挥搅拌机的效率。进料容量可根据搅拌机的情况按混凝土的施工配合比计算。

4．混凝土的运输

（1）混凝土运输的要求

对混凝土拌和物运输的要求是：在运输过程中，应保持混凝土的均匀性，避免产生分层离析现象，混凝土运至浇筑地点，应符合浇筑时所规定的坍落度；混凝土应以最少的中转次数、最短的时间，从搅拌地点运至浇筑地点，保证混凝土从搅拌机卸出后到浇筑完毕的延续时间不超过表4—9的规定；运输工作应保证混凝土的浇筑工作连续进行；运送混凝土的容器应严密，其内壁应平整光洁，不吸水，不漏浆，黏附的混凝土残渣应及时清除。

表4—9　　　　　　　　　混凝土从搅拌机中卸出到浇筑完毕的延续时间

混凝土强度等级	气温	
	不高于25℃	高于25℃
不高于C30	120 min	90 min
高于C30	90 min	60 min

注：1．对掺用外加剂或采用快硬水泥拌制的混凝土，其延续时间应按试验确定。

2．对轻骨料混凝土其延续时间不宜超过45 min。

（2）混凝土运输方式的选择

混凝土运输分为地面运输、垂直运输和楼面运输三种情况。

地面运输如运距较远时，可采用自卸汽车或混凝土搅拌运输车（见图4—16）；工地范围内的运输多用载重1 t的小型机动翻斗车（见图4—17），近距离运输亦可采用双轮手推车。

图4—16　混凝土搅拌运输车

混凝土的垂直运输，目前多用塔式起重机、井架，也可采用混凝土泵。

塔式起重机运输的优点是地面运输、垂直运输和楼面运输都可以采用。混凝土在地面由水平运输工具或搅拌机直接卸入吊斗，吊起后运至浇筑部位进行浇筑。

垂直运送混凝土，除用塔式起重机之外，还可使用井架运输。混凝土在地面用双轮手推车运至井架的升降平台上，然后井架将双轮手推车提升到楼层上，再将手推车沿铺在楼面上的跳板推到浇筑地点。另外，井架可以兼运其他材料，利用率较高。由于在浇筑混凝土时，露面上已立好模板，扎好钢筋，因此需铺设手推车行走用的跳板。为了避免压坏钢筋，跳板可用马凳垫起。手推车的运输道路应形成回路，避免交叉和运输堵塞。

图4—17　小型机动翻斗车

混凝土泵是一种有效的混凝土运输工具，它以泵为动力源，沿管道输送混凝土，可以同时完成水平和垂直运输，将混凝土直接运送至浇筑地点，我国一些大中城市及重点工程正逐渐推广使用并取得了较好的技术经济效果。多层和高层框架建筑、基础、水下工程和隧道等都可以采用混凝土泵输送混凝土。

混凝土泵在输送混凝土前，应先用水泥浆或砂浆润滑管道。泵送时要连续工作，如中断时间过长，混凝土将出现分层离析现象，应将管道内混凝土清除，以免堵塞，泵送完毕要立即将管道冲洗干净。

如图4—18所示，混凝土泵车是将混凝土泵装在车上，车上装有可以伸缩或曲折的布料杆，管道装在杆内，末端是一段软管，可将混凝土直接送到浇筑地点。这种泵车布料范围广，机动性好、移动方便，适用于多层框架结构施工。

图4—18　混凝土泵车

5. 混凝土的浇筑

混凝土浇筑要保证混凝土的均匀性和密实性，要保证结构的整体性、尺寸准确和钢筋、预埋件的位置正确，拆模后混凝土表面要平整、光洁。

浇筑前应检查模板、支架、钢筋和预埋件，并进行验收。在符合设计要求后方能浇筑混凝土，浇筑时要保证混凝土的均匀性、密实性及结构整体性。对重要工程或重点部位的浇筑，以及其他施工中的重大问题，均应随时填写施工记录。

（1）防止离析

浇筑混凝土时，混凝土拌和物由料斗、漏斗、混凝土输送管、运输车内卸出，如自由倾落高度过大，由于粗骨料在重力作用下克服黏着力后的下落动能大，下落速度较砂浆快，可能形成混凝土离析。为此，混凝土自高处倾落的自由高度不应超过2 m，在竖向结构中限制自由倾落高度不宜超过3 m，否则应沿串筒、斜槽、溜管等下料。

（2）正确留置施工缝

混凝土结构要求整体浇筑，如因技术或组织上的原因不能连续浇筑，且停顿时间有可能超过混凝土的初凝时间，则应事先确定在适当位置留置施工缝。由于混凝土的抗拉强度约为其抗压强度的1/10，因而施工缝是结构中的薄弱环节，宜留在结构剪力较小的部位，同时要方便施工。柱子宜留在基础顶面、梁或吊车梁牛腿下面、吊车梁的上面、无梁楼盖柱帽的下面，如图4—19所示，与板连成整体的大截面梁应留在板底面以下20~30 mm处，当板下有梁托时，留置在梁托下部。单向板应留在平行于短边的任何位置，有主次梁的楼盖宜顺着次梁方向浇筑，施工缝应留在次梁跨度的中间1/3长度范围内，如图4—20所示。墙可留在门洞口过梁跨中1/3范围内，也可留在纵横墙的交接处。双向受力的楼板，大体积混凝土结构、拱、薄壳、多层框架及其他复杂的结构，应按设计要求留置施工缝。在施工缝处继续浇筑混凝土时，应除掉水泥浮浆和松动石子，并用水冲洗干净，待已浇筑的混凝土的强度不低于1.2 MPa时才允许继续浇筑。在浇筑前，应先在结合面铺抹一层水泥浆或与混凝土中砂浆成分相同的砂浆。

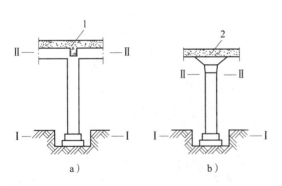
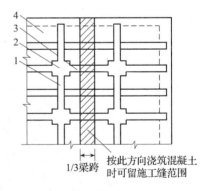

图4—19　柱子的施工缝位置
a）梁板式结构　b）无梁楼盖结构
1—肋形楼板　2—无梁楼板

图4—20　有主次梁楼盖的施工位置
1—主梁　2—柱　3—次梁　4—楼板

（3）现浇多层钢筋混凝土框架结构的浇筑

浇筑这种结构首先要划分施工层和施工段，施工层一般按结构层划分，而每一施工层如何划分施工段，则要考虑工序数量、技术要求、结构特点等。要做到在第一施工层安装完模板，准备转移到第二施工层的第一施工段上时，该施工段所浇筑的混凝土强度应达到允许工人在上面操作的强度（1.2 MPa）。

施工层与施工段确定后，就可求出每班（或每小时）应完成的工程量，据此选择施工机具和设备并计算其数量。

混凝土浇筑前应做好必要的准备工作，如模板、钢筋和预埋管线的检查和清理，以及隐蔽工程的验收；建筑用脚手架、走道的搭设和安全检查；根据试验室下达的混凝土配合比通知单准备和检查材料；做好施工用具的准备等。

（4）浇筑要点

柱高在 3 m 之内，可在柱顶直接灌注混凝土；超过 3 m 时应采取措施（用串桶）或在模板侧面开门子洞安装斜溜槽分段浇筑。每段高度不得超过 2 m，每段混凝土浇筑后将门子洞模板封闭严密，并用柱箍箍牢。

柱子混凝土应一次浇筑完毕，如需留施工缝时应留在主梁下面。无梁楼板应留在柱帽下面。在梁板整体浇筑时，柱浇筑完毕应停歇 1～1.5 h，使混凝土获得初步沉实，再继续浇筑。

6. 混凝土振捣成型

混凝土浇入模板以后是较疏松的，里面含有空气与气泡。而混凝土的强度、抗冻性、抗渗性及耐久性等，都与混凝土的密实程度有关。目前主要是用人工或机械捣实混凝土。人工捣实是用人力的冲击来使混凝土密实成型，只有在缺乏机械、工程量不大或机械不便工作的部位采用。机械捣实的方法有多种，下面主要介绍振动捣实。

振动机械可分为内部振动器、外部振动器、表面振动器和振动台，如图4—21所示。内部振动器又称为插入式振动器，是建筑工地应用最多的一种振动器，多用于振实梁、柱、墙、厚板和基础等。其工作部分是一棒状空心圆柱体，内部有偏心振子，在电动机带动下高速转动而产生高频微幅的振动。

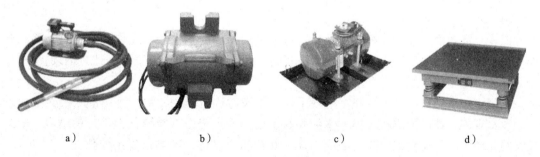

　　a)　　　　　　　b)　　　　　　　c)　　　　　　　d)

图4—21　振动机械

a）内部振动器　b）外部振动器　c）表面振动器　d）振动台

用插入式振动器振动混凝土时，应垂直插入，并插入下层混凝土 50～100 mm，以促使上下层混凝土结合成整体。每一振点的振捣延续时间，应使混凝土捣实（即表面呈现浮浆和不再沉落为限）。采用插入式振动器捣实普通混凝土的移动间距，不宜大于作用半径的1.5 倍；捣实轻骨料混凝土的间距，不宜大于作用半径的 1 倍；振动器与模板的距离不应大于振动器作用半径的1/2，并应尽量避免碰撞钢筋、模板、预埋件等。插点的分布有行列式和交错式两种，如图4—22所示。

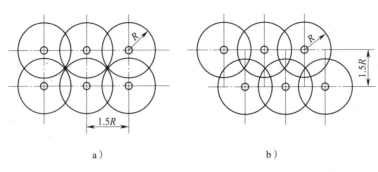

图 4—22　插点的分布
a) 行列式分布　b) 交错式分布

表面振动器又称为平板振动器，其振动作用可直接传递到混凝土面层上。这种振动器适用于捣实楼板、地面、板形构件和薄壳等薄壁结构。在无筋或单层钢筋结构中，每次振实的厚度不大于 250 mm；在双层钢筋的结构中，每次振实厚度不大于 120 mm。表面振动器的移动间距，应保证振动器的平板覆盖已振实部分的边缘，以使该处的混凝土振实出浆为准。也可进行两遍振实，第一遍和第二遍的方向要互相垂直，第一遍主要使混凝土密实，第二遍则使表面平整。

附着式振动器又称外部振动器，它通过螺栓或夹钳等固定在模板外侧的横档或竖档上，偏心块旋转所产生的振动力通过模板传给混凝土，使之振实，但模板应有足够的刚度。对于小截面直立构件，插入式振动器的振动棒很难插入，可使用附着式振动器。附着式振动器的设置间距应通过试验确定，在一般情况下，可每隔 1～1.5 m 设置一个。

振动台是混凝土制品厂中的固定生产设备，用于振实预制构件。

7. 混凝土的养护与拆模

（1）混凝土的养护

混凝土浇筑捣实后，逐渐凝固硬化，这个过程主要由水泥的水化作用来实现，而水化作用必须在适当的温度和湿度条件下才能完成。因此，为了保证混凝土有适宜的硬化条件，使其强度不断增加，必须对混凝土进行养护。

混凝土浇筑后，如气候炎热、空气干燥，不及时进行养护，混凝土中的水分蒸发过快出现脱水现象，使已形成凝胶体的水泥颗粒不能充分水化，不能转化为稳定的结晶，缺乏足够的黏结力，从而会在混凝土表面出现片状或粉状剥落，影响混凝土的强度。此外，在混凝土尚未具备足够的强度时，水分过早地蒸发，还会产生较大的变形，出现干缩裂缝，影响混凝土的整体性和耐久性。因此，混凝土养护绝不是一件可有可无的事，而是一个重要的环节，应按照要求，精心进行。

混凝土养护方法分自然养护和人工养护。

自然养护是指利用平均气温高于 5℃ 的自然条件，用保水材料或草帘等对混凝土加以覆盖后适当浇水，使混凝土在一定的时间内和湿润状态下硬化。当最高气温低于 25℃ 时，混凝土浇筑完后应在 12 h 以内加以覆盖和浇水；最高气温高于 25℃ 时，应在 6 h 以内开始养护。浇水养护时间的长短视水泥品种而定，硅酸盐水泥、普通硅酸盐水泥和矿渣硅酸盐水泥拌制的混凝土，不得少于 7 天；对掺有缓凝型外加剂或有抗渗性要求的混凝土，不得少于 14 天。浇水次数应使混凝土保持具有足够的湿润状态。养护初期，水泥的水化反应较快，需水也较多，所以要特别注意在浇筑后头几天的养护工作，此外，气温高、湿度低时，也应增加洒水的次数。混凝土必须养护至其强度达到 1.2 MPa 以后，方准在其上踩踏和安装模板及支架。也可在构件混凝土表面喷洒过氯乙烯树脂溶液，溶液挥发后在混凝土表面形成一层塑料薄膜，使混凝土与空气隔绝，阻止水分的蒸发以保证水化作用的正常进行。这种方法适用于不宜洒水养护的高耸构筑物和大面积混凝土结构。所选薄膜在养护完成后能自行老化脱落。不能自行脱落的薄膜，不宜喷洒在要做粉刷的混凝土表面上。在夏季，薄膜成型后要防晒，否则易产生裂纹。

人工养护就是人工控制混凝土的养护和湿度，使混凝土强度增加，如蒸汽养护、热水养护、太阳能养护等。主要用来养护预制构件，现浇构件大多采用自然养护。

（2）混凝土的拆模

模板拆除日期取决于混凝土的强度、模板的用途、结构的性质及混凝土硬化时的气温。

不承重的侧模，在混凝土强度能保证其表面棱角不因拆除模板而受损坏时，即可拆除。承重模板，如梁、板等底模，应待混凝土达到规定强度后，方可拆除。结构的类型跨度不同，其拆模强度不同。

已拆除承重模板的结构，应在混凝土达到规定的强度等级后，才允许承受全部设计荷载。拆模后应由监理（建设）单位、施工单位对混凝土的外观质量和尺寸偏差进行检查，并做好记录。如发现缺陷，应进行修补。对面积小、数量不多的蜂窝或露石的混凝土，先用钢丝刷或压力水洗刷基层，然后用 1:2～1:2.5 的水泥砂浆抹平；对较大面积的蜂窝、露石、露筋应按其全部深度凿去薄弱的混凝土层，然后用钢丝刷或压力水冲刷，再用比原混凝土强度等级高一个级别的细骨料混凝土填塞，并仔细捣实。对影响结构性能的缺陷，应与设计单位研究处理。

8. 混凝土分项工程施工方案编制

混凝土分项施工方案编制的主要内容包括编制依据（施工图纸、主要规范规程、施工组织设计、工程概况）、施工部署、施工方法（准备工作、主要措施、施工顺序）、质量要求、质量通病及防治措施、季节性施工和安全措施。

第三节　框架梁工程

一、框架梁平法施工图识读

梁平法施工图是在梁平面布置图上采用平面注写方式或截面注写方式表达。在梁平法施工图中，也应注明结构层的顶面标高及相应的结构层号（同柱平法标注）。需要提醒注意的是：在柱、剪力墙和梁平法施工图中分别注明的楼层结构标高及层高必须保持一致，以保证用同一标准竖向定位。通常情况下，梁平法施工图的图纸数量与结构楼层的数量相同，图纸清晰简明，便于施工。

1. 平面注写方式

平面注写方式是在梁平面布置图上，分别在不同编号的梁中各选一根梁，在其上注写截面尺寸和配筋具体数值的方式来表达梁平法施工图，如图4—23所示。

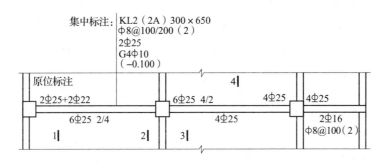

图4—23 梁平面注写方式示例图

平面注写包括集中标注和原位标注，集中标注表达梁的通用数值，即梁多跨都相同的数值；原位标注表达梁的特殊数值，即梁个别截面与其不同的数值。当集中标注中的某项数值不适用于梁的某部位时，则将该项数值原位标注。施工时，原位标注取值优先，既有效减少了表达上的重复，又保证了数值的唯一性。

（1）梁集中标注

梁集中标注的内容，有五项必注值及一项选注值，规定如下：

1）梁编号，该项为必注值。由梁类型代号、序号、跨数及有无悬挑代号组成。根据梁的受力状态和节点构造的不同，将梁类型代号归纳为6种，见表4—10。

表4—10　　　　　　　　　　　　　　梁类型代号

梁类型	代号	序号	跨数及是否带有悬挑
楼层框架梁	KL	××	（××）、（××A）或（××B）
屋面框架梁	WKL	××	（××）、（××A）或（××B）
框支梁	KZL	××	（××）、（××A）或（××B）
非框架梁	L	××	（××）、（××A）或（××B）
悬挑梁	XL	××	
井字梁	JZL	××	（××）、（××A）或（××B）

注：（××A）为一端悬挑，（××B）为两端悬挑，悬挑不计入跨数。例如，KL2(2A)表示第2号框架梁，2跨，一端悬挑。L9(7B)表示第9号非框架梁，7跨，两端有悬挑。

2）梁截面尺寸，该项为必注值。等截面梁时，用$b \times h$表示；当为加腋梁时，用$b \times h$或$YC_1 \times C_2$表示，其中C_1为腋长，C_2为腋高（见图4—24）；当有悬挑梁且根部和端部的高度不同时，用斜线分隔根部与端部的高度值，即$b \times h_1/h_2$（见图4—25）。

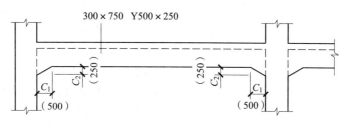

图4—24 加腋梁截面尺寸

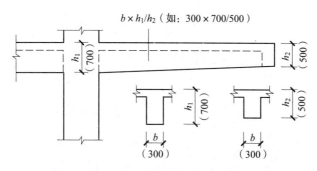

图4—25 悬挑梁截面尺寸

3）梁箍筋包括钢筋级别、直径、加密区与非加密区间距及肢数，该项为必注值。箍筋加密区与非加密区的不同间距及肢数需用斜线分隔；当梁箍筋为同一种间距及肢数时，则不需用斜线；当加密区与非加密区的箍筋肢数相同时，则将肢数注写一次；箍筋肢数应写在括号内。加密区范围见相应抗震级别的构造详图。

例如"φ10@100/200（4）"表示箍筋为HPB300钢筋，直径10 mm，加密区间距为100 mm，非加密区间距为200 mm，均为四肢箍。又如"φ8@100（4）/150（2）"表示箍筋为HPB300钢筋，直径8 mm，加密区间距为100 mm，四肢箍，非加密区间距为150 mm，双肢箍。

4）梁上部通长筋或架立筋配置（通长筋可为相同或不同直径采用搭接连接、机械连接或对焊连接的钢筋），该项为必注值。应根据结构受力要求及箍筋肢数等构造要求而定。当同排纵筋中既有通长筋又有架立筋时，应采用加号"+"将通长筋和架立筋相连。注写时须将角部纵筋写在加号的前面，架立筋写在加号后面的括号内，以示不同直径及与通长筋的区别。当全部采用架立筋时，则将其写入括号内。

例如"2φ22"表示用于双肢箍，"2φ22+（4φ12）"表示用于六肢箍，其中"2φ22"为通长筋，"4φ12"为架立筋，如图4—26所示。

当梁的上部和下部纵筋均为通长筋，且各跨配筋相同时，此项可加注下部纵筋的配筋值，用分号"；"将上部与下部纵筋的配筋值分隔开来，少数跨不同者，可取原位标注。例如"3φ22；4φ20"表示梁的上部配置3φ22的通长筋，梁的下部配置4φ20的通长筋。

5）梁侧面纵向构造钢筋或受扭钢筋配置，该项为必注值。当梁腹板高度$h_w \geqslant 450$ mm时，需配置纵向构造钢筋，所注规格与根数应符合规范规定。此项注写值以大写字母G打头，注写设置在梁两个侧面的总配筋值，且对称配置。

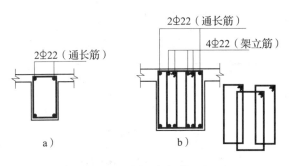

图4—26　梁上部钢筋配置

例如 "G4Φ12" 表示梁的两个侧面共配置 "4Φ12" 的纵向构造钢筋，每侧各 "2Φ12"。由于是构造钢筋，其搭接与锚固长度可取为 $15d$，如图4—27a 所示。

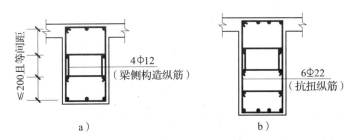

图4—27　梁侧构造钢筋、受扭钢筋配置
a）梁侧构造纵筋　b）抗扭纵筋

当梁侧面需配置受扭纵向钢筋时，此项注写值以大写字母 N 打头，接续注写配置在梁两个侧面的总配筋值，且对称配置。受扭纵向钢筋应满足梁侧面纵向构造钢筋的间距要求，且不再重复配置纵向构造钢筋。

例如 "N6Φ22" 表示梁的两个侧面共配置 "6Φ22" 的受扭纵向钢筋，每侧各配置 "3Φ22"。由于是受力钢筋，锚固长度与方式同框架梁下部纵筋，如图4—27b 所示。

6）梁顶面标高高差，该项为选注值。梁顶面标高高差是指相对于该结构层楼面标高的高差值，有高差时，须将其写入括号内，无高差时不注。一般情况下，需要注写梁顶面高差的梁有洗手间梁、楼梯平台梁、楼梯平台板边梁等。

（2）梁原位标注

1）梁支座上部纵筋（应包含通长筋在内的所有纵筋）

①当上部纵筋多于一排时，用斜线 "/" 将各排纵筋自上而下分开。例如梁支座上部纵筋注写为 "6Φ25 4/2"，则表示上一排纵筋为 "4Φ25"，下一排纵筋为 "2Φ25"。

②当同排纵筋有两种直径时，用加号 "＋" 将两种直径的纵筋相连，注写时角部纵筋在前。例如梁支座上部有4根纵筋，"2Φ22" 放在角部，"2Φ25" 放在中部，在梁支座上部应注写为 "2Φ22＋2Φ25"。

③当梁中间支座两边的上部纵筋不同时，须在支座两边分别标注；当梁中间支座两边的上部纵筋相同时，可仅在支座的一边标注配筋值，另一边省去不注，如图4—28 所示。

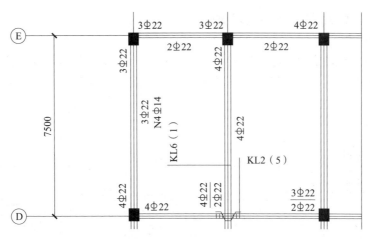

图4—28　梁支座处标注

2）梁下部纵筋

①当下部纵筋多于一排时，用斜线"／"将各排纵筋自上而下分开。例如梁下部纵筋注写为"6 Φ25 2/4"，则表示上一排纵筋为"2 Φ25"，下一排纵筋为"4 Φ25"，全部伸入支座。

②当同排纵筋有两种直径时，用加号"＋"将两种直径的纵筋相连，注写时角筋写在前面。例如梁下部纵筋注写为"2 Φ25＋2 Φ22"，表示"2 Φ25"放在角部，"2 Φ22"放在中部。

③当梁下部纵筋不全部伸入支座时，将梁支座下部纵筋减少的数量写在括号内。例如下部纵筋注写为"6 Φ25 2（-2）/4"，表示上一排纵筋为"2 Φ25"，且不伸入支座；下一排纵筋为"4 Φ25"，全部伸入支座。又如梁下部纵筋注写为"2 Φ25＋3 Φ22（-3）/5 Φ25"，则表示上一排纵筋为"2 Φ25"和"3 Φ22"，其中"3 Φ22"不伸入支座；下一排纵筋为"5 Φ25"，全部伸入支座。

3）附加箍筋或吊筋，将其直接画在平面图中的主梁上，用线引注总配筋值（附加箍筋的肢数注在括号内），如图4—29所示。当多数附加箍筋或吊筋相同时，可在施工图中统一注明，少数不同值原位标注。

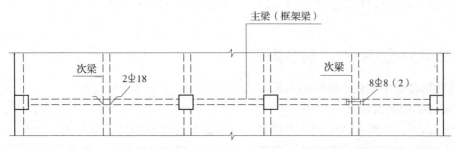

图4—29　附加筋、吊筋标注

4）其他。当在梁上集中标注的内容（如截面尺寸、箍筋、通长筋、架立筋、梁侧构造筋、受扭筋或梁顶面高差等）不适用某跨或某悬挑部分时，则将其不同数值原位标注在该跨或该悬挑部位，施工时应按原位标注数值取用。

2. 截面注写方式

截面注写方式是在分标准层绘制的梁平面布置图上，分别在不同编号的梁中各选一根梁用剖面号引出配筋图，并在其上注写截面尺寸和配筋具体数值的方式来表达梁平法施工图，如图4—30所示。

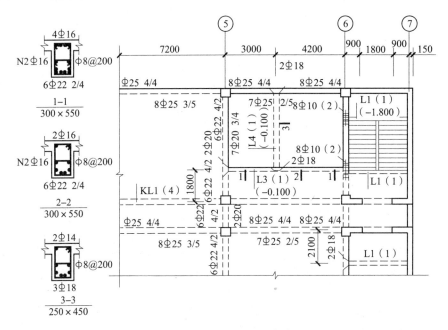

图4—30　梁截面注写方式

对所有梁进行编号，从相同编号的梁中选择一根梁，先将"单边截面号"画在该梁上，再将截面配筋详图画在本图或其他图上。当某梁的顶面标高与该结构层的楼面标高不同时，还应在其梁编号后注写梁顶面高差。

截面配筋详图上注写上部筋、下部筋、侧面构造筋或受扭筋及箍筋的具体数值时，其表达形式与平面注写方式相同。

截面注写方式可以单独使用，也可以与平面注写方式结合使用。

二、框架梁的受力特点、配筋构造

现浇肋形楼盖中的板、次梁和主梁，一般均为多跨连续梁（板）。

1. 连续梁的受力特点

均布荷载下，等跨连续梁的内力计算，可考虑塑性变形的内力重分布。允许支座出现塑性铰，将支座截面的负弯矩调低，即减少负弯矩。调整的幅度，必须遵守一定的原则。

连续梁的受力特点是跨中有正弯矩，支座有负弯矩。因此，跨中按最大正弯矩计算正筋，支座按最大负弯矩计算负筋。钢筋的截断位置按规范要求确定。

2．梁的构造要求

梁最常用的截面形式有矩形和 T 形。梁的截面高度一般按跨度确定，宽度一般是高度的 1/3。梁的支承长度不能小于规范规定的长度。纵向受力钢筋宜优先选用 HRB335、HRB400 钢筋，常用直径为 10~25 mm，钢筋之间的间距不应小于 25 mm，也不应小于直径。保护层的厚度与梁所处环境有关，一般为 25~40 mm。

梁混凝土的强度等级一般采用 C20 以上。

三、框架梁钢筋混凝土及模板材料

1．框架梁钢筋工程

（1）梁钢筋制作

梁钢筋的加工工艺流程为：梁钢筋配料计算→梁钢筋下料→梁钢筋弯曲成型。

（2）梁钢筋的绑扎和安装

梁钢筋骨架安装分为模外安装和模内安装，具体工艺流程如下：

模外安装（先在梁模板上口绑扎成型后再入模内）：在主、次梁模口铺架立横杆→穿主梁上层纵筋→画主梁箍筋间距、套箍筋→穿主梁下层纵筋及弯起筋→绑扎箍筋→穿次梁上层纵筋→画次梁箍筋间距、套箍筋→穿次梁下层纵筋及弯起筋→绑扎箍筋→抽出横杆将骨架落入模板内→检查验收。

模内安装（先安装钢筋后支梁侧模板及顶板模板）：铺架立横杆→穿主梁上层纵筋→画主梁箍筋间距、套箍筋→穿主梁下层纵筋及弯起筋→绑扎箍筋→穿次梁上层纵筋→画次梁箍筋间距、套箍筋→穿次梁下层纵筋及弯起筋→绑扎箍筋→抽出架立横杆→合梁侧模→检查验收。

（3）操作要点

1）架立横杆的间距一般不大于 1 500 mm，并应根据主筋的直径适当调整，以使梁不产生较大变形为宜。

2）注意穿筋顺序，并注意主次梁同时配合进行。

3）框架梁上部纵向钢筋应贯穿中间节点，梁下部纵向钢筋伸入中间节点锚固长度及伸过中心线的长度要符合设计要求。框架梁纵向钢筋在端节点内的锚固长度也要符合设计要求。

4）绑梁上部纵向筋的箍筋，宜用兜扣绑扎；箍筋在叠合处的弯钩，在梁中应交错绑扎，箍筋弯钩为 135°，平直部分长度为 10d；梁端第一个箍筋应设置在距离柱节点边缘 50 mm 处。梁端与柱交接处箍筋应加密，其间距与加密区长度均应符合设计要求。

5）在主、次梁受力筋下均应垫混凝土垫块（或塑料块），以保证保护层的厚度。受力筋为双排时，可用短钢筋垫在两层钢筋之间，钢筋排距应符合设计要求。

6）梁筋的搭接，梁的受力钢筋直径等于或大于 18 mm 时，宜采用机械连接或焊接；小于 18 mm 时，可采用绑扎接头，搭接长度要符合规范的规定。搭接长度末端与钢筋弯折处的距离，不得小于钢筋直径的 10 倍，受拉区域内Ⅰ级钢筋绑扎接头的末端应做弯钩（Ⅱ级钢筋可不做成弯钩），搭接处应在中心和两端扎牢，接头位置应相互错开。当采用绑扎搭接接头时，在规定搭接长度的任一区域内有接头的受力钢筋截面面积占受力钢筋总截面的面积百分率在受拉区不大于25%；当采用机械连接时，主筋接头宜错开，其错开间距不应小于35d，且不小于500 mm。接头不宜位于构件最大弯矩处，一般情况，梁上部接头应设在梁跨中1/3范围内，下部接头应设在支座内或支座1/3范围内。

2. 框架梁模板工程

（1）梁模板的安装要点

梁模板由底模板和侧模板等组成，如图4—31所示。梁底模板承受垂直荷载，一般较厚，下面有支架支撑。支架的立柱最好做成可以伸缩的，以便调整高度，底部应支承在坚实的地面、楼面上，或垫以木板。在多层框架结构施工中，应使上层支架的立柱对准下层支架的立柱。支架间应用水平和斜向拉杆拉牢，以增强整体稳定性，当层间高度大于5 m时，宜选桁架作模板的支架，以减少支架的数量。梁侧模板主要承受混凝土侧压力，底部用钉在支架顶部的夹条夹住，顶部可由支承楼板的搁栅或支撑顶住。高大的梁，可在侧板中上位置用铁丝或螺栓相互撑拉，梁跨度等于或大于4 m时，底模应起拱，如设计无要求时，起拱高度宜为全跨长度的1/1 000～3/1 000。

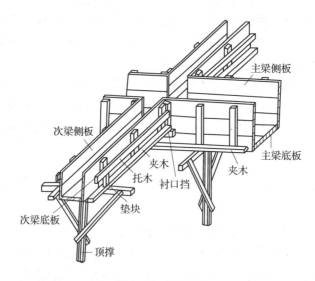

图4—31　梁模板

（2）梁模板安全技术交底

1）一般要求

①满堂架搭设应由持有登高作业（脚手架）安全操作证的工人操作，未取得登高作业安全操作证的人员不得从事钢管满堂架的搭设与拆除作业。

②严格遵守《建筑施工扣件式钢管脚手架安全技术规范》（JGJ 130—2011）和《建筑施工高处作业安全技术规范》（JGJ 80—1991）的规定。

③模板制作、安装、拆除前，召开作业班组会议，将设计方案和安全注意事项进行分析、讲解，使作业班组了解设计意图和作业要点，并有针对性地组织实施。操作人员应熟

悉本工种安全操作规程和各项安全规章制度。

④搭（拆）作业时，作业人员应做好个人防护：戴好安全帽，扣好帽带；穿好软底鞋；衣着应灵便，不得穿"三鞋"；没有防护设施的高处作业应系好安全带。

⑤搭（拆）作业时，应注意周围环境、机械设备吊装、电气线路等情况，防止意外事故发生。光线不足或雷雨、大风等恶劣天气，不得从事模板及其支撑的搭拆作业。

2）模板制作与安装。七夹板规格为 1 830 mm×915 mm×18 mm，梁模板底档和立档均采用 50 mm×100 mm 松木，间距 457 mm。梁底支撑立柱采用 ϕ48 mm×3.5 mm 钢管，间距 1 000 mm×900 mm，底部和中间各设一道双向水平拉杆。板底支撑立柱采用 ϕ48 mm×3.5 mm 钢管，间距 1 000 mm×1 000 mm，底部和中间各设一道双向水平拉杆。

支模顺序：放线→立支撑→安水平拉杆→调平上托→安装横楞木→安主次梁模→铺钉楼板模板及拼条→校核标高→下道工序。

拆模顺序：放下限位螺母，降下上托翼形托板→拆纵、横楞木→拆楼板模板→拆水平拉杆→下道工序。

模板制作安装施工操作要点：

①作业前，应对进场材料进行检查，不合格产品不得使用，并按设计方案对操作人员进行技术和安全技术交底。

②快拆模板时间应控制混凝土试块强度达到设计值：竖向立杆跨度 L≤2 m 时混凝土强度为 50%；2 m<L≤8 m 时混凝土强度为 75%；L>8 m 时混凝土强度为 100%。

③楼层高度在 4.5 m 以内，支撑应设两道水平拉杆和剪撑，支撑底应铺通长脚手板。梁高大于 700 mm 时，侧模应加 ϕ12 mm 穿梁螺栓加固。

3）安全技术措施

①木工机械和工作台的设置应合理稳固，工作地点和通道应畅通，材料、半成品堆放应成堆成垛，并挂好标识牌。

②使用的材料应合理选用，严重锈蚀的钢管、扣件严禁使用。支模应按工序进行，模板没有固定前，不得进行下道工序。

③支设 3 m 高以上立柱模板，四周必须顶牢，操作时要搭设工作台，不足 3 m 高的可使用马凳操作。

④支设独立梁模应设临时工作台，不得站在柱模上操作和在梁底模上行走。严禁在没有任何防护措施的情况下安装外梁、柱模板。

⑤模板支撑体系应严格按方案要求设置，立柱垂直度控制在 1/500 以内，相邻接头应错开 50 cm 以上。支撑面应整平夯实，并加垫木，不准垫砖。调整高低的木楔要钉牢，木楔不宜垫得过高（最好 2 块）。

⑥使用木工圆锯应有防护罩，使用按钮开关或倒顺开关。操作工应严格遵守机械安全操作规程。使用手电钻时，应使用二类或三类。电钻在转动中，只准用钻把对准孔位，禁止用手扶钻头对孔。

⑦多人抬运模板时要相互配合，传送模板、材料、工具应用运输工具或绳索，不得上下抛扔。使用塔吊吊运材料，捆绑应牢靠，听从塔吊指挥工的指挥，在卸料平台上堆料应

控制在 600 kg 以内，且应均匀堆放，严禁超载。

⑧模板支撑不得采用外架杆件承载，不得在脚手架上堆放模板、支撑等材料。未经项目经理同意，不得拆除支撑体系或脚手架和防护设施的杆件、扣件。

⑨支模中如需中间停歇，应将支撑、搭头、柱头封板钉牢，防止因扶空、踏空而坠落，造成事故。

⑩模板安装好后，要组织有关人员进行验收，方可进行下一道工序。

3. 框架梁混凝土工程

框架梁混凝土浇筑要点如下：

（1）梁、板应同时浇筑，浇筑方法应由一端开始用赶浆法，即先浇筑梁，根据梁高分层浇筑成阶梯形，当达到板底位置时再与板的混凝土一起浇筑，随着阶梯不断延伸，梁板混凝土浇筑连续向前进行。

（2）和板连成整体高度不大于 1 m 的梁，允许单独浇筑，其施工缝应留在板底以下 2~3 cm 处。浇捣时，浇筑与振捣必须紧密配合，第一层下料慢些，梁底充分捣实后再下第二层料，用赶浆法保持水泥浆沿浆底包裹石子向前推进，每层均应振实后再下料，梁底及梁帮部位要注意振实，振捣时不得触动钢筋及预埋件。

（3）梁柱节点钢筋较密时，浇筑此处混凝土时宜用小粒径石子的同强度等级混凝土浇筑，并用小直径振动棒振捣。

（4）浇筑板混凝土的虚铺厚度应略大于板厚，用平板振动器垂直浇筑方向来回振动，并用铁插尺检查混凝土厚度。振动完毕后用木抹子抹平。施工缝处或有预埋件及插筋处用木抹子找平。浇筑板混凝土时不允许用振动棒摊铺混凝土。

（5）施工缝位置：宜沿次梁方向浇筑楼板，施工缝应留置在次梁跨度的中间 1/3 范围内。施工缝的表面应与梁轴线或板面垂直，不得留斜槎。施工缝宜用木板或钢丝网挡牢。

（6）施工缝处须待已浇筑混凝土的抗压强度不小于 1.2 MPa 时，才允许继续浇筑。在继续浇筑混凝土前，水平施工缝应全部剔除软弱层及浮浆，露出石子；垂直施工缝应剔除松散石子和浮浆，露出密实混凝土，并用水冲洗干净后，方可浇筑混凝土，垂直施工缝先浇一层水泥浆，然后继续浇筑混凝土，应细致操作振实，以使新旧混凝土紧密结合。

第四节　框架楼屋盖工程

一、楼屋盖结构施工图识读

有梁楼盖板是指以梁为支座的楼面与屋面板。有梁楼盖板的制图规则同样适用于梁板式转换层、剪力墙结构、砌体结构及有梁地下室的楼面与屋面板平法施工图设计。

1．有梁楼盖板平法施工图表达方式

有梁楼盖板平法施工图，是在楼面板和屋面板布置图上，采用平面注写的表达方式。

板平面注写主要包括板块集中标注和板支座原位标注。

为方便设计表达和施工识图，规定结构平面的坐标方向为：

（1）当两向轴网正交布置时，图面从左至右为 X 向，从下至上为 Y 向。

（2）当轴网转折时，局部坐标方向顺轴网转折角做相应转折。

（3）当轴网向心布置时，切向为 X 向，径向为 Y 向。

此外，对于平面布置比较复杂的区域，如轴网转折交界区域、向心布置的核心区域等，其平面坐标方向应由设计者另行规定，并在图上明确表示。

2．板块集中标注

（1）板块集中标注的内容为板块编号、板厚、贯通纵筋，以及当板面标高不同时的标高高差。

对于普通楼面，两向均以一跨为一板块；对于密肋楼盖，两向主梁（框架梁）均以一跨为一板块（非主梁密肋不计）。所有板块应逐一编号，相同编号的板块可择其一做集中标注，其他仅注写置于圆圈内的板编号，以及当板面标高不同时的标高高差。板块编号按表4—11的规定编写。

表 4—11 板块编号

板类型	代号	序号
楼面板	LB	××
屋面板	WB	××
延伸悬挑板	YXB	××
纯悬挑板	XB	××

注：延伸悬挑板的上部受力钢筋应与相邻跨内板的上部纵筋连通配置。

板厚注写为 $h = ×××$（为垂直于板面的厚度）；当悬挑板的端部改变截面厚度时，用斜线分隔根部与端部的高度值，注写为 $h = ×××/×××$；当设计已在图注中统一注明板厚时，此项可不注。

贯通纵筋按板块的下部和上部分别注写（当板块上部不设贯通纵筋时则不注），并以 B 代表下部，以 T 代表上部，B & T 代表下部与上部；X 向贯通纵筋以 X 打头，Y 向贯通纵筋以 Y 打头，两向贯通纵筋配置相同时则以 X & Y 打头。当为单向板时，另一向贯通的分布筋可不必注写，而在图中统一注明。当在某些板内（例如在延伸悬挑板 YXB 或纯悬挑板 XB 的下部）配置有构造钢筋时，X 向以 Xc、Y 向以 Yc 打头注写，当 Y 向采用放射配筋时（切向为 X 向，径向为 Y 向），设计者应注明配筋间距的度量位置。当板的悬挑部分与跨内板有高差且低于跨内板时，宜将悬挑部分设计为纯悬挑板 XB。

板面标高高差，是指相对于结构层楼面标高的高差，应将其注写在括号内，且有高差则注，无高差不注。

【例4—2】 有一楼面板块注写为"LB5　$h = 110$　B：X ϕ 12@120；Y ϕ 10@110"，试解释其含义。

答：本楼面板的注写表示 5 号楼面板，板厚 110 mm。板下部配置的贯通纵筋 X 向为 ϕ12@120，Y 向为 ϕ10@110。板上部未配置贯通纵筋。

【例4—3】 有一延伸悬挑板注写为"YXB2 $h = 150/100$ B：Xc & Yc ϕ8@200"，试解释其含义。

答：本延伸悬挑板的注写表示 2 号延伸悬挑板，板根部厚 150 mm，端部厚 100 mm，板下部配置构造钢筋，双向均为 ϕ8@200。（上部受力钢筋见板支座原位标注）

（2）同一编号板块的类型、板厚和贯通纵筋均应相同，但板面标高、跨度、平面形状及板支座上部非贯通纵筋可以不同，如同一编号板块的平面形状可为矩形、多边形及其他形状等。施工预算时，应根据其实际平面形状，分别计算各板块的混凝土与钢材用量。

（3）设计与施工应注意：单向或双向连续板的中间支座上部同向贯通纵筋，不应在支座位置连接或分别锚固。当相邻两跨的板上部贯通纵筋配置相同，且跨中部位有足够空间连接时，可在两跨任意一跨的跨中连接部位连接；当相邻两跨的上部贯通纵筋配置不同时，应将配置较大者越过其标注的跨数终点或起点伸至相邻跨的跨中连接区域连接。

设计应注意板中间支座两侧上部贯通纵筋的协调配置，施工及预算应按具体设计和相应标准构造要求实施。当具体工程对板上部纵向钢筋的连接有特殊要求时，其连接部位及方式应由设计者注明。

3. 板支座原位标注

（1）板支座原位标注的内容为板支座上部非贯通纵筋和纯悬挑板上部受力钢筋。

板支座原位标注的钢筋，应在配置相同跨的第一跨表达（当在梁悬挑部位单独配置时则在原位标注）。在配置相同跨的第一跨（或梁悬挑部位），垂直于板支座（梁或墙）绘制一段适宜长度的中粗实线（当该筋通长设置在悬挑板或短跨板上部时，实线段应画至对边或贯通短跨），以该线段代表支座上部非贯通纵筋；并在线段上方注写钢筋编号（如①、②等），配筋值，横向连接布置的跨数（注写在括号内，且当为一跨时可不注），以及是否横向布置到梁的悬挑端。例如：（××）为横向布置的跨数，（××A）为横向布置的跨数及一端的悬挑部位，（××B）为横向布置的跨数及两端的悬挑部位。

板支座上部非贯通筋自支座中线向跨内的延伸长度，注写在线段的下方位置。

当中间支座上部非贯通纵筋向支座两侧对称延伸时，可仅在支座一侧线段下方标注延伸长度，另一侧不注，如图 4—32a 所示。当向支座两侧非对称延伸时，应分别在支座两侧线段下方注写延伸长度，如图 4—32b 所示。对线段画至对边贯通全跨或贯通全悬挑长度的上部通长纵筋，贯通全跨或延伸至全悬挑一侧的长度值不注，只注明非贯通筋另一侧的延伸长度值，如图 4—32c 所示。当板支座为弧形，支座上部非贯通纵筋呈放射状分布时，设计者应注明配筋间距的度量位置并加注"放射分布"四字，必要时应补绘平面配筋图，如图 4—32d 所示。延伸悬挑板的注写方式如图 4—32e 所示，纯悬挑板的注写方式如图 4—32f 所示。

在板平面布置图中，不同部位的板支座上部非贯通纵筋及纯悬挑板上部受力钢筋，可仅在一个部位注写，对其他相同者则仅需在代表钢筋的线段上注写编号及横向连续布置的跨数（当为一跨时可不注）即可。

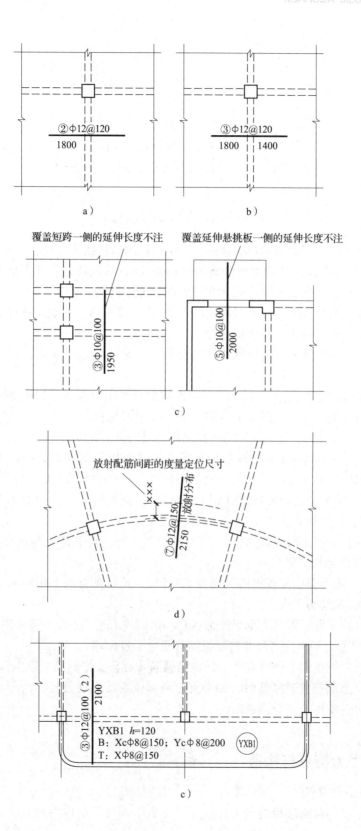

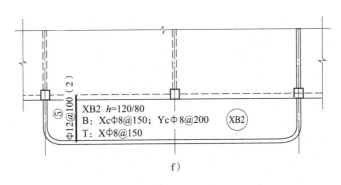

图 4—32　板支座原位标注

例如：在板平面布置图某部位，横跨支承梁绘制的对称线段上注有⑦φ12@100（5 A）和 1 500，表示支座上部⑦号非贯通纵筋为 φ12@100，从该跨起沿支承梁连续布置 5 跨加梁一端的悬挑端，该筋自支座中线向两侧跨内的延伸长度均为 1 500 mm。在同一板平面布置图的另一部位横跨梁支座绘制的对称线段上注有⑦（2）者，是表示该筋同⑦号纵筋，沿支承梁连续布置 2 跨，且无梁悬挑端布置。

此外，与板支座上部非贯通纵筋垂直且绑扎在一起的构造钢筋或分布钢筋，应由设计者在图中注明。

（2）当板的上部已配置有贯通纵筋，但需增配板支座上部非贯通纵筋时，应结合已配置的同向贯通纵筋的直径与间距采取"隔一布一"方式配置。

"隔一布一"方式为非贯通纵筋的标注间距与贯通纵筋相同，两者组合后的实际间距为各自标注间距的 1/2。当设定贯通纵筋为纵筋总截面面积的 50% 时，两种钢筋应取相同直径；当设定贯通纵筋大于或小于总截面面积的 50% 时，两种钢筋则取不同直径。

【例 4—4】　板上部已配置贯通纵筋 φ12@250，该跨同向配置的上部支座非贯通纵筋为⑤φ12@250，试解释其含义。

答：表示在该支座上部设置的纵筋实际为 φ12@125，其中 50% 为贯通纵筋，50% 为⑤号非贯通纵筋（延伸长度值略）。

【例 4—5】　板上部已配置贯通纵筋 φ10@250，该跨配置的上部同向支座非贯通纵筋为③φ12@250，试解释其含义。

答：表示该跨实际设置的上部纵筋为（1φ10 + 1φ12）/250，实际间距为 125 mm，其中 41% 为贯通纵筋，59% 为③号非贯通纵筋（延伸长度值略）。

施工应注意：当支座一侧设置了上部贯通纵筋（在板集中标注中以 T 打头），而在支座另一侧仅设置了上部非贯通纵筋时，如果支座两侧设置的纵筋直径、间距相同，应将二者连通，避免各自在支座上部分别锚固。

二、楼屋盖受力特点与构造

1. 楼屋盖受力特点

均布荷载下，等跨连续板的内力计算，可考虑塑性变形的内力重分布。允许支座出现塑性铰，将支座截面的负弯矩调低，即减少负弯矩。调整的幅度，必须遵守一定的原则。

连续板的受力特点是，跨中有正弯矩，支座有负弯矩。因此，跨中按最大正弯矩计算正筋，支座按最大负弯矩计算负筋。钢筋的截断位置按规范要求截断。

2. 楼屋盖构造要求

楼板层是水平方向的分隔构件，同时也是承重构件，应有足够的强度、刚度，满足防火、隔声、防水等要求，考虑设备管线的安装。

现浇板按受力可分为简支板、连续板、悬臂板。现浇板按长宽比和受支承条件影响，又可分为单向板和双向板。从受力特征分析，单向板实际上相当于宽度大而高度低的梁。单向板荷载向两边支承传递，双向板荷载向四边支承传递。

电线管集中穿板处，板应验算抗剪强度或开洞形成管井。当考虑穿电线管时，板厚不小于 120 mm，不采用薄板加垫层的做法。管井电线引出处的板，因电线管过多，有可能要加大板厚至 180 mm（考虑四层 32 mm 的钢管叠加），宜尽量用大跨度板，不在房间内（尤其是住宅）加次梁。板的上部纵筋伸入支座后，即使水平段满足锚固要求时也要增加弯折，弯折长度为不小于 $10d$。地下车库由于防火要求不可用预制板。框架结构不宜使用长向板，否则长向板与框架梁平行相接处易出现裂缝。现浇板的配筋尽量用二级钢，除吊钩外，不宜采用一级钢。一级钢虽然有很好的延性但抗拉强度低，施工难度大。钢筋宜大直径大间距，但间距不大于 200 mm，钢筋直径类型也不宜过多。板编号和钢筋编号不宜过多。顶层及考虑抗裂时板上筋可不断，或 50% 连通，较大处附加钢筋，拉通筋均应按受拉搭接钢筋。分布筋一般为 φ6@250，温度影响较大处可为 φ8@200，板顶标高不同时，板的上筋应分开或倾斜通过。现浇挑板阳角加辐射状附加筋（包括内墙上的阳角），现浇挑板阴角的板下宜加斜筋。顶层应采用现浇楼板，以利防水，并加强结构的整体性及方便装饰性挑檐的稳定。外露的挑檐、雨罩、挑廊应每隔 10~15 m 设一 10 mm 的缝，钢筋不断。尽量采用现浇板，不宜采用预制板加整浇层方案。L 形、T 形或"十"字形建筑平面的阴角处附近的板应现浇并加厚，双向双排配筋，并附加 45° 的 4 根 φ16 的抗拉筋。配筋计算时，可考虑塑性内力重分布，将板上筋乘以 0.8~0.9 的折减系数，将板下筋乘以 1.1~1.2 的放大系数。按弹性计算的双向板钢筋是板某几处的最大值，按此配筋是偏于保守的，不必再人为放大。支撑在外圈框架梁上的板负筋不宜过大，否则将对梁产生过大的附加扭矩。如板厚大于 150 mm 时采用 φ10@200。单向板是按塑性计算的，而双向板是按弹性计算的，宜改成一种计算方法。当厚板与薄板相接时，薄板支座按固定端考虑是适当的，但厚板就不合适了，宜减小厚板支座配筋，增大跨中配筋。非矩形板宜减小支座配筋，增大跨中配筋。基础底板和人防结构一般可按塑性计算，但结构自防水、不允许出现裂缝和对防水要求严格的建筑，如坡、平屋顶、厨厕、配电间等应采用弹性计算。室内轻隔墙下一般不应加粗钢筋，一是轻隔墙有可能移位，二是板整体受力，应整体提高板的配筋。只有垂直单向板长边的、不可能移位的隔墙（如厕所与其他房间的隔墙）下才可以加粗钢筋。坡屋顶板为偏拉构件，应双向双排配筋。挑板挑出长度大于 2 m 时宜配置板下构造筋，较长外露挑板（包括竖板）宜配温度筋。挑板内跨板上钢筋长度应大于等于挑板出挑长度，尤其是挑板端部有集中荷载时。内挑板端部宜加小竖檐，防止清扫时灰尘落下。当顶层阳台的雨搭为无组织排水时，雨搭出挑长度应大于其下阳台出挑长度 100 mm，顶层阳台必须设雨搭。挑板配筋应有余地，并应采用大直径大间距钢筋，给工人以下脚的地方，防止踩弯。挑板内跨板跨度较小，跨中可能出现负弯矩，应将挑板支座的负筋伸过全跨。挑板端部板上筋通常兜一圈向上，但当钢筋直径大于等于 12 mm 时是难以施工的，应另加筋。板上开洞的附加筋，如果洞口处板仅有正弯矩，可只在板下加筋；否则应在板上下均加附加筋。在楼板上开大洞，周边应加小梁，或板适当加厚、加暗梁。

三、楼屋盖施工工艺流程

1. 板钢筋工程

适用于钢筋混凝土板的连接方式主要有绑扎连接、焊接和机械连接。楼板钢筋较细，所以一般用绑扎连接。

（1）绑扎连接

一般直径小于 28 mm 的钢筋都可以采用绑扎连接。纵向受拉钢筋的最小搭接长度要符合表 4—12 的规定。板钢筋绑扎如图 4—33 所示。

表 4—12　　　　　　　　　　　　纵向受拉钢筋最小搭接长度

钢筋类型		混凝土强度等级			
		C15	C20 ~ C25	C30 ~ C35	C40 以上
光圆钢筋	HPB300	$45d$	$35d$	$30d$	$25d$
带肋钢筋	HRB335	$55d$	$45d$	$35d$	$30d$
	HRB400、RRB400		$55d$	$40d$	$35d$

注：d 为钢筋直径。

图 4—33　板钢筋绑扎

（2）机械连接

用于板的机械连接有套筒挤压连接和直螺纹套筒连接，如图4—34所示。

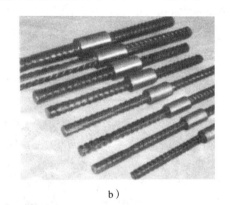

a）　　　　　　　　　　　　　　　　　　b）

图4—34　机械连接

a）套筒挤压连接　b）直螺纹套筒连接

（3）板钢筋绑扎和安装工程

现浇楼盖钢筋绑扎施工顺序如下：

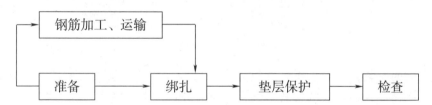

1）施工准备工作。准备工具、用具及所需材料，清扫模板上垃圾，弹线或用粉笔在模板上画好主筋和分布筋间距。

2）绑扎注意事项。一般图纸画的底层钢筋的钢筋弯钩都是朝上的，若弯钩高度超过板面，则应将弯钩放斜，甚至放倒，以免露钩。钢筋保护层厚度应符合设计要求。

3）板钢筋绑扎要点

①按画线间距摆放钢筋，先摆受力筋，后放分布筋，绑扎一般采用一面顺扣或八字扣。

②双层钢筋的板筋绑扎应先下层后上层，两层钢筋之间须加钢筋支架，间距1m左右，并和上下层钢筋连成整体，以保证上层钢筋的位置。

③负弯矩钢筋要每个扣都绑扎。

④单向板和双向板钢筋网具体绑扎如下：绑扎单向板钢筋网时，应先在模板上画出受力钢筋位置线，依线摆放好受力钢筋，再按分布钢筋间距，在受力钢筋上面摆放好分布钢筋。受力钢筋与分布钢筋交叉点，除靠近外围两行钢筋的交叉点全部扎牢外，中间部分交叉点可间隔扎牢，相邻绑扎点的绑扎方向应八字交错。绑扎双向板钢筋网时，应先在模板上画出短向钢筋位置线，依线摆放好短向钢筋，再按长向钢筋间距在短向钢筋上面摆放好长向钢筋。长向钢筋与短向钢筋的交叉点必须全部扎牢，相邻绑扎点的绑扎方向应八字交错。

2. 板模板工程

（1）楼板模板的构造与安装

楼板模板的特点是面积较大而厚度一般不大，因此横向侧压力很小，楼板模板及支撑系统主要是承受新浇筑的混凝土的垂直荷载和施工荷载。

楼板模板是由底模和搁栅组成的，如图4—35所示。底模一般用木胶合板拼成，或采用定型木模块、钢模板，铺设在搁栅上。搁栅一般采用断面为 50 mm × 100 mm 的方木。

图4—35　楼板模板

楼板模板的安装，一般是在梁模板完成后进行。楼板模板安装顺序为：楼板支架安装→钢楞→搁栅→顶板模板的拼装→调整验收→进行下道工序。

（2）板模板质量控制

板模板质量控制除与墙柱的质量控制相同以外，还包括以下几点：

1）现浇钢筋混凝土板跨度大于或等于 4 m 时，模板应起拱，起拱高度宜为跨度的0.2%。

2）现浇多层房屋和构筑物，应采用分段分层支模的方法。安装现浇结构的上层模板及其支架时，下层楼板应具有承受上层荷载的承载力。当层间高度大于 5 m 时，宜选用多层支架支模的方法，这时支架的模板垫板应平整，支柱应垂直，上下层支柱要对准在同一竖向中心线上。

3）现浇楼板模板安装完毕后，应认真清扫模板，并对模板的标高、平整度、支撑系统作认真检查，同时均匀涂刷隔离剂，不得有漏刷或堆积现象。

4）浇筑混凝上施工时，必须派专人值班，以防发生模板移位、跑模等意外事件。

（3）板模板拆除

1）板的侧模拆除要求。板的侧模拆除要求与墙柱相同，应在混凝土强度保证其表面及棱角不因拆除模板而受损后方可拆除。

2）板底模拆除要求见表4—13。

表 4—13　　　　　　　　　　　　　　板底模拆除要求

构件类型	构件跨度（m）	达到设计的混凝土立方体抗压强度标准值（$f_{cu,k}$）的百分率（%）
板	≤2	≥50
	>2，≤8	≥75
	>8	≥100
梁、拱、壳	≤8	≥75
	>8	≥100
悬臂构件		≥100

（4）板模板拆除顺序及注意事项

板模板拆除的顺序和方法应根据模板设计的规定进行。如果模板设计没有规定，一般是先支的后拆，后支的先拆，先拆侧模，后拆底模。

楼板模板支架的拆除应按下列要求进行，本层楼板正在浇筑混凝土时，下一层楼板的模板支架不得拆除，再下一层楼板模板的支架仅可拆除一部分；跨度在 4 m 及 4 m 以上的梁下均应保留支架，其间距不得大于 3 m。

拆除模板必须一次拆清，不得留有无撑模板，拆下的模板要及时清理，堆放整齐。拆模时，严禁将模板直接从高处往下扔，以防止模板变形和损坏。

3．板混凝土工程

（1）浇筑前的施工准备

1）制订施工方案。根据工程对象、结构特点，结合具体条件，工程开工前在施工组织设计中编制好梁、板施工方案。

2）机具准备及检查。混凝土泵车、运输车、料斗车、串筒、振动器等机具设备按需要准备充足，并考虑发生故障时的修理时间。所用的机具均应在浇筑混凝土前进行检查和试运转，同时配有专职技工，随时检修。

3）插入式振动器、平板振动器的选择。楼板混凝土的振捣通常采用平板振动器。

（2）板混凝土的浇筑施工要求

1）板浇筑混凝土时应连续进行，如必须间歇时，间歇时间不得超过表 4—14 的要求。若超过规定时间，则必须设置施工缝。

表 4—14　　　　　　　　　　　　混凝土浇筑间歇时间

混凝土浇筑气温（℃）	允许间隔时间（min）	
	普通硅酸盐水泥	矿渣硅酸盐水泥及火山灰硅酸盐水泥
20～30	90	120
10～20	135	180
5～10	195	—

2）浇筑混凝土时，浇筑层的厚度不得超过表4—15的要求。

表4—15　　　　　　　　　　　　混凝土浇筑层厚度要求

振实混凝土的方法	浇筑层的厚度
插入式振动器振捣（梁）	振动器作用部分长度的1.25倍
平板振动器振捣（板）	200 mm
人工振捣（梁、板）	200 mm

3）混凝土浇筑过程中，要分批做坍落度试验，如坍落度与原规定不符时，应调整配合比。

4）混凝土浇筑过程中，要保证混凝土保护层厚度及钢筋位置的正确性。不得踩踏钢筋，不得移动预埋件和预留孔洞的原来位置，如发现有偏差和位移，应及时校正。特别要重视板及雨篷结构负弯矩钢筋的位置。

5）肋形楼板的梁板应同时浇筑，浇筑方法应先根据高度将梁分层浇捣成阶梯形，当达到板底位置时即与板的混凝土一起浇捣。随着阶梯形的不断延长，则可连续向前推进。倾倒混凝土方向应与浇筑方向相反。

6）浇筑无梁楼盖时，在离柱帽下5 cm处暂停，然后分层浇筑柱帽，下料必须倒在柱帽中心，待混凝土接近楼板底面时，即可连同楼板一起浇筑。

7）当浇筑柱梁及主次梁交叉处的混凝土时，一般此处钢筋较密集，特别是上部负弯矩钢筋又粗又多，因此，既要防止混凝土下料困难，又要注意砂浆挡住石子下不去。必要时，这部分可改用细石混凝土进行浇筑，与此同时，振动棒头可改用片式，并辅以人工捣固配合。

（3）板施工缝的留设

1）单向板中施工缝留设在平行于短边的任何位置。双向受力楼板的施工缝应按设计要求留设。

2）有主次梁的楼板，宜顺着次梁方向浇筑，施工缝应留设在次梁跨中1/3范围内。

3）板施工缝可采用企口式接缝或垂直立缝的做法，不宜留坡槎。在预留施工缝处，在板上按板厚放一木条，在梁上扎以木板，其中间要留切口通过钢筋。

（4）板混凝土的自然养护

对于板构件，一般采用覆盖浇水养护方式养护。即利用平均气温高于5℃的自然条件，用适当的材料对混凝土表面加以覆盖并浇水，使混凝土在一定的时间内保持水泥水化作用所需要的温度和湿度条件。

覆盖浇水养护应符合下列规定：

1）覆盖浇水养护应在混凝土浇筑完毕后的12 h内进行。

2）混凝土的浇水养护时间：对采用硅酸盐水泥、普通硅酸盐水泥或矿渣硅酸盐水泥拌制的混凝土，不得少于7天；对掺有缓凝型外加剂、矿物掺和料或有抗渗要求的混凝土，不得少于14天；当采用其他品种水泥时，混凝土的养护应根据所采用水泥的技术性能确定。

3）浇水次数应根据能保持混凝土处于湿润状态来决定。

4）混凝土的养护用水宜与拌制用水相同。

5）当日平均气温低于5℃时，不得浇水。

（5）板混凝土工程质量通病防治

1）混凝土收缩裂缝。裂缝多在新浇筑并暴露于空气中的结构构件表面出现，有塑态收缩、沉陷收缩、干燥收缩、碳化收缩、凝结收缩等收缩裂缝，这些裂缝不深也不宽。出现收缩裂缝，如混凝土仍有塑性，可采取压抹一遍或重新振捣的办法，并加强养护。如混凝土已硬化，可向裂缝内撒入干水泥粉，然后加水湿润，或在表面抹薄层水泥砂浆，也可在裂缝表面涂环氧胶泥或粘贴环氧玻璃布进行封闭处理。

2）混凝土温度裂缝。温度裂缝走向无规律，大面积结构温度裂缝往往是纵横交错，梁板类温度裂缝多平行于短边。贯穿的温度裂缝一般与短边平行或接近平行。裂缝宽度一般在0.5 mm以下。表面温度裂缝多在施工期间出现，贯穿的温度裂缝在浇筑后2~3个月或更长时间繁盛，缝宽情况是：冬季宽、夏季变细；沿截面高度，多数裂缝呈上宽下窄，个别也有下宽上窄，遇顶部和底部配筋较多的结构，也有中间宽两端窄的梭形裂缝。

如果出现温度裂缝，对表面裂缝，可采取涂两遍环氧胶泥或环氧玻璃布，以及抹、喷水泥砂浆等方法进行表面封闭处理。对防水防渗的结构，宽度大于0.1 mm的贯穿性裂缝，采用灌水泥浆或环氧浆液进行裂缝修补，或者灌浆与表面封闭同时采用。小于0.1 mm的裂缝，可不处理，或只作表面处理。

3）混凝土沉陷裂缝。沉陷裂缝多属深度或贯穿性裂缝，有的在上部，有的在下部，一般与地面垂直或成30°~45°角方向发展。较大的贯穿性沉陷裂缝往往上下或左右有一定错距，裂缝宽度与荷载大小及不均匀沉降值有关，而与温度变化关系不大。

出现沉陷裂缝，应会同设计等有关部门对结构进行适当的加固处理。

第五节　预应力钢筋混凝土工程

一、预应力钢筋混凝土结构

1. 预应力混凝土概述

所谓预应力混凝土结构，是在结构构件受外力荷载作用前，先人为地对预应力混凝土结构施加压力，如图4—36所示，由此产生的预应力状态用以减小或抵消外荷载所引起的拉应力，即借助于混凝土较高的抗压强度来弥补其抗拉强度的不足，达到推迟受拉区混凝土开裂的目的。以预应力混凝土制成的结构，因为是以张拉钢筋的方法来达到预压应力，所以也称预应力钢筋混凝土结构。

预应力用张拉高强度钢筋或钢丝的方法产生。张拉方法有先张法和后张法两种。先张法即先张拉钢筋，后浇灌混凝土，达到规定强度时，放松钢筋两端；后张法则先浇灌混凝土，达到规定强度时，再张拉穿过混凝土内预留孔道中的钢筋，并在两端锚固。预应力能提高混凝土承受荷载时的抗拉能力，防止或延迟裂缝的出现，并增加结构的刚度，节省钢材和水泥。

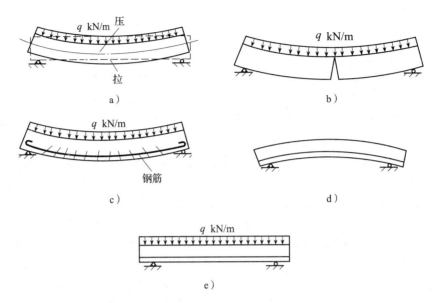

图4—36　预应力混凝土与普通混凝土的受力情况
a）梁的受力情况　b）素混凝土梁受力情况　c）钢筋混凝土梁受力情况
d）预应力钢筋混凝土梁施加预应力时　e）预应力混凝土使用时

2．预应力混凝土的特点

与钢筋混凝土相比，预应力混凝土的优点：由于采用了高强度钢材和高强度混凝土，预应力混凝土构件具有抗裂能力强、抗渗性能好、刚度大、强度高、抗剪能力和抗疲劳性能好的特点，对节约材料（可节约钢材40%～50%、混凝土20%～40%）、减小结构截面尺寸、降低结构自重、防止开裂和减少挠度都十分有效，可以使结构设计得更为经济、轻巧与美观。

预应力混凝土构件的缺点是生产工艺比钢筋混凝土构件复杂，技术要求高，需要有专门的张拉设备、灌浆机械和生产台座及专业的技术操作人员等，而且开工费用较大，构件数量少时，工程成本较高。

3．预应力混凝土的分类

（1）预应力混凝土按预应力度大小分为全预应力混凝土和部分预应力混凝土。

（2）预应力混凝土按施工方式分为预制预应力混凝土、现浇预应力混凝土和叠合预应力混凝土等。

（3）预应力混凝土按预加应力的方法分为先张法预应力混凝土和后张法预应力混凝土。

二、预应力筋

1．预应力筋的基本知识

预应力筋通常由单根或成束的钢丝、钢绞线或钢筋组成。按性质划分，预应力筋包括金属预应力筋和非金属预应力筋两类。常用的金属预应力筋可分为钢丝、钢绞线和热处理钢筋，非金属预应力筋主要指纤维增强塑料预应力筋。

常用的预应力筋如图 4—37 所示，包括冷拔低碳钢丝（直径 3～5 mm）、碳素钢丝（直径 3～8 mm）、钢绞线（由 7 根碳素钢丝缠绕而成）、热处理钢筋（直径 6～10 mm）和热轧螺纹钢筋（直径 25～32 mm）。

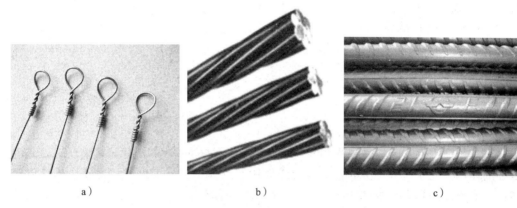

a)　　　　　　　　　　　b)　　　　　　　　　　　c)

图 4—37　钢丝、钢绞线、热处理钢筋

a）钢丝　b）钢绞线　c）热处理钢筋

预应力筋的特性是应力—应变曲线和应力松弛。钢筋受到一定的张拉力后，在长度保持不变的条件下，钢筋的应力随着时间的增长而降低的现象，就是应力松弛损失。应力松弛的特点是初期发展快。钢丝和钢绞线的应力松弛率大于热处理钢筋。初应力大，松弛损失也大。松弛损失率随温度的升高急剧增加。

2．预应力筋的检验

钢丝的检验方法有外观检查和力学性能试验，钢绞线的检验方法有成批验收、屈服强度和松弛试验、外观检查和力学性能检验，热处理钢筋的检验方法包括外观检查和拉伸试验。

3．对预应力钢筋的一些要求

（1）强度要高

预应力钢筋的张拉应力在构件的整个制作和使用过程中会出现各种应力损失。这些损失的总和有时可达到 200 N/mm² 以上，如果所用的钢筋强度不高，那么张拉时所建立的应力甚至会损失殆尽。

（2）与混凝土要有较好的黏结力

特别在先张法中，预应力钢筋与混凝土之间必须有较高的黏结自锚强度。对一些高强度的光面钢丝就要经过"刻痕""压波"或"扭结"，使它形成刻痕钢丝、波形钢丝及扭结钢丝，增加黏结力。

（3）要有足够的塑性和良好的加工性能

钢材强度越高，其塑性越低。钢筋塑性太低时，特别是当处于低温和冲击荷载条件下时，就有可能发生脆性断裂。良好的加工性能是指焊接性能好，以及采用镦头锚板时，钢筋头部镦粗后不影响原有的力学性能等。

我国常用的预应力钢筋有冷拉Ⅲ级钢筋、冷拉Ⅳ级钢筋、冷扎带肋钢筋、热处理钢筋、高强钢丝等。

4．对预应力混凝土中混凝土的一些要求

（1）强度要高，以与高强度钢筋相适应，保证钢筋充分发挥作用，并能有效地减小构件截面尺寸和减轻自重。

（2）收缩、徐变要小，以减小预应力损失。

（3）快硬、早强，使构件能尽早施加预应力，加快施工进度，提高设备利用率。

三、施工设备与工艺

1．预应力锚具

锚具是预应力混凝土构件锚固预应力筋的装置，它对在构件中建立有效预应力起着至关重要的作用。先张法构件中的锚具可重复使用，也称夹具或工作锚；后张法构件依靠锚具传递预应力，锚具也是构件的组成部分，不能重复使用。

根据设计取用的预应力筋种类、预应力大小及布束的需要选择预应力锚具，锚具应具有足够的强度和刚度，安全可靠，构造简单，加工制作方便，施工方便，节省材料，价格低廉。

现在国内外的锚具、夹具种类繁多，按构造形式及锚固原理，可分为三种基本类型：锚块锚塞型锚具、螺杆螺帽型锚具和镦头型锚具。

（1）锚块锚塞型锚具

锚块锚塞型锚具可以分为锥形锚具和夹片锚具两类。

1）锥形锚具。如图4—38所示，锥形锚具由锚圈和锚塞两部分组成，目前在后张法预应力混凝土结构中常用的锥形锚主要用于锚固高强钢丝束。

锥形锚具尺寸较小，便于分散布置，但钢丝回缩量大，所引起的应力损失也大，预应力施加难易控制，且无法重复张拉或接长。

图4—38　锥形锚具

2）夹片锚具（楔形锚具）。夹片锚具由夹片、锚板及锚垫片等部分组成。夹片按楔块作用原理夹持钢绞线，在钢绞线回缩过程中将其拉紧进行锚固。夹片式锚具的夹片接缝有平行钢绞线轴向的直接缝和成一定角度的斜接缝两种。

夹片式锚具的锚固性能稳定，应力均匀，安全可靠，锚固钢绞线的范围非常广泛。

单孔夹片式锚具如图4—39所示，多孔夹片式锚具如图4—40所示。

（2）螺杆螺母型锚具（轧丝锚具）

如图4—41所示，螺杆螺母型锚具是一种简单的螺杆锚具，适用于锚固预应力粗钢筋。

螺杆螺母型锚具制作简单，用钢量最省，张拉操作方便，锚具作用明确可靠，锚具的预应力损失小，适用于短小预应力混凝土构件，也能用简单的套筒接长，还具有能多次重复张拉和放松的优点。

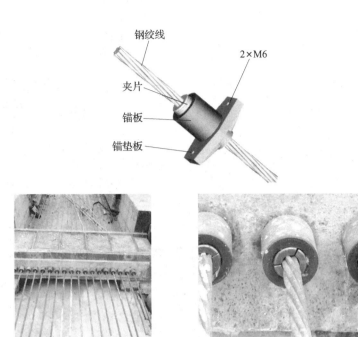

图4—39　单孔夹片式锚具

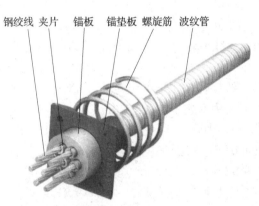

图4—40　多孔夹片式锚具

（3）镦头型锚具

如图4—42所示，镦头型锚具中，预应力靠镦头的承压力传到锚杯，再依靠螺纹上的承压力传到螺母，再经过支承垫板传到混凝土构件上。镦头型锚具主要用于张拉高强度钢丝或钢丝束。

镦头型锚具操作简便迅速，不会出现滑丝的现象。与锥形锚具相比一般可节约预应力钢丝20％左右，锚具费用按吨位计算约节省40％。缺点是下料长度要求精确，如果误差太大，在张拉时会因各钢丝受力不均匀而发生断丝现象。

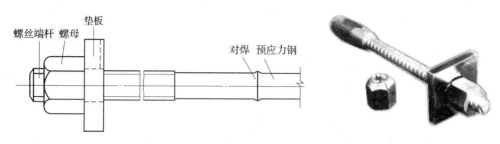

图 4—41　螺杆螺母型锚具

图 4—42　镦头型锚具

2. 张拉设备

张拉设备由油泵和千斤顶及配套油管组成,通过油泵液压系统传力给千斤顶,常用的千斤顶类型有前卡式千斤顶、穿心内卡式千斤顶和穿心拉杆式千斤顶等几种。

（1）前卡式千斤顶

如图 4—43 所示,前卡式千斤顶可用于无黏结和有黏结预应力钢绞线的单根张拉,或者多孔锚具的逐根张拉。新式的该类型千斤顶内设有止转装置,能有效防止张拉时千斤顶和钢绞线旋转,张拉力可达 260 kN。

（2）穿心内卡式千斤顶

如图 4—44 所示,穿心内卡式千斤顶用于狭小空间的张拉施工,也可用于一般的张拉施工,能节省大量的钢绞线,张拉力可达 2 460 kN。

（3）穿心拉杆式千斤顶

穿心拉杆式千斤顶是以活塞杆作为拉力杆件,适用于张拉带螺杆锚具或夹具的钢筋、钢筋束,主要用于单根或成组模外先张法、后张法或后张自锚工艺中。穿心拉杆式千斤顶构造简单,操作容易,应用较广,如图 4—45 所示。

穿心拉杆式千斤顶主要由液压缸、活塞、拉杆、连接头及撑脚等部件组成。

穿心拉杆式千斤顶由液压泵供油,当液压泵供给的压力油进入大缸时,活塞及连接在拉杆末端张拉头中的钢筋即被拉伸,其拉力大小,由液压泵上的压力表控制。

图 4—43　前卡式千斤顶

图4—44 穿心内卡式千斤顶

图4—45 穿心拉杆式千斤顶

3．设计与制作

预应力混凝土结构的设计，除验算承载能力和使用阶段两个极限状态外，还要计算预应力筋的各项瞬时和长期预应力损失值，及验算施工阶段，如构件制作、运输、堆放和吊装等工序中构件的强度和抗裂度。

4．预应力混凝土构件的施工方法

（1）先张法

在混凝土灌筑之前，先将由钢丝钢绞线或钢筋组成的预应力筋张拉到某一规定应力，并用锚具锚于台座两端支墩上，接着安装模板、构造钢筋和零件，然后灌筑混凝土并进行养护，当混凝土达到规定强度后，放松两端支墩的预应力筋，通过黏结力将预应力筋中的张拉力传给混凝土而产生预压应力。这种施工方法称为先张法，如图4—46所示。先张法以采用长的台座较为有利，最长有用到100多米的，因此有时也称作长线法。

1）施工工艺。张拉预应力筋，张拉程序为 $0 \to 1.05\sigma_{con}$（持荷 2 min）$\to \sigma_{con}$ 或 $0 \to 1.03\sigma_{con}$。

超张拉——减少由于钢筋松弛变形造成的预应力损失。

控制应力及最大应力：超张拉可比设计要求提高5%，但最大张拉控制应力值不得超过表4—16的规定。

张拉要点：

①张拉时应校核预应力筋的伸长值。实际伸长值与设计计算值的偏差不得超过 ±6%，否则应停拉。

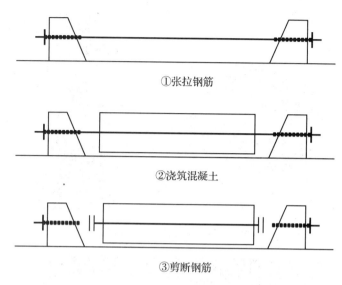

①张拉钢筋

②浇筑混凝土

③剪断钢筋

图4—46 先张法预应力混凝土制作工艺

表4—16 最大张拉控制应力值

预应力筋种类	先张法
碳素钢丝、刻痕钢丝、钢绞线	$0.80 f_{ptk}$
热处理钢筋、冷拔低碳钢丝	$0.75 f_{ptk}$
冷拉钢筋	$0.9 f_{pyk}$

注：f_{ptk}为极限抗拉强度标准值；f_{pyk}为屈服强度标准值。

②从台座中间向两侧进行（防偏心损坏台座）。

③多根成组张拉，初应力应一致（测力计抽查）。

④拉速平稳，锚固松紧一致，设备缓慢放松。

⑤拉完的筋位置偏差不大于5 mm，且不大于构件截面短边的4%。

⑥冬季张拉时，温度不应低于－15℃。

⑦注意安全，两端严禁站人，敲击楔块不得过猛。

2）混凝土浇筑与养护

①混凝土一次浇完，混凝土强度不小于C30。

②防止较大徐变和收缩：选收缩变形小的水泥，水灰比不大于0.5，级配良好，振捣密实（特别是端部）。

③防止碰撞、踩踏钢丝。

④减少应力损失：非钢模台座生产，采取二次升温养护（开始温差不大于20℃，达10 MPa后按正常速度升温）。

3）预应力筋放松

①条件：混凝土达到设计规定且不小于75%强度值后。

②方法：锯断，剪断，熔断（仅限于 I ~ Ⅲ级冷拉筋）。

③要点。放张顺序：轴心受压构件同时放；偏心受压构件先同时放预压应力小的区域的，再同时放大的区域的；其他构件，应分阶段、对称、相互交错放张。粗筋放张应缓慢（砂箱法、楔块法、千斤顶）。

（2）后张法

后张法即先灌筑构件，然后在构件上直接施加预应力的施工方法。一般做法多是先安置套管、构造钢筋和零件，然后安装模板和灌筑混凝土。预应力筋可先穿入套管，也可以后穿。等混凝土达到强度后，用千斤顶将预应力筋张拉到要求的应力并锚于梁的两端，预压应力通过两端锚具传给构件混凝土。为了保护预应力筋不受腐蚀和恢复预应力筋与混凝土之间的黏结力，预应力筋与套管之间的空隙必须用水泥浆灌实。水泥浆除起防腐作用外，也有利于恢复预应力筋与混凝土之间的黏结力。

1）施工工艺。孔道留设应位置准确，内壁光滑，端部预埋钢板垂直于孔道轴线（中心线），直径、长度、形状满足设计要求（直径与锚具及筋有关）。孔道留设方法有以下几种：

①钢管抽芯法（直孔）。钢管应平直、光滑，用前刷油；每根长不大于 15 m，每端伸出 500 mm；两根接长，中间用木塞及套管连接；用钢筋井字架固定，@ 不大于 1 m；浇混凝土后每 10 ~ 15 min 转动一次；混凝土初凝后、终凝前抽管；抽管先上后下，边转边拔。（灌浆孔间距不大于 12 m）

②胶管抽芯法。用于长孔或曲线孔，有一定刚度或充压；钢筋井字架@ 不大于 0.5 m；混凝土达一定强度后拔管。

③埋管法（预埋螺旋管）。这种方法是将与孔道直径相同的金属波纹管（见图 4—47）埋在构件中，无须抽出。可先穿筋，接头严密，有一定刚度；井字架@ 不大于 0.8 m；灌浆孔间距不大于 30 m；波纹管的波峰设排气泌水管。

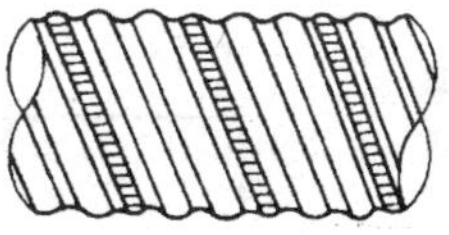

图 4—47 金属波纹管

2）预应力筋张拉。结构的混凝土强度符合设计要求或达75%强度标准值。张拉控制应力和超张拉最大应力值（比先张法均低 $0.05f$），见表 4—17。

表 4—17　　　　　　　　　　　预应力筋张拉控制应力值

预应力筋种类	σ_{con}	σ_{max}
碳素钢丝、刻痕钢丝、钢绞线	$0.7f_{ptk}$	$0.75f_{ptk}$
热处理钢筋、冷拔低碳钢丝	$0.65f_{ptk}$	$0.7f_{ptk}$
冷拉钢筋	$0.85f_{pyk}$	$0.9f_{pyk}$

配有多根钢筋或多束钢丝的构件应分批对称张拉（后批对先批会产生应力影响）；叠浇构件应自上而下逐层张拉，逐层加大拉应力，对钢丝、钢绞线、热处理筋来说，顶底相差不大于 5%，对冷拉筋来说，顶底相差不大于 9%。

预应力筋张拉方法有对抽芯法和对埋螺旋管法。

①对抽芯法。长度不大于 24 m 的直孔采用一端张拉（多根筋时，张拉端设在结构两

端）；长度大于 24 m 的直孔、曲线孔采用两端张拉（一端锚固后，另一端补足再锚固）。

②对埋螺旋管法。长度不大于 30 m 的直孔采用一端张拉；长度大于 30 m 的直孔、曲线孔采用两端张拉。

后张法的张拉程序与先张法相同。

3）孔道灌浆。孔道灌浆的目的是防止生锈和增加整体性。水灰比为 0.4 左右，不得大于 0.45。泌水率拌后 3 h 不宜大于 2%，最大不能超过 3%。可掺无腐蚀性外加剂有铝粉（水泥重的 0.5/10 000 ~ 1/10 000）、木钙（0.25%）、微膨胀剂。不掺外加剂时，可用二次灌浆法。

技能训练 4　钢筋工操作

一、训练任务

以 1 ~ 2 人为一个小组，按施工规范要求及质量标准在规定时间内完成如图 4—48 所示钢筋混凝土梁的钢筋配制和绑扎。

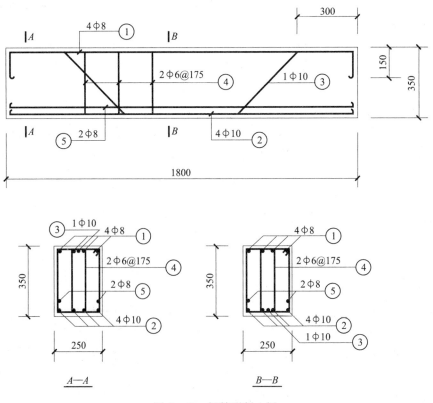

图 4—48　钢筋混凝土梁

二、训练目的

熟悉常用钢筋加工与安装工具和设备的使用方法；熟练基本钢筋工操作方法；掌握钢筋工安全操作知识。

三、训练准备

1. 材料准备

（1）钢筋

钢筋应有出厂合格证，并按规定作力学性能复试。当加工过程中发生脆断等特殊情况时，还需做化学成分检验。钢筋应无老锈及油污。

（2）成型钢筋

成型钢筋必须符合配料单的规格、尺寸、形状和数量。

（3）铁丝

可采用 20～22 号铁丝（火烧丝）或镀锌铁丝（铅丝），铁丝切断长度要满足使用要求。

（4）垫块

垫块用水泥砂浆制成，50 mm × 50 mm，厚度同保护层，垫块内预埋 20～22 号铁丝，或用塑料卡、拉筋、支撑筋。

2. 机具准备

钢筋弯曲机、钢筋切断机、钢筋钩子、撬棍、钢筋扳手、绑扎架、钢丝刷、粉笔、尺子等。

3. 安全措施

（1）搬运原材料、半成品、成品时要注意前后左右是否有人，防止碰触伤人。搬运带有弯钩的钢筋半成品时，要注意转弯，防止弯钩钩住电线、其他物品及人。

（2）钢筋、钢材、半成品等按规格品种分类堆放整齐，工作台要稳固，照明灯具应加网罩。

（3）各种钢筋机械应由熟悉机械构造、性能和操作方法的人员按规程操作。操作前应检查机械有无异常现象，并必须先运转正常后再开始工作。操作过程中机械如需注油或检修，应停机并切断电源后进行。

四、训练流程要点

1. 工艺流程

工艺流程如图 4—49 所示。

2. 操作要点

（1）计算钢筋数量

按照施工图计算各种规格型号钢筋数量，提出数量清单。

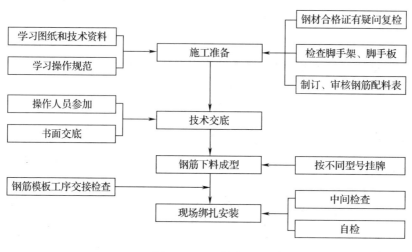

图4—49 工艺流程

（2）钢筋加工

1）钢筋调直。钢筋应平直、无局部折曲，对弯曲的钢筋应调直后使用。可采用冷拉法或调直机调直。冷拉法多用于较细钢筋的调直，调直机多用于较粗钢筋的调直。采用冷拉法调直时应匀速慢拉，钢筋的矫直伸长率为：Ⅰ级钢筋不得超过20%；Ⅱ级、Ⅲ级钢筋不得超过1%。加工后的钢筋表面不应有削弱截面的伤痕。

2）钢筋除锈去污。钢筋加工前应清除钢筋表面的油渍、漆污、水泥浆和用锤敲击能剥落的浮皮、铁锈等。损伤和锈蚀严重的钢筋不得使用。可以在调直过程中除锈，还可采用钢丝刷、喷砂除锈。

（3）钢筋下料

1）下料前认真核对钢筋规格、级别及加工数量，无误后按配料单下料。

2）钢筋下料长度。钢筋因弯曲或弯钩，影响长度，不能直接根据施工图下料，必须按照混凝土保护层、钢筋弯曲、弯钩形式等，计算确定下料长度。

3）钢筋断料。根据施工图及规范要求，将同规格钢筋根据不同长度长短搭配，统筹排料，遵循"先断长料、后断短料、减少断头、减少损耗"的原则。断料时不用短尺量长料，防止在量料中产生累计误差，因此在工作台上标出尺寸刻度，并设置控制切断尺寸用的挡板。在切断过程中，如发现钢筋有劈裂、错头或严重的弯头时必须切除。

（4）钢筋绑扎

1）箍筋的末端应向内弯曲；箍筋转角与钢筋的交接点均应绑扎牢。

2）箍筋的接头（弯钩接合处），在梁中应沿纵向线方向交叉布置。

3）绑扎用的铁丝要向里弯，不得伸向保护层内。

3．成品保护

（1）钢筋绑好后，不得在上面踩踏行走。

（2）模板内涂抹隔离剂时不得污染钢筋。

（3）半成品钢筋进入绑扎现场前，做好防锈保护措施；有锈蚀的钢筋，在后台先进行清理，清理干净，经过预检以后，才可以进入绑扎现场。

（4）钢筋应一次绑扎到位；钢筋成型后，严禁蹬踏。

（5）废料、钢筋头要定点堆放，及时回收，不得有碍环境。

（6）施工机具和材料应在结束前清理，工完料清、场地清。

五、训练质量检验

钢筋工操作训练质量检验标准见表4—18。

表4—18　　　　　　　　　　　钢筋工操作训练质量检验标准

项目			允许偏差（mm）	检验方法
绑扎钢筋骨架	长		±10	钢尺检查
	宽、高		±5	钢尺检查
受力钢筋	间距		±10	钢尺检查两端、中间各一点
	排距		±5	取最大值
	保护层厚度	基础	±10	钢尺检查
		柱、梁	±5	钢尺检查
		板、墙、壳	±3	钢尺检查
绑扎箍筋、横向钢筋间距			±20	钢尺连接检查3档，取最大值
钢筋弯起点位置			20	钢尺检查

技能训练5　模板工操作

一、训练任务

如图4—50所示，梁模板安装采用钢模板，长度2.4 m，按施工规范及质量标准在规定进间内完成。

二、训练目的

熟悉常用模板工工具和设备的使用方法，熟练模板安装与拆除基本操作方法，掌握模板工安全操作知识，掌握模板安装工程质量检验的方法。

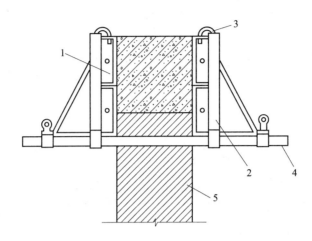

图4—50 梁模板安装

1—钢模板 2—梁卡具 3—弯钩 4—钢管 5—砖墙

三、训练准备

1. 材料准备

木板（厚度为 20～50 mm），定型组合钢模板（长度为 600 mm、750 mm、900 mm、1 200 mm、1 500 mm，宽度为 100 mm、150 mm、200 mm、250 mm、300 mm），阴阳角模，连接角模。

方木、木楔、支撑（木或钢），定型组合钢模板的附件（U 形卡、L 形插销、3 形扣件、碟形扣件、对拉螺栓、钩头螺栓、紧固螺栓），铁丝（12 号～14 号），隔离剂等。

2. 机具准备

电钻、扳手、钳子等。

3. 安全技术操作规程

（1）安装和拆除钢模板时，必须穿工作服、工作鞋，严禁赤脚、穿拖鞋或硬底鞋。

（2）现场必须设置醒目的安全标识，并根据现场实际需要挂设安全网，搭设护栏、防护棚，布设交通通道；不得在模板的拉杆、支撑及外露拉条头上攀登。

（3）禁止将安全带（绳）系在正在拆除的模板上，或将安全带（绳）钩挂在钢模板的中间肋条孔内，以防拉脱肋条而发生意外坠落。

（4）模板上如有预留洞，安装后应将洞口盖好。混凝土板上的预留洞，应在拆模后随时将洞口盖好。井口、楼梯口等须及时设护栏防护。

（5）立模中，如中途停歇，应将支撑、搭头、底脚、临时拉条等固定牢靠；拆模间歇时，须将已松动的模板、支撑等拆除、运走并妥善堆放，以防因扶空、踏空而坠落。

（6）斜坡面立模时，模板必须支撑牢固，考虑人员站立等因素，谨防模板在支立过程中或浇筑混凝土时发生垮塌；悬臂面立模时，必须按设计要求和施工程序随时加拉条固定。

（7）拆除工程，应该自上而下按顺序进行，禁止上下同时拆除。

（8）模板安装应先内后外，拆卸应按相反次序。模板就位后应立即紧固。未装好紧固的模板不准自行摘钩和离人。

四、训练流程要点

1．工艺流程

工艺流程如图4—51所示。

2．操作要点

支模前将构造柱、圈梁及板缝处杂物全部清理干净。

（1）构造柱模板

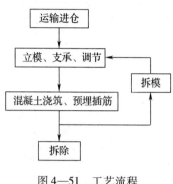

图4—51　工艺流程

砖混结构的构造柱模板，可采用木模板或定型组合钢模板。可用一般的支模方法。为防止浇筑混凝土时模板膨胀，影响外墙平整，用木模或组合钢模板贴在外墙面上，并每隔1 m以内设2根拉条，拉条与内墙拉结，拉条直径不应小于16 mm。拉条穿过砖墙的洞要预留，留洞位置要求距地面30 cm开始，每隔1 m以内留一道，洞的平面位置在构造柱大马牙槎以外一丁头砖处。

外砖内模结构的组合柱，用角模与大模板连接，在外墙处为防止浇筑混凝土挤胀变形，应进行加固处理，模板贴在外墙面上，然后用拉条拉牢。

外板内模结构山墙处组合柱，模板采用木模板或组合钢模板，用斜撑支牢。根部应留置清扫口。

（2）圈梁模板

圈梁模板可采用木模板或定型组合钢模板上口弹线找平。

圈梁模板采用落地支撑时，下面应垫方木，当用木方支撑时，下面用木楔楔紧。用钢管支撑时，高度应调整合适。

钢筋绑扎完以后，模板上口宽度进行校正，并用木撑进行定位，用铁钉临时固定。如采用组合钢模板，上口应用卡具卡牢，保证圈梁的尺寸。

砖混、外砖内模结构的外墙圈梁，用横带扁担穿墙，平面位置距墙两端24 cm开始留洞，间距50 cm左右。

（3）板缝模板

板缝宽度为4 cm，可用50 mm×50 mm方木或角钢作底模。大于4 cm者应当用木板做底模，宜伸入板底5~10 mm留出凹槽，便于拆模后顶棚抹砂浆找平。

板缝模板宜采用木支撑或钢管支撑，或采用吊杆方法。

支撑下面应当采用木板和木楔垫牢，不准用砖垫。

五、训练质量检验

模板工操作训练质量检验见表4—19。

表 4—19   模板工操作训练质量检验

项目	允许偏差（mm）
两块模板之间拼接缝隙	≤2.0
相邻模板板面的高低差	≤2.0
组装模板板面平整度	≤4.0（2 m 长平尺检查）
组装模板板面的长宽尺寸	+4，−5
组装模板两对角线长度差值	≤7.0（小于或等于对角线长度的 1/1 000）

思考练习题

1. 钢筋进场验收的内容有哪些？

2. 简述侧模板、底模板及支架的拆除要求。

3. 现浇结构拆模时应注意哪些问题？

4. 什么是施工缝？在施工缝处继续浇筑混凝土时应做什么处理？

5. 为什么要进行配合比换算？

6. 简述一次投料法投料顺序及其优点。

7. 简述混凝土工程中防止混凝土离析的措施。

8. 简述大体积混凝土施工存在的主要问题。

9. 什么是先张法？什么是后张法？两者之间的区别是什么？两者的预应力是如何建立的？

10. 后张法孔道留设有哪几种方法？各适用于什么情况？

11. 钢筋简图如图 4—52 所示，试计算钢筋下料长度。

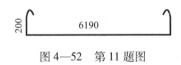

图 4—52 第 11 题图

12. 计算如图 4—53 所示的 Φ20 钢筋的下料长度。

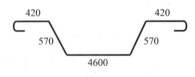

图 4—53 第 12 题图

13. .某梁宽 250 mm，主筋 3 根 Ⅱ 级 20 钢筋（$f_{y1} = 340$ N/mm²），现场无此筋，试分别用 φ24 及 φ20 Ⅰ 级钢筋（$f_{y2} = 240$ N/mm²）代换，各需要几根？一排能否布置得下？

14. 某建筑物简支梁配筋如图 4—54 所示，试计算钢筋下料长度，并绘制钢筋配料单。钢筋保护层取 25 mm。（梁编号为 L1，共 10 根）

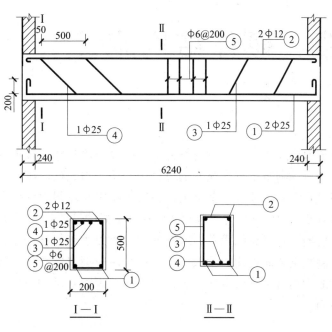

图 4—54　第 14 题图

15. 某梁截面宽 250 mm，设计主筋为 4 根 20 mm 的 Ⅱ 级钢筋（$f_y = 300$ N/mm²），今现场无此型号的钢筋，只有 18 mm、22 mm、25 mm 的 Ⅰ 级钢筋（$f_y = 210$ N/mm²）和 18 mm 的 Ⅱ 级钢筋，请提出最优代换方案。

第五章 砌体结构施工

本章以常见的结构形式之一砌体结构作为主要内容。按照施工过程主要有各种砌体构造的砌筑和墙体的砌筑。砌筑工程在演变的过程中经历了石、砖、砌块。砖石经历了几千年的使用，在我国已有重要的地位，至今仍在建筑工程中起着很大的作用。这种砖石结构虽然具有就地取材方便、保温、隔热、隔声、耐火等良好的性能，且可以节约钢材和水泥，不需要大型的施工机械，施工组织简单，但它的施工仍以手工操作为主，劳动强度大，生产效率低，而且烧制黏土砖需占用大量农田，因而采用新型墙体材料代替普通黏土砖，改善砌体施工工艺已成为砌筑工程改革的重要发展方向。因而各类砌块应运而生，在砌体工程中开始大量的使用。

第一节 砌体结构一般构造

一、墙体

墙体按所处位置可以分为外墙和内墙。外墙位于房屋的四周，也称为外围护墙；内墙位于房屋内部，主要起分隔内部空间的作用。

墙体按布置方向分类可以分为纵墙和横墙。纵墙是指沿建筑物长轴方向布置的墙；横墙是指沿建筑物短轴方向布置的墙。纵墙和横墙还可以分别分为内纵墙、外纵墙和内横墙、外横墙（山墙），如图5—1所示。

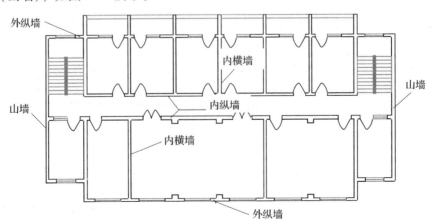

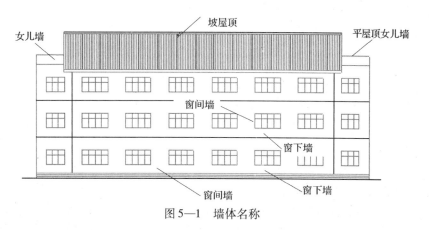

图5—1　墙体名称

在混合结构建筑中，墙体按受力方式不同可分为承重墙和非承重墙。承重墙直接承受楼板及屋顶传下来的荷载，非承重墙不承受外来荷载，起分隔与围护作用，包括隔墙、填充墙、幕墙等，如图5—2所示。

图5—2　承重墙与非承重墙

墙体按材料及构造方式分类，可分为实体墙、空体墙和组合墙，如图5—3所示。实体墙由单一材料组成，如砖墙、砌块墙等。空体墙由单一材料组成，可由单一材料砌成内部空腔，也可用具有孔洞的材料建造墙。组合墙由两种以上材料组合而成。

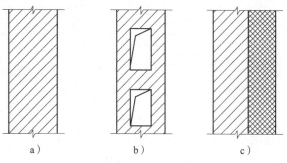

　　a）　　　　　　　　b）　　　　　　　　c）

图5—3　墙体按材料及构造方式分类

a）实体墙　b）空体墙　c）组合墙

二、墙身防潮层

下雨时，雨水下渗，导致地下潮气上升，墙身受潮，如图 5—4 所示。墙身防潮层是用防水材料隔断水分上升的构造，因而能保护墙体在地面以上免受毛细水侵害；而长期埋在土壤中的基础，由于内部的盐碱不致因水分蒸发而结晶，所以基础不会因受潮而破坏，同时也阻止潮气向室内散发。这种阻止水分上升的防潮层叫水平防潮层，阻止水分通过侧面侵害墙体的防潮层叫垂直防潮层。

水平防潮层包括油毡防潮层、防水砂浆防潮层、配筋细石混凝土防潮层和防水砂浆砌砖防潮层，如图 5—5 所示。水平防潮层的位置如图 5—6 所示，一般位于室内地坪以下 60 mm，混凝土垫层中部处，并与面层平齐。

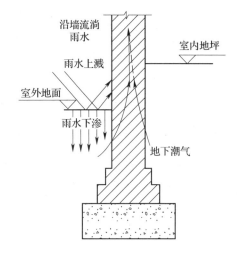

图 5—4 墙身受潮示意图

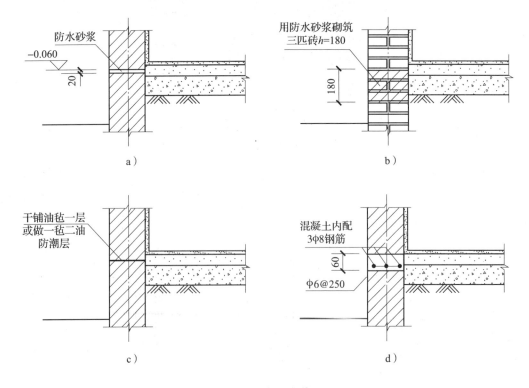

图 5—5 水平防潮层

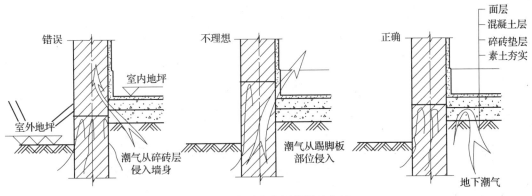

图 5—6　水平防潮层的设置位置

内墙不同高地坪墙身防潮如图 5—7 所示，作用是防止高地坪下填土中的潮气侵入墙体。一般在墙体上下设两道水平防潮层，靠土层一侧设垂直防潮层。

三、窗台

窗洞处无排水组织时，雨水就会积存在窗台上，渗入墙体直至渗入室内，如图 5—8 所示。窗台构造可以解决这个问题。

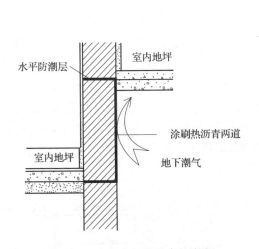

图 5—7　高差地坪处墙身的防潮

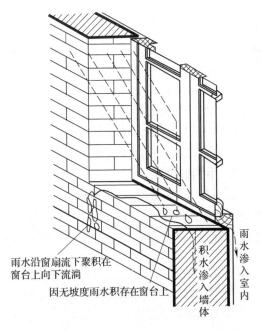

图 5—8　窗台泄水情况

窗洞下边缘构造处理的作用是排除窗上流下的雨水，美化房屋立面。外窗台的形式多样，如砖平砌挑出、砖侧砌挑出和预制混凝土窗台板等，如图 5—9 所示。内窗台的形式是木窗台板，如图 5—10 所示。

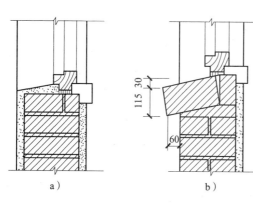
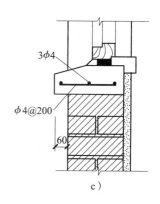

图 5—9　外窗台构造

a）不悬挑窗台　b）侧砌砖窗台　c）预制混凝土窗台

窗台构造的步骤是：挑出 60 mm，两端比洞口长 120 mm，可连成腰线，表面做排水坡度，底边做滴水。

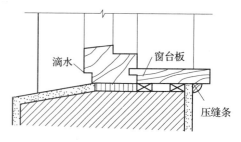

图 5—10　内窗台构造

四、过梁

过梁主要用在砖混结构的建筑中，一般位于洞口的上方，用来承载洞口上面的荷载，并把它们传递给墙体，承重墙上面的过梁还承受楼板压力。过梁有三种构造方式，分别是钢筋混凝土过梁、平拱砖过梁和钢筋砖过梁。

1. 钢筋混凝土过梁

如图 5—11 所示，钢筋混凝土过梁承载能力强，可用于较宽的洞口，一般和墙一样厚，高度要计算确定。钢筋混凝土过梁两端伸进墙的长度应不小于 240 mm。

2. 平拱砖过梁

如图 5—12 所示，平拱砖过梁是将砖侧砌而成。灰缝上宽下窄，砖向两边倾斜成拱，两端下部深入墙内 20 ~ 30 mm，中部起拱高度为跨度的 1/50。平拱砖过梁的优点是钢筋、水泥用量少，缺点是施工速度慢，跨度小，有集中荷载或半砖墙不宜使用。

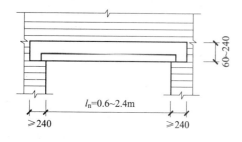

图 5—11　钢筋混凝土过梁

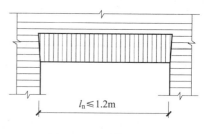

图 5—12　平拱砖过梁

3．钢筋砖过梁

如图 5—13 所示，钢筋砖过梁在洞口顶部配置钢筋，形成加筋砖砌体，钢筋直径 6 mm，间距小于 120 mm，钢筋伸入两端墙体不小于 240 mm。此做法与外墙的砌筑方法相同，可以形成完整的清水砖墙效果，但是施工麻烦，跨度以小于 2 m 为佳。

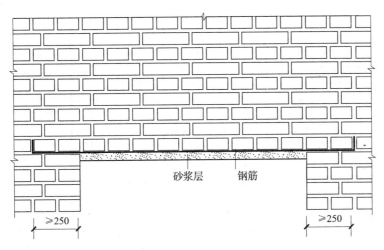

砂浆层　钢筋

≥250　　　　　　　　　　　≥250

图 5—13　钢筋砖过梁

五、梁板与墙体连接

1．钢筋混凝土圈梁的设置

（1）装配式钢筋混凝土楼盖、屋盖，横墙承重时应按照要求设置圈梁，纵墙承重时每层均应设置圈梁，且抗震横墙上的圈梁间距应适当加密。

（2）现浇或装配式钢筋混凝土楼盖、屋盖与墙体有可靠连接的房屋，应允许不另设圈梁，但楼板沿墙体周边应加强配筋并与相应的构造柱钢筋可靠连接。

（3）圈梁应闭合，遇有洞口应上下搭接，圈梁宜与预制板设在同一标高处或紧靠板底，如图 5—14 所示。圈梁的截面高度不应小于 120 mm，配筋应符合要求。当多层砌体房屋的地基为软弱黏性土、液化土、新近填土或严重不均匀，且基础圈梁作为减少地基不均匀沉降影响的措施时，基础圈梁的高度不应小于 180 mm，配筋不小于 $4 \times \phi 12$。

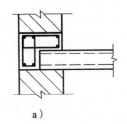　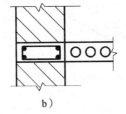　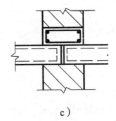

a）　　　　　　　　　　b）　　　　　　　　　　c）

图 5—14　圈梁设置部位及形式

a）缺口圈梁　b）板边圈梁　c）板底圈梁

2．多层砖房墙体间、楼（屋）盖与墙体之间的连接

（1）墙体之间的连接

抗震设防烈度为 7 度时大于 7.2 m 的大房间，以及抗震设防烈度为 8 度和 9 度时，外墙转角及内外墙交接处应沿墙高每隔 500 mm 配置 2 个 φ6 拉结钢筋，并每边伸入墙内不宜小于 1 m，如图 5—15 所示。

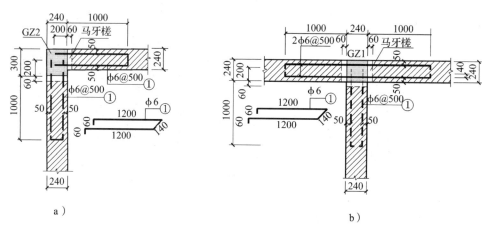

图 5—15　墙体之间的拉结
a）内外墙转角处　b）丁字墙处

后砌的非承重隔墙应沿墙高每隔 500 mm 配置 2φ6 拉结钢筋与承重墙或柱拉结，每边伸入墙内不应少于 500 mm；抗震设防烈度为 8 度和 9 度时，长度大于 5 m 的后砌隔墙，墙顶还应与楼板或梁拉结，如图 5—16 所示。

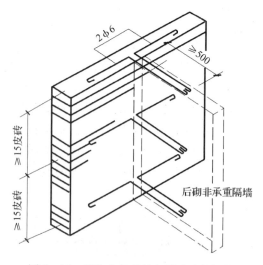

图 5—16　后砌非承重墙与承重墙的拉结

（2）楼盖与墙体之间的拉结

现浇钢筋混凝土楼板或屋面板伸进纵、横墙内的长度均不应小于 120 mm。

装配式钢筋混凝土楼板或屋面板，当圈梁未设在同一标高时，板端伸进外墙的长度不

应小于 120 mm，伸进内墙的长度不应小于 100 mm，在梁上不应小于 80 mm。

当板的跨度大于 4.8 m 并与外墙平行时，靠外墙的预制板侧边应与墙或圈梁拉结。房屋端部大房间的楼盖，抗震设防烈度 8 度时房屋的屋盖和 9 度时房屋的楼盖、屋盖，当圈梁设在板底时，钢筋混凝土预制板应相互拉结，并应与梁、墙或圈梁拉结。

楼盖、屋盖的钢筋混凝土梁或屋架应与墙、柱（包括构造柱）或圈梁可靠连接，梁与砖柱的连接不应削弱柱截面，各层独立柱顶部应在两个方向均可靠连接。

坡屋顶房屋的屋架应与顶层圈梁可靠连接，檩条或屋面板应与墙及屋架可靠连接，房屋出入口的檐口瓦应与屋面构件锚固；抗震设防烈度 8 度和 9 度时，顶层内纵墙顶宜增砌支撑山墙的踏步式墙垛。

门窗洞口处不应采用无筋砖过梁；过梁的支承长度，抗震设防烈度 6~8 度时不应小于 240 mm，9 度时不应小于 360 mm。

六、变形缝

为了避免温度变化、地基不均匀沉降和地震因素的影响而使建筑物发生变形破坏，墙体结构可通过设置变形缝的方式分为各自独立的区段。变形缝包括伸缩缝、沉降缝和防震缝三种。

1. 变形缝的设置

（1）伸缩缝

为防止建筑构件因温度变化，热胀冷缩使房屋出现裂缝或破坏，在沿建筑物长度方向相隔一定距离预留垂直缝隙，这种因温度变化而设置的缝叫作伸缩缝。伸缩缝的设置间距与屋顶和楼板类型有关，最大间距一般为 50~75 m。伸缩缝是从基础顶面开始，将墙体、楼板、屋顶全部构件断开，基础不必断开。伸缩缝的宽度一般为 20~30 mm。

（2）沉降缝

为防止建筑物各部分由于地基不均匀沉降引起房屋破坏所设置的垂直缝称为沉降缝。

沉降缝一般设置在以下几个部位：平面形状复杂的建筑物的转角处，建筑物高度或荷载差异较大处，结构类型或基础类型不同处，地基土层有不均匀沉降处，以及不同时间内修建的房屋的各连接部位。

沉降缝的宽度与地基情况及建筑高度有关，一般为 20~30 mm，在软弱地基上 5 层以上的建筑其缝宽应适当增加。沉降缝处的上部结构和基础必须完全断开。沉降缝的设置如图 5—17 所示。

（3）防震缝

在地震设防烈度大于等于 8 度的地区，为防止由于地震引起房屋破坏所设置的垂直缝称为防震缝。

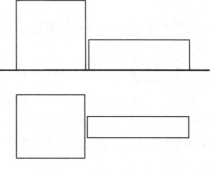

图 5—17　沉降缝设置

一般来说，房屋立面高差在 6 m 以上，房屋有错层并且楼板高差较大，或者各组成部分的刚度截然不同时，需要设置防震缝。需要注意的是，在地震设防区，当建筑物需设置伸缩缝或沉降缝时，应统一按防震缝对待。

防震缝的宽度与建筑的层数及结构类型有关，从基础顶面断开，并贯穿建筑物全高。最小缝隙尺寸为 50~100 mm。缝的两侧应有墙，将建筑物分为若干体型简单、结构刚度均匀的独立单元。

2. 墙体变形缝构造

伸缩缝应保证建筑构件在水平方向自由沉降变形，防震缝主要防地震水平波的影响，但三种缝的构造基本相同。

墙体变形缝的构造要点是将建筑构件全部断开，以保证缝两侧自由变形。变形缝应力求隐蔽，还应采取措施以防止风雨对室内的侵袭。

3. 变形缝处理的原则

变形缝构造设计的基本原则可以归纳为以下几方面：

（1）满足变形缝力学方面的要求，即吸收变形、跟踪变形，如温度变形、沉降变形、震动变形等。

（2）满足空间使用的基本功能需要。

（3）满足缝的防火方面的要求。缝的构造应根据所处位置的相应构件的防火要求进行合理处理，避免由于缝的设置导致防火失效，如在楼面上设置了变形缝后，是否破坏了防火分区的隔火要求，在设计中应给予充分重视。

（4）满足缝的防水要求。不论是墙面、屋面或楼面，缝的防水构造都直接影响建筑物空间使用的舒适、卫生及其他基本要求。

（5）满足缝的热工方面的要求。

（6）满足美观要求。

第二节　普通多孔砖墙体砌筑工程

一、普通多孔砖墙体砌筑材料与组砌方式

1. 砌筑材料和设备

（1）多孔砖

多孔砖是指以黏土、页岩、粉煤灰为主要原料，经成型、焙烧而成的多孔砖，孔洞率不小于 30%，孔为圆孔或非圆孔，孔的尺寸小而数量多，具有长方形或圆形孔的承重烧结多孔砖，绝不等同于只在砖上开些洞。多孔砖如图 5—18 所示，主要适用于承重墙体。

图5—18　多孔砖

多孔砖兼具黏土砖和混凝土小砌块的特点，外形特征属于烧结多孔砖，材料与混凝土小砌块类同，符合砖砌体施工习惯，各项物理、力学和砌体性能均可具备烧结黏土砖的条件。其使用范围、设计方法、施工和工程验收等可参照现行砌体标准，可直接替代烧结黏土砖用于各类承重、保温承重和框架填充等不同建筑墙体结构中，具有广泛的推广应用前景。

多孔砖产品的主规格尺寸为 240 mm × 115 mm × 90 mm，砌筑时可配合使用半砖（120 mm × 115 mm × 90 mm）、七分砖（180 mm × 115 mm × 90 mm）或与主规格尺寸相同的实心砖等。

多孔砖产品有 MU30、MU25、MU20、MU15、MU10、MU7.5、MU5.0、MU3.5 等多种强度等级。

（2）水泥

建筑施工中一般采用强度等级为 32.5 的普通硅酸盐水泥或矿渣硅酸盐水泥，要求有出厂合格证明。水泥进场使用前，应分批对其强度、安定性进行复验，检验批应以同一生产厂家、同一编号为一批。当在使用中对水泥质量有怀疑或水泥出厂超过 3 个月时，应复查试验，并按其结果使用。不同品种的水泥，不得混合使用。

（3）砂

建筑施工宜用中砂，细度模数控制在 2.5 左右，并过 5 mm 孔径筛子。当配制强度等级 M5 以下的水泥混合砂浆，砂的含泥量不超过 10%；配制水泥砂浆及强度等级 M5 及其以上的水泥混合砂浆，砂的含泥量不超过 5%，且不含草根等有害杂物。

（4）掺和料

掺和料宜选用石灰膏、磨细生石灰粉、粉煤灰等，其质量应符合有关要求。生石灰粉熟化时间不得少于 7 天；当采用磨细生石灰粉时，其熟化时间不得少于 2 天。不得使用脱水硬化的石灰膏。

（5）水

应使用饮用水或不含有害物质的洁净水，水质应符合《混凝土用水标准》（JGJ 63—2006）的规定。

（6）其他材料

其他材料包括塑化剂、防冻剂、微末剂、拉结钢筋、预埋件、过梁、梁垫等。

（7）机械设备与工具

机械设备包括砂浆搅拌机、卷扬机及井架、切割机、磅秤、翻斗车等。

工具包括吊斗、砖笼、手推车、胶皮管、筛子、铁锹、半截灰桶、小水桶、喷水壶、托线板、线坠、水平尺、小线、砖夹子、大铲、刨锛、皮数杆、钢卷尺、缝溜子、2 m 靠尺、笤帚等。

2. 组砌方式

组砌原则是砖缝横平竖直、错缝搭接、避免通缝、砂浆饱满、厚薄均匀。

(1) 多孔砖墙常用组砌方式

多孔砖墙常用组砌方式有一顺一丁、三顺一丁、梅花丁，以及五顺一丁、三三一、全顺、全丁、两平一侧和空斗墙等，如图5—19和图5—20所示。

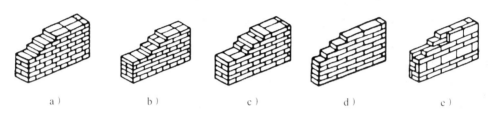

a) b) c) d) e)

图 5—19　砌体组砌形式

a) 一顺一丁　b) 三顺一丁　c) 梅花丁　d) 全顺　e) 两平一侧

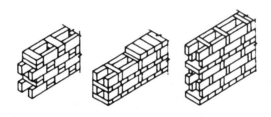

图 5—20　空斗墙

一顺一丁又称"满丁满条"，指一皮砖按照顺，一皮砖按照丁的方式交替砌筑，这种砌法最为常见，对工人的技术要求也较低。

三顺一丁是指三皮全部顺砖与一皮全部丁砖间隔砌成，上下皮顺砖间竖缝错开1/2砖长，上、下皮顺砖与丁砖间竖缝错开1/4砖长。

梅花丁（又叫沙包式）是指在同一皮砖层内一块顺砖一块丁砖间隔砌筑（转角处不受此限），上、下两皮间竖缝错开1/4砖长，丁砖必须在顺砖的中间。该砌法内外竖缝每皮都能错开，故抗压整体性较好，墙面容易控制平整，竖缝易于对齐，特别是当砖长、宽比例出现差异时竖缝易控制。因丁、顺砖交替砌筑，且操作时容易搞错，所以梅花丁比较费工，抗拉强度不如三顺一丁。梅花丁外形整齐美观，所以多用于砌筑外墙。此种砌法在头角处用"七分头"调整错缝搭接时，必须采用"外七分头"。

五顺一丁与三顺一丁在砌法上基本相同，仅在两个丁砖层中间多砌两皮顺砖。全丁砌法每皮全部用丁砖砌筑，两皮间竖缝搭接为1/4砖长，此种砌法一般多用于圆形建筑物，如水塔、烟囱、水池、圆仓等。两平一侧是指在两皮平砌的顺砖旁砌一皮侧砖，其厚度为18 cm。两平砌层间竖缝应错开1/2砖长；平砌层与侧砌层间竖缝可错开1/4或1/2砖长。

此种砌法比较费工，墙体的抗震性能较差，但能节约用砖量。空斗墙砌法分为有眠空斗墙和无眠空斗墙两种方式，有眠空斗墙是指将砖侧砌（称斗）与平砌（称眠）相互交替叠砌而成，形式有一斗一眠及多斗一眠等，无眠空斗墙由两块砖侧砌的平行壁体及互相间用侧砖丁砌横向连接而成。

（2）砖墙厚度与长度

砖墙的厚度有半砖墙（又称12墙，实际厚度115 mm）、3/4砖墙（又称18墙，实际厚度178 mm）、一砖墙（又称24墙，实际厚度240 mm）、一砖半墙（又称为37墙，实际厚度365 mm）和二砖墙（又称49墙，实际厚度为490 mm）等，如图5—21所示。砖墙长度则由建筑物功能所决定，不同用途的房屋的开间、进深不同，墙长尽可能为半砖长的整倍数，尤其不超过1 m的短墙更是如此。混凝土内墙（隔断墙）厚度为115 mm（包括内外装修厚度）。

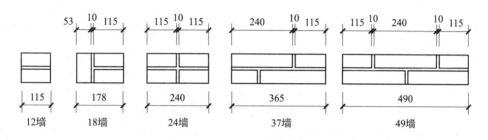

图5—21　砖墙厚度

二、普通多孔砖墙体砌筑施工工艺与施工要点

1．作业条件

（1）地基、基础工程隐检手续已完成。

（2）按设计标高已抹好水泥砂浆防潮层。

（3）基层找平：施工前应用水准仪抄平，当第一皮砖下灰缝厚度超过20 mm时，应采用C20豆石混凝土找平。

（4）已弹好轴线、墙身线、门窗洞口位置线，引测标高控制线，经验线符合设计要求，并办理预检手续。

（5）按建筑平面形式和施工段的划分立好皮数杆，皮数杆的间距以15~20 m为宜，转角、交角处均应设立。皮数杆设立应牢固、竖直，标高一致，办理完预检手续。

2．技术准备

（1）绘制多孔砖排列平、立面图（即排砖图）。

（2）取得试验室的砂浆配合比通知单，准备好试模。

（3）根据多孔砖尺寸及建筑物层高确定灰缝厚度，绘制皮数杆，同时在皮数杆上标明门窗洞口及过梁尺寸。

（4）对操作工人进行技术交底。

3．施工准备

（1）皮数杆

用 30 mm×40 mm 材料制作，皮数杆上注明门窗洞口、木砖、拉结筋、圈梁、过梁的尺寸标高。特别注意在窗的上角应是七分砖。皮数杆间距 15 m，一般距墙皮或墙角 50 mm，转角处均应设立。皮数杆应垂直、牢固，标高一致。

（2）砖

常温天气在砌筑前一天将砖浇水湿润，使砖的含水率在 10%～15%；冬期施工应清除表面冰霜。

4．操作工艺要点

砌筑前，基础墙或楼面应清扫干净，洒水湿润。基础应采用实心砖砌筑。根据最下面第一皮砖的标高，拉通线检查，若水平灰缝厚度超过 20 mm，用细石混凝土找平，不得用砂浆找平。

根据设计图纸各部位尺寸，排砖撂底。排砖撂底是砌筑的第一步，根据门窗洞口等尺寸，先排好砖，然后再进行砌筑施工，使组砌方法合理，便于操作。

（1）拌制砂浆

砂浆配合比应用质量比，计量精度为水泥±2%，砂及掺和料±5%，比例为水泥∶砂∶增稠粉 =1∶6.5∶0.007，用机械搅拌，投料顺序为砂→水泥→掺和料→水，搅拌时间为 3 min。砂浆应随拌随用，水泥或水泥混合砂浆一般在拌和后 2～4 h 内用完，严禁使用过夜砂浆。

（2）砌多孔砖墙体

砌筑时，一般一个瓦工负责两条轴线或一间房间的砌筑，配合一个送砂浆的工人和一个送砖的工人。从转角或定位处开始砌筑，内外墙同时进行，纵横墙交错搭接砌筑。多孔砖的孔应垂直于砌筑面。

每层的轴线位置由经纬仪进行定位，砌筑墙面的垂直度由线坠控制，平整度由两个转角之间的控制线控制。为确保质量，每道墙两面均设置控制线进行控制。

组砌时，采用梅花丁砌筑形式。砌筑方法采用"三一"砌砖法，上下错缝，交接处咬槎搭砌，严禁使用掉角严重的多孔砖。

水平灰缝采用坐浆法，按规范要求厚度为 8～12 mm。因此可以根据门窗口的高度，调整各水平灰缝的大小，并严格控制在规范范围内。砂浆饱满度要求在 90% 以上，平直通顺，立缝用砂浆填实填满，严禁出现瞎缝和亮缝，随砌随用小工具将缝中多余的砂浆清除。

多孔砖墙按图纸设置构造柱，在构造柱处应留马牙槎，各种预留洞、预埋件等，应按设计要求设置，避免砌筑后剔凿。对电线盒预留洞口，应由电工先定好管线位置和高度，瓦工在砌筑时用切割机切出槽口，线管安放后及时用 C15 细石混凝土填满灌实，并与墙面抹平。为保证工程质量，采用掺微膨胀剂的 C15 细石混凝土，结果表明采用微膨胀剂能有效减少封堵线管槽产生的裂缝。墙体严禁穿行水平暗管和预留水平沟槽。无法避免时，将暗管居中埋于局部现浇的混凝土水平构件中。如需要穿墙时（如水管等），在预留位置采用预制好的带套管的混凝土块代替多孔砖施工。混凝土块预先在现场制作，大小和多孔砖相同，强度为 C15 以上，以确保工程质量。

因为要安装防盗门和塑钢窗，所以多孔砖墙门窗框两侧应预埋混凝土块，每侧至少 3 块，窗框视大小而定，超过 1.8 m 的埋 4 块。混凝土块和上述做法相同，随砖一起砌筑，不允许事后剔凿放置，有效保证了安装防盗门和塑钢窗的牢固性及墙体的整体稳定性。转角及两墙交接处同时砌筑，不得留直槎，对不能同时砌筑而又必须留置的临时间断处，应砌成斜槎，斜槎高不大于 1.2 m。接槎时，必须将接槎处的表面清理干净，浇水湿润。

三、普通多孔砖墙体砌筑雨期和冬期施工

1. 雨期施工

天气预报的降水量是以降水强度表示的，降水强度是以 1 天的降雨量为标准。1 天的降雨量小于 10 mm 时为小雨，10~25 mm 时为中雨，25~50 mm 时为大雨；1 天的降雨量大于 50 mm 或 12 小时的降雨量大于 30 mm 时为暴雨。

砌体的整体稳定性多取决于砂浆等黏合剂及砌体材料的含水量，这两项都会在雨期施工时受到较大影响。因此在此段时期施工应掌握以下几个要点：

（1）砖在雨期必须集中堆放，不宜浇水。砌墙时要求干湿砖块合理搭配。砖湿度较大时不可上墙，砌筑高度应小于等于 1 m。

（2）雨期遇大雨必须停工。砌砖收工时应在砖端顶盖一层干砖，避免大雨冲刷灰浆。

（3）稳定性较差的窗间墙、独立砖柱，应加设临时支撑或及时浇筑圈梁。

（4）砌体施工时，内外墙要尽量同时砌筑，并注意转角及丁字墙间的连接要同时跟上。遇台风时，应在与风向相反的方向加临时支撑，以保护墙体的稳定。

2. 冬期施工

在室外日平均气温连续 5 天稳定低于 5℃或当日最低气温低于 0℃时的条件下，砌筑工程的施工称为冬期施工。冬期施工方法有掺盐砂浆法和冻结法。

掺盐砂浆就是在砂浆中掺入适量的氯盐拌制的砂浆。掺盐砂浆法的目的是使砂浆在早期凝固前不受冻结，等到冻结时砂浆已具有一定的强度，能抵抗因受冻而产生的强度损失，使砂浆凝固后的强度能满足砌体的受力要求。该方法的缺点是，随时间的变化，砌体表面会产生析盐及吸湿性大的缺陷，会腐蚀配筋砌体的钢筋，故不适用于对装饰要求较高及有特殊性要求的砌体。

冻结法是指采用不掺有化学附加剂的普通砂浆进行砌筑，允许砂浆砌筑完后受冻的施工方法。

在冬期施工时，为保证已砌砌体的质量和砌体稳定，水平灰缝控制在 10 mm 以内，每日砌筑高度或临时间断处的高度差不超过 1 200 mm，并在砌体表面覆盖保温材料。

冬期施工所用材料应符合下列规定：

（1）拌制砂浆的水泥宜选用早期强度或水化热较高的，如优先选用普通硅酸盐水泥。

（2）石灰膏、电石膏等应防止受冻，如受冻结，施工时应经融化后使用。

（3）拌制砂浆用砂不得含有冰块和大于 10 mm 的冻结块。

（4）砌体用砖和其他块料不得遭水浸冻。

（5）拌和砂浆宜采用两步投料法，水的温度不得超过 80℃，砂的温度不得超过 40℃。

四、普通多孔砖墙体砌筑脚手架工程

1．分类

（1）脚手架按其搭设位置分为外脚手架和里脚手架。外脚手架按搭设安装的方式有四种基本形式，即落地式脚手架、悬挑式脚手架、吊挂式脚手架及升降式脚手架。里脚手架如搭设高度不大时一般用小型工具式的脚手架，如搭设高度较大时可用移动式里脚手架或满堂搭设的脚手架。

（2）脚手架按其所用材料分为木脚手架、竹脚手架与金属脚手架。

（3）脚手架按其构造形式分为多立杆式、框式、桥式、吊式、挂式、升降式等。

2．要求

对脚手架的基本要求是：工作面满足工人操作、材料堆置和运输的需要；结构有足够的强度、稳定性，变形满足要求；装拆简便，便于周转使用。

3．扣件式钢管脚手架的构造和要求

（1）基本构造

如图 5—22 所示，扣件式脚手架是由标准的钢管杆件（立杆、横杆、斜杆）和特制扣件组成的脚手架骨架与脚手板、防护构件、连墙件等组成的。

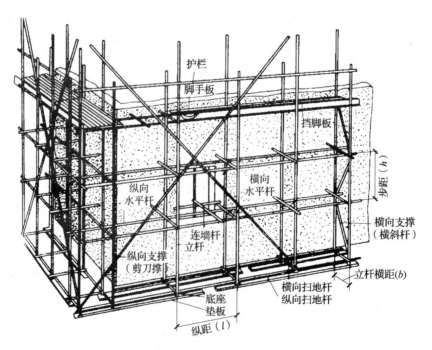

图 5—22　扣件式钢管脚手架组成

钢管杆件包括焊接钢管或无缝钢管。扣件用铸铁铸成，其基本形式有三种，即回转扣件、直角扣件和对接扣件，如图5—23所示。回转扣件用于两根成任意角度相交钢管连接，直角扣件用于两根成垂直相交钢管连接，对接扣件用于两根对接钢管连接。脚手板包括冲压钢脚手板、杉木板或松木板、竹脚手板，如图5—24所示。连墙件的作用是将立杆与主体结构连接在一起，可用钢管、型钢或粗钢筋，根据传力性能分为刚性连墙件和柔性连墙件。

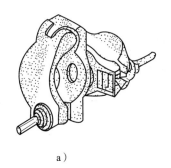 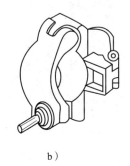 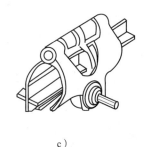

a）   b）   c）

图5—23　扣件

a）回转扣件　　b）直角扣件　　c）对接扣件

图5—24　脚手板

（2）扣件式脚手架的搭设要求

扣件式脚手架的搭设要求如图5—25所示。立杆的纵距通常为1.4～2.0 m（结构施工时不大于1.8 m，装修施工时不大于2.0 m）。立杆的横距分单排设置和双排设置两种情况。单排设置时，立杆离墙1.2～1.4 m；双排设置时，里排立杆离墙0.4～0.5 m，里外排立杆之间间距为1.05～1.55 m。立杆的步距即上下两层相邻大横杆之间的间距，应不大于1.8 m。

（3）扣件式脚手架的构造要求

扣件式脚手架的构造要求如图5—26所示，立杆、水平杆、连墙件和剪刀撑的要求分述如下。

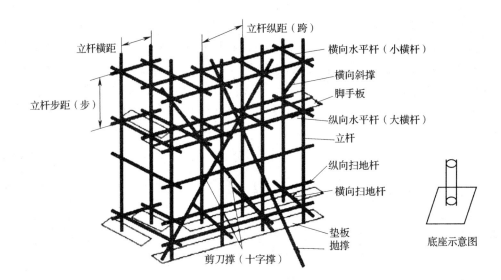

图 5—25 扣件式脚手架的搭设要求

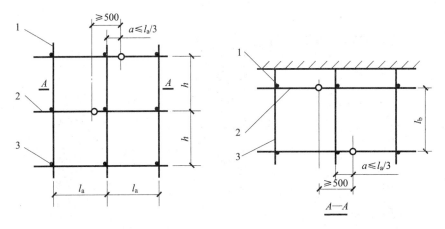

图 5—26 扣件式脚手架的构造要求
1—立杆 2—纵向水平杆 3—横向水平杆

1）立杆的构造要求

①每根立杆底部应设置底座或垫板。

②脚手架必须设置纵横向扫地杆，纵向扫地杆应采用直角扣件固定在距底座上皮不大于 200 mm 处的立杆上，横向扫地杆亦应采用直角扣件固定在紧靠纵向扫地杆下方的立杆上。

③立杆接头必须采用对接扣件对接连接，且应错位不小于 500 mm；各接头中心至主节点的距离不宜大于步距的 1/3。

2）水平杆

①纵向水平杆与立杆的交点处必须设置横向水平杆。

②纵向水平杆的对接扣件应交错布置，两根相邻纵向水平杆的接头不宜设置在同步或同跨内，不同步或不同跨两个相邻接头在水平方向错开的距离不应小于 500 mm，各接头中

心至最近主节点的距离不宜大于纵距的 1/3。

3）连墙件设置要求

①对高度 24 m 以上的双排脚手架必须采用刚性连墙件与建筑物可靠连接。

②连墙件布置最大间距见表 5—1。

③连墙件应从底层第一步纵向水平杆处开始设置。

表 5—1　　　　　　　　　　　　　连墙件布置最大间距

脚手架高度（m）		竖向间距	水平间距	每根连墙件覆盖面积（m²）
双排	≤50	$3h$	$3l_a$	≤40
	>50	$2h$	$3l_a$	≤27
单排	≤24	$3h$	$3l_a$	≤40

注：h——步距；l_a——纵距。

4）剪刀撑设置要求

①高度在 24 m 以下的单双排脚手架，均必须在外侧立面的两端各设置一道剪刀撑，并应由底至顶连续设置，中间各道剪刀撑之间的净距不应大于 15 m。

②高度在 24 m 以上的双排脚手架应在外侧立面整个长度和高度上连续设置剪刀撑。

③剪刀撑斜杆的接长宜采用搭接。搭接长度不应小于 1 m，应采用不少于 2 个旋转扣件固定。

④剪刀撑斜杆应用旋转扣件固定在与之相交的横向水平杆的伸出端或立杆上。

第三节　中小型砌块墙体砌筑工程

一、中小型砌块墙体砌筑材料

中小型砌块一般是指混凝土空心砌块、加气混凝土砌块和硅酸盐实心砌块，如图 5—27 所示。

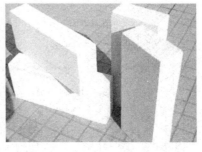

a）　　　　　　　　　　　　　　　　b）

图 5—27　中小型砌块

a）加气混凝土砌块　b）硅酸盐实心砌块

通常把高度为 180~350 mm 的称为小型砌块，360~900 mm 的称为中型砌块。

混凝土中、小型和粉煤灰中型实心砌块的强度分为 MU15、MU10、MU7.5、MU5、MU3.5 五个等级。

砌块用砂浆主要是水泥、砂、石灰膏、外加剂等材料或相应的代用材料。

二、中小型砌块墙体砌筑施工工艺与施工要点

1. 砌筑要求

（1）砌前先绘制排列图，尽量用主规格砌块。

（2）错缝搭砌，搭接长度不小于 1/3 块高，且中型砌块不小于 150 mm，小型砌块不小于 90 mm，不足者设网片筋。

（3）水平灰缝厚度为 8~20 mm，加筋时厚度为 20~25 mm，立缝宽 15~20 mm（小砌块灰缝全同砖砌体）。

（4）空心砌块应扣砌，对孔错缝，壁肋劈裂者不得使用。

（5）补缝要求：缝宽大于 30 mm 时填 C20 豆石混凝土，缝宽大于 150 mm 时镶砖。

（6）砂浆饱满度：水平缝不小于 90%；竖缝不小于 80%。

（7）浇灌芯柱：砌筑砂浆强度大于 1 MPa 后浇灌芯柱。

2. 砌筑方法

中小型砌块的几种常规砌筑方法如图 5—28 所示。

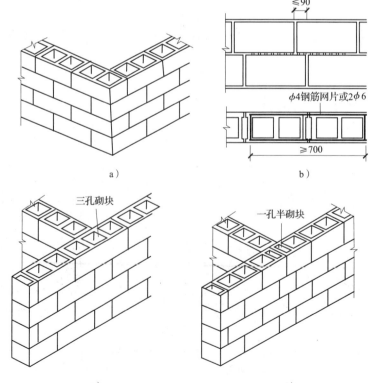

a）　　　　　　　b）

c）　　　　　　　d）

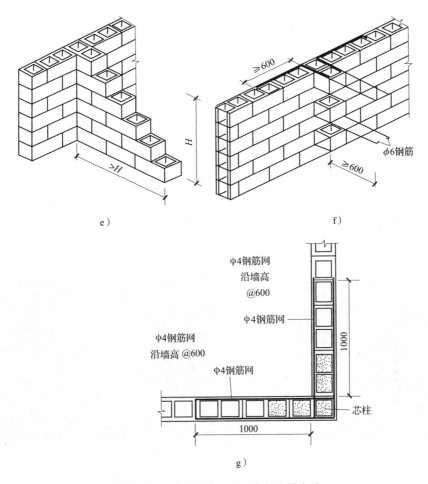

图 5—28 中小型砌块几种常规砌筑方法

a）空心砌块墙转角砌法 b）拉结钢筋或网片设置 c）T 字接头处砌法（有芯柱）

d）T 字接头处砌法（无芯柱） e）空心砌块墙斜槎

f）空心砌块墙直槎 g）空心砌块墙芯柱构造

3. 砌筑工艺

中型砌块常用台灵架进行吊装（见图 5—29），采用铺灰砌法砌筑，工艺顺序为铺灰（长 3 ~ 5 m）→砌块就位→校正→灌缝、镶砖。

小型砌块砌筑要求如下：

（1）底部砌烧结普通砖或多孔砖，高度不低于 200 mm，如图 5—30a 所示。

（2）拉结筋与结构连接，每 1.2 ~ 1.5 m 高设不小于 60 mm 厚现浇钢筋混凝土带。

（3）砂浆饱满度，垂直、水平灰缝均不小于 80%。

（4）梁板下斜砌小砖顶牢（墙体沉实 7 天后），如图 5—30b 所示。

（5）洞口边或阳角处设置构造柱或专用砌块。

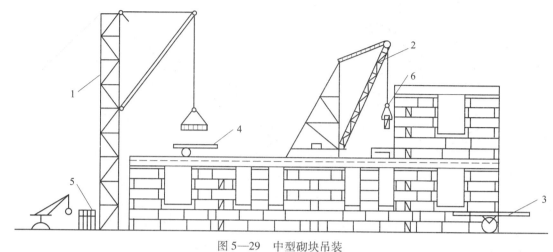

图 5—29 中型砌块吊装

1—井架 2—台灵架 3—杠杆车 4—砌块车 5—砌块 6—砌块夹

a)   b)

图 5—30 小型砌块砌筑要求

技能训练 6　砌筑工操作

一、训练任务

以 2～3 人为一小组，按施工规范要求及质量标准，在规定时间内完成如图 5—31 所示混水砖墙的砌筑。

二、训练目的

熟悉常用砌筑工具和设备的使用方法，熟练基本砌筑操作方法，掌握砌筑工安全操作知识，掌握砌体质量检验的方法。

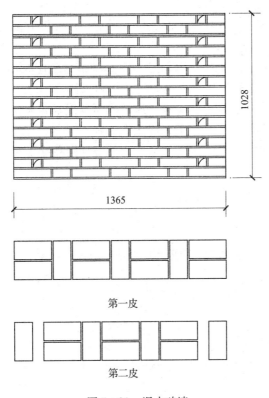

第一皮

第二皮

图 5—31　混水砖墙

三、训练准备

1．材料准备

（1）砖

砖的品种、强度等级须符合设计要求，并应规格一致。有出厂证明、试验单。

（2）水泥

一般采用矿渣硅酸盐水泥和普通硅酸盐水泥。

（3）砂

应采用过 5 mm 孔径的筛的中砂。配制 M5 以下的砂浆，砂的含泥量不超过 10%；M5 及其以上的砂浆，砂的含泥量不超过 5%，且不得含有草根等杂物。

（4）掺和料

掺和料包括石灰膏、粉煤灰和磨细生石灰粉等。生石灰粉熟化时间不得少于 7 天。

2．机具准备

大铲、刨锛、线锤、靠尺、钢卷尺、灰桶等。

3．安全措施

（1）砌砖使用的工具应放在稳妥的地方。砍砖应面向墙面，工作完毕应将架上脚踏板的碎砖、灰浆清扫干净，防止掉落伤人。

（2）砌筑需要使用临时脚手架时，必须有牢固支架，架板应采用长 2~4 m、宽 30 cm、厚 5 cm 的杉木跳板或竹跳板，垫砖不得超过 3 块。

（3）砌筑操作时，架板上堆砖不得超过 3 皮。砌筑与装修时使用板不得同时由两人或两人以上操作。工作完毕必须清理架板上的砖、灰和工具。

（4）严禁站在墙顶上进行砌砖、勾缝、清洗墙面及检查四大角等工作。

（5）搬运石块时，必须拿稳、放牢，防止伤人。

（6）砖墙（柱）日砌高度不宜超过 1.8 m，毛石日砌高度不宜超过 1.2 m。

四、训练流程要点

1．工艺流程

砌筑工操作的工艺流程如图 5—32 所示。

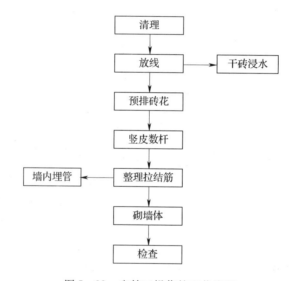

图 5—32　砌筑工操作的工艺流程

2．操作要点

（1）砖浇水

黏土砖必须在砌筑前一天浇水湿润，一般以水浸入砖四边 1.5 mm 为宜，含水率为 10%~15%，常温施工不得用干砖上墙；雨季不得使用含水率达饱和状态的砖砌墙；冬季浇水有困难，必须适当增人砂浆稠度。

（2）拌制砂浆

砂浆配合比应采用质量比，计量精度水泥为 ±2%，砂、灰膏控制在 ±5% 以内。宜用机械搅拌，搅拌时间不少于 1.5 min。

（3）确定组砌方法

砌体一般采用一顺一丁（满丁、满条）、梅花丁或三顺一丁砌法，砖柱不得采用先砌四周后填心的包心砌法。

(4) 排砖撂底

一般外墙第一层砖撂底时，两山墙排丁砖，前后檐纵墙排条砖。根据弹好的门窗洞口位置线，认真核对窗间墙、垛尺寸，其长度是否符合排砖模数，如不符合模数时，可将门窗口的位置左右移动。若有破活，七分头或丁砖应排在窗口中间、附墙垛或其他不明显的部位。移动门窗口位置时，应注意暖卫立管安装及门窗开启时不受影响。另外，在排砖时还要考虑在门窗口上边的砖墙合拢时也不出现破活。所以排砖时必须做全盘考虑，前后檐墙排第一皮砖时，要考虑甩窗口后砌条砖，窗角上是七分头的才是好活。

(5) 选砖

砌清水墙应选择棱角整齐，无弯曲、裂纹，颜色均匀，规格基本一致的砖。敲击时声音响亮，焙烧过火变色、变形的砖可用在基础及不影响外观的内墙上。

(6) 盘角

砌砖前应先盘角，每次盘角不要超过 5 层，新盘的大角，及时进行吊、靠。如有偏差要及时修整。盘角时要仔细对照皮数杆的砖层和标高，控制好灰缝大小，使水平灰缝均匀一致。大角盘好后再复查一次，平整度和垂直度完全符合要求后，再挂线砌墙。

(7) 挂线

砌筑一砖半墙必须双面挂线，如果长墙几个人均使用一根通线，中间应设几个支线点，小线要拉紧，每层砖都要穿线看平，使水平缝均匀一致，平直通顺；砌一砖厚混水墙时宜采用外手挂线，可照顾砖墙两面平整，为下道工序控制抹灰厚度奠定基础。

(8) 砌砖

砌砖宜采用一铲灰、一块砖、一挤揉的"三一"砌砖法，即满铺、满挤操作法。砌砖时砖要放平。里手高，墙面就要张；里手低，墙面就要背。砌砖一定要跟线，"上跟线，下跟棱，左右相邻要对平"。水平灰缝厚度和竖向灰缝宽度一般为 10 mm，但不应小于 8 mm，也不应大于 12 mm。为保证清水墙面主缝垂直，不游丁走缝，当砌完一步架高时，宜每隔 2 m 水平间距，在丁砖立楞位置弹两道垂直立线，可以分段控制游丁走缝。在操作过程中，要认真进行自检，如出现偏差，应随时纠正，严禁事后砸墙。清水墙不允许有三分头，不得在上部任意变活、乱缝。砌筑砂浆应随搅拌随使用，一般水泥砂浆必须在 3 h 内用完，水泥混合砂浆必须在 4 h 内用完，不得使用过夜砂浆。砌清水墙应随砌、随划缝，划缝深度为 8～10 mm，深浅一致，墙面清扫干净。混水墙应随砌随将舌头灰刮尽。

(9) 留槎

外墙转角处应同时砌筑。内外墙交接处必须留斜槎，槎子长度不应小于墙体高度的 2/3，槎子必须平直、通顺。分段位置应在变形缝或门窗口角处，隔墙与墙或柱不同时砌筑，可留阳槎加预埋拉结筋。沿墙高按设计要求每 50 cm 预埋 φ6 钢筋 2 根，其埋入长度从墙的留槎处算起，一般每边均不小于 50 cm，末端应加 90° 弯钩。施工洞口也应按以上要求留水平拉结筋。隔墙顶应用立砖斜砌挤紧。

（10）木砖预留孔洞和墙体拉结筋

木砖预埋时应小头在外、大头在内，数量按洞口高度决定。洞口高在1.2 m以内，每边放2块；高1.2~2 m，每边放3块；高2~3 m，每边放4块。预埋木砖的部位一般在洞口上边或下边四皮砖，中间均匀分布。木砖要提前做好防腐处理。钢门窗安装的预留孔、硬架支模、暖卫管道，均应按设计要求预留，不得事后剔凿。墙体拉结筋的位置、规格、数量、间距均应按设计要求留置，不应错放、漏放。

（11）安装过梁、梁垫

安装过梁、梁垫时，其标高、位置及型号必须准确，坐灰饱满。如坐灰厚度超过2 cm时，要用豆石混凝土铺垫，过梁安装时，两端支承点的长度应一致。

（12）构造柱做法

凡设有构造柱的工程，在砌砖前，先根据设计图纸将构造柱位置进行弹线，并把构造柱插筋处理顺直。砌砖墙时，与构造柱连接处砌成马牙槎。每一个马牙槎沿高度方向的尺寸不宜超过30 cm（即五皮砖）。马牙槎应先退后进。拉结筋按设计要求放置，设计无要求时，一般沿墙高50 cm设置2根φ6水平拉结筋，每边深入墙内不应小于1 m。

（13）冬期施工

在预计连续10天平均气温低于+5℃或当日最低温度低于-3℃时即进入冬期施工。冬季使用的砖，要求在砌筑前清除冰霜。水泥宜用普通硅酸盐水泥，灰膏要防冻，如已受冻要融化后方能使用。砂中不得含有大于1 cm的冻块，材料加热时，水加热不超过80℃，砂加热不超过40℃。砖正温度时适当浇水，负温度时即应停止。可适当增大砂浆稠度。冬季不应使用无水泥的砂浆。砂浆中掺盐时，应用波美比重计检查盐溶液浓度。但对绝缘、保温或装饰有特殊要求的工程不得掺盐，砂浆使用温度不应低于+5℃，掺盐量应符合冬期施工方案的规定。采用掺盐砂浆砌筑时，砌体中的钢筋应预先做防腐处理，一般涂防锈漆两道。

3. 成品保护

（1）墙体拉结筋、抗震构造柱钢筋、大模板混凝土墙体钢筋及各种预埋件，暖卫、电气管线等，均应注意保护，不得任意拆改或损坏。

（2）砂浆稠度应适宜，砌墙时应防止砂浆溅脏墙面。

（3）在吊放平台脚手架或安装大模板时，指挥人员和吊车司机要认真指挥和操作，防止碰撞已砌好的砖墙。

（4）在过道、进料口周围，应用塑料薄膜或木板等遮盖，保持墙面洁净。

（5）尚未安装楼板或屋面板的墙和柱，当可能遇到大风时，应采取临时支撑等措施，以保证施工中墙体的稳定性。

五、训练质量检验

砌筑工操作训练质量检验标准见表5—2。

表 5—2 砌筑工操作训练质量检验标准

项次	项目		允许偏差（mm）	检验方法
1	轴线位置		10	用经纬仪和尺检查或用其他测量仪器检查
2	垂直度	每层	10	用 2 m 托线板检查
		≤10		用经纬仪、吊线和尺检查，或用其他测量仪器检查
3	表面平整度	清水墙、柱	5	用 2 m 靠尺和楔形塞尺检查
		混水墙、柱	8	
4	水平灰缝平直度	清水墙	7	拉 10 m 线和尺检查
		混水墙	10	
5	清水墙游丁走缝		20	吊线和尺检查，以每层第一皮砖为准

技能训练 7　架子工操作

一、训练任务

以小组为单位，完成如图 5—33 所示外墙双排脚手架的搭设、安装及拆除。

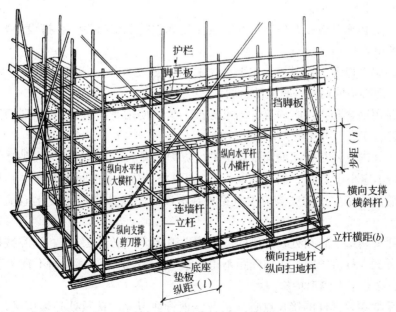

图 5—33　外墙双排脚手架

二、训练目的

熟悉常用架子工工具和设备的使用方法；熟练架子工基本操作方法；掌握架子工安全操作知识。

三、训练准备

1．材料准备

（1）钢管

脚手架采用 φ48 mm 钢管，壁厚 3.5 mm；横向水平杆最大长度为 2 200 mm，其他杆最大长度为 6 500 mm，且每根钢管最大质量不应大于 25 kg。

（2）扣件

扣件式钢管脚手架采用铸铁制作的扣件，其材质应符合现行国家标准《钢管脚手架扣件》（GB 15831—2006）规定；采用其他材料制作的扣件，应经试验证明其质量符合该标准的规定后方可使用。

脚手架采用的扣件，在螺栓拧紧扭矩达 6.5 N·m 时，不得发生破坏。

2．机具准备

需要准备的机具包括梅花扳手、钢卷尺、力矩扳手等。

3．安全措施

（1）搭设脚手架必须按规范进行，要求横平竖直，连接牢固，底脚着实，层层拉结，支撑挺直，通畅平坦，设施齐全、牢固。

（2）架子工必须严格按专项施工方案及操作规程的要求搭设，在搭设中要正确佩戴和使用劳动保护用品。

（3）脚手架不得钢、竹混搭，主要受力杆件，如立杆、大横杆、小横杆和剪刀撑等，在同一建筑立面必须使用同一材质的材料。

（4）搭设用钢管和扣件必须符合国家标准，禁止使用有严重锈蚀、弯曲变形或有裂纹的钢管，脆裂、变形、滑丝的扣件也禁止使用。

（5）脚手架内立杆与外墙面间按规定进行防护。脚手架上人斜道应有独立的支撑系统，转角休息平台不应小于 2 m²，斜道坡度不得大于 1:3，防滑条的间距不得大于 30 cm。

（6）钢管脚手架立杆的底脚应垂直稳放在混凝土垫块或混凝土硬化地基上，并设纵、横向扫地杆。

（7）脚手架两端、转角处及外侧的剪刀撑必须接续到位，拉结点构造和数量符合要求。

（8）设置的立杆应等距，纵向间距不得大于 1.8 m。脚手架离墙面不宜大于 20 cm，大于 20 cm 的，必须采取隔离措施。

（9）脚手架主要杆件的接长点必须错开；钢管剪刀撑的接长处必须搭接，其搭接长度不得小于 50 cm。

（10）脚手架的顶端必须按规程要求封顶；里立杆应低于檐口 50 cm，外立杆应高出檐口 1 m。脚手架的外侧，自第二步起，必须每步设 1.2 m 高的防护栏杆和 30 cm 高的挡脚杆；顶排的扶手栏杆不得少于 2 道，高度分别为 1.2 m 和 1.8 m。

（11）脚手架与各类输电线路的距离必须符合规定的安全距离，否则必须采取必要的安全防护措施。搭设和拆除架体时，必须注意安全，谨防杆件碰及高压线后伤人。

（12）操作面高于 2 m 的里脚手架的安全防护、强度、刚性和稳定性必须同样符合有关要求。

（13）脚手架必须有良好的防雷接地装置，接地电阻不大于 10 Ω。

四、训练流程要点

1. 双排扣件脚手架工艺流程

双排扣件脚手架工艺流程如图 5—34 所示。

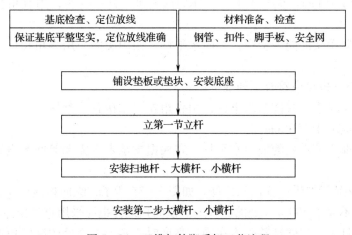

图 5—34　双排扣件脚手架工艺流程

2. 操作要点

（1）地基与基础

在软土地基上采用满堂支架法施工应注意的主要问题是防止或减少地基沉陷。软土地基处理措施包括清表、排除地表水、填平坑凹、将原地基 30 cm 进行灰土处理，再在上面铺砂垫层。其中砂垫层必须冲水压实，压实度满足要求后，方可搭设支架。脚手架底座底面标高宜高于自然地坪 50 mm。脚手架基础经验收合格后，应按要求放线定位。

（2）搭设

1）脚手架步距、纵距、横距分别为 1.2 m、0.9 m、0.6 m。每搭完一步脚手架后，应校正步距、纵距、横距及立杆的垂直度。

2）底座安放应符合下列规定：

①底座、垫板均应准确地放在定位线上。

②垫板采用 1.8 m×0.15 m×0.25 m 的枕木。

3）立杆搭设应符合下列规定：

①严禁将外径48 mm与51 mm的钢管混合使用。

②立杆接长除顶层顶步可采用搭接外，其他各层各步接头必须采用对接扣件连接；相邻立杆的对接扣件不得在同一高度内，且应符合下列规定：

两根相邻立杆的接头不应设置在同步内，同步内隔一根立杆的两个相隔接头在高度方向错开的距离不小于500 mm；各接头中心至主接点的距离不宜大于步距的1/3。

搭接长度不应小于1 m，应采用不少于2个旋转扣件固定，端部扣件盖板的边缘至杆端距离不应小于100 mm。

开始搭设立杆时，应每隔6跨设置一根抛撑，直至支架安装稳固后，方可根据情况拆除。

4）纵向水平杆搭设应符合下列规定：

①纵向水平杆宜设置在立杆内侧，其长度不宜小于2.7 m。

②纵向水平杆接长宜用对接扣件，也可采用搭接。纵向水平杆的对接扣件应交错布置。搭接长度不应小于1 m，应等间距设置3个旋转扣件固定，端部扣件盖板的边缘至杆端距离不应小于100 mm。纵向水平杆应作为横向水平杆的支座，用直角扣件固定在立杆上。

③在封闭型脚手架的同一步中，纵向水平杆应四周交圈，用直角扣件与内外角部立杆固定。

5）横向水平杆搭设应符合下列规定：

①主接点必须设置一根横向水平杆，用直角扣件扣接且严禁拆除。主接点处两个直角扣件的中心距不应大于150 mm。

②作业层上非主节点处的横向水平杆，宜根据支承木方需要等间距设置，最大间距不应大于45 cm。

6）脚手架必须设置纵、横向扫地杆。如图5—35所示，纵向扫地杆应采用直角扣件固定在距底座上皮不大于200 mm处的立杆上。横向扫地杆也应采用直角扣件固定在紧靠纵向扫地杆下方的立杆上。当立杆基础不在同一高度时，必须将高处的纵向扫地杆向低处延长两跨与立杆固定，高低差不应大于1 m。

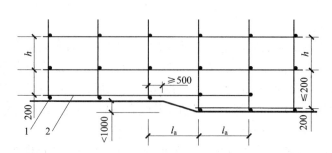

图5—35　纵、横向扫地杆构造

1—横向扫地杆　2—纵向扫地杆

7）剪刀撑、横向斜撑等的搭设应符合下列规定：

①每道剪刀撑宽度不应小于3.6 m，斜杆与地面倾角宜为45°~60°，剪刀撑与地面倾角

有 45°、50°、60°，剪刀撑跨越立杆的最多根数为 7、6、5。

②高度在 24 m 以下的脚手架必须在外侧立面的两端各设置一道剪刀撑，并应由底至顶连续设置；中间各道剪刀撑之间的净距不应大于 15 m。高度在 24 m 以上的脚手架应在外侧整个立面整个长度和高度上连续设置剪刀撑。

③剪刀撑、横向斜撑应随立杆、纵向和横向水平杆等同步搭设，各底层斜杆下端均必须支承在垫块或垫板上。

8）扣件安装应符合下列规定：

①扣件规格必须与钢管外径相同。

②螺栓拧紧力矩不应小于 40 N·m，且不应大于 65 N·m。

③在主节点处固定纵向和横向水平杆、剪刀撑、横向斜撑等用的直角扣件的中心点的相互距离不应大于 150 mm。

④对接扣件的开口应朝上或朝内。

9）作业层、斜道的栏杆和挡板的搭设应符合下列规定：

①栏杆和挡板均应搭设在外立杆的内侧。

②上栏杆的上皮高度应为 1.2 m。

③挡脚板高度不应小于 180 mm。

④中栏杆应居中设置。

（3）拆除

1）拆除脚手架前的准备工作应符合下列规定：

①应全面检查脚手架的扣件连接、支撑体系等是否符合构造要求。

②应根据检查结果补充完善施工组织设计中的拆除顺序和措施，经主管部门批准后方可实施。

③应清除脚手架上的杂物及地面障碍物。

2）拆除脚手架时，应符合下列规定：

①拆除作业必须自上而下逐层进行，严禁上下同时作业。

②当脚手架拆至下部最后一根长立杆的高度（约 6.5 m）时，应先在适当位置搭设临时抛撑加固，再拆除连墙件。

③当脚手架采取分段、分立面拆除时，对不拆除的脚手架两端，应先加设连墙件及横向斜杆加固。

3）卸料时应符合下列规定：

①各构配件严禁抛至地面。

②运至地面的构配件应及时检查、整修与保养，并按品种、规格随时码堆存放。

五、训练质量检验

架子工操作训练质量检验标准见表 5—3。

表 5—3　　　　　　　　　　　架子工操作训练质量检验标准

验收细节	确认后 打"√"	
脚手架所使用的材料质量是否合格	是	否
脚手板是否用直径 1.6 mm 双股铁丝捆紧，毛竹片是否用直径 1.2 mm 双股铁丝捆紧	是	否
立杆间距是否小于 2.5 m，层高是否小于 2 m；全高的最大偏差是否小于 100 mm	是	否
小横杆是否搭在大横杆上面，剪刀撑、斜撑、抛撑是否具备；扣件是否卡在立杆上，是否搭设加强杆	是	否
高度超过 6 m 的架子，立杆是否用抛撑加固，抛撑与立杆之间距地面 200~500 mm 处是否设加强杆	是	否
是否搭设了双护栏	是	否
凹型舱壁的探头桥板是否用管子压牢	是	否
护栏的扣件是否卡在立杆上卡紧。每个扣件螺丝是否上紧	是	否
搭设的钢丝绳每端是否用两个绳卡卡紧，中间禁止卡在扣件上，是否保持畅通	是	否
是否在每隔 6 m 高度位置搭设休息平台	是	否
架子每层是否搭设爬梯，大舱是否搭设斜爬梯；直爬梯是否错开设置，捆扎是否牢固，梯子口是否有护栏，钢丝绳是否设置在护栏下方，梯子上端是否超出平面 500 mm 以上	是	否
相邻两立杆接头是否错开 500 mm 以上	是	否
上、下纵向水平杆（大横杆）是否错开 500 mm 以上	是	否
特涂脚手架脚手管与钢质脚手板间是否垫有胶皮	是	否
桥板铺设是否采用阶梯压叠方法，伸出支点部分是否大于 125 mm，重合部分是否超出 250 mm，桥板是否平行铺设，间隙是否小于 50 mm，每块桥板是否四点捆紧	是	否
毛竹片铺设两边重叠是否大于 50 mm，是否用直径 1.2 mm 铁丝 4 处封固在横杆上	是	否
是否保证安全通道畅通	是	否

思考练习题

1. 砌筑工程对砂浆有什么要求？
2. 砖砌体有哪几种组砌形式？
3. 简述砖砌体的施工工艺步骤。
4. 简述砖砌体质量要求及保证措施。
5. 什么是接槎？砖墙临时间断处的接槎方式有哪些？有何要求？
6. 在什么条件下，砖砌体必须采取冬期施工措施？其方法有哪些？

7. 什么是掺盐砂浆法？什么是冻结法？在施工时各自应注意什么？

8. 简述砌筑用脚手架的作用及基本要求。

9. 脚手架的支撑体系包括哪些？如何设置？

10. 脚手架的安全防护措施有哪些内容？

第六章 钢结构工程施工

钢结构工程是以钢材制作为主的结构，是主要的建筑结构类型之一。钢材的特点是强度高、自重轻、整体刚性好、变形能力强，故特别适宜用于建造大跨度和超高、超重型的建筑物；材料匀质性和各向同性好，属理想弹性体，最符合一般工程力学的基本假定；材料塑性、韧性好，可有较大变形，能很好地承受动力荷载；建筑工期短；工业化程度高，可进行机械化程度高的专业化生产；加工精度高、效率高、密闭性好，故可用于建造气罐、油罐和变压器等。

第一节 钢结构基本知识

一、钢结构的特点和发展趋势

1. 钢结构的特点

钢结构一般用于高层建筑中，从而保证了高层建筑的稳定性与安全性能。钢结构在施工时不会浪费过多的耗材，也不会产生噪声和气体，同时钢结构的发展也带动了一些环保材料的发展，并且为绿色建材的发展创造了条件。钢结构有以下一些特点：

（1）塑性和韧性好

钢结构在一般条件下不会因超载而突然断裂，只增大变形，故易于被发现。此外，钢结构还能将局部高峰应力重分配，使应力变化趋于平缓。钢结构韧性好，适宜在动力荷载下工作，因此在地震区采用钢结构较为有利。

（2）质量轻

钢材容重大，强度高，做成的结构却比较轻，以同样跨度承受同样的荷载，钢屋架的质量最多不过为钢筋混凝土屋架的 $1/4 \sim 1/3$，冷弯薄壁型钢屋架甚至接近 $1/10$。质量轻，可减轻基础的负荷，降低基础部分的造价，同时还方便运输和吊装。

（3）材质均匀

力学计算假定比较符合钢结构实际受力情况，与工程力学计算结果比较符合，在计算中采用的经验公式不多，不确定性较小，计算结果比较可靠。

（4）制作简便，施工周期短

钢结构件一般是在金属结构厂制作的，施工机械化，准确度和精密度皆较高，加工简易而迅速。钢构件较轻，连接简单，安装方便，施工周期短。小量钢结构和轻型钢结构可在现场制作，简易吊装。钢结构由于连接的特性，易于加固、改建和拆迁。

（5）密闭性好

钢结构的钢材和连接（如焊接）的水密性和气密性较好，适宜于要求密闭的板壳结构，如高压容器、油库、气柜、管道等。

（6）耐腐蚀性差，对涂装要求高

钢容易锈蚀，对钢结构必须注意防护，特别是薄壁构件要注意，钢结构涂装工艺要求高，在涂油漆以前应彻底除锈，油漆质量和涂层厚度均应符合要求。

此外，钢结构还有抗震、抗风、耐久、保温、隔音、健康、舒适、快捷、环保、节能等特点。

2. 钢结构的发展趋势

钢结构体系本身具有自重轻、强度高、施工快等优点，与钢筋混凝土结构相比，更具有在"高、大、轻"三个方面发展的独特优势。随着国家经济建设的发展，长期以来混凝土和砌体结构一统天下的局面正在发生变化。钢结构产品在大跨度空间结构、轻钢门式结构、多层及小高层住宅领域的建筑日益增多，应用领域不断扩大。从西气东送、西电东输、南水北调、青藏铁路、2008年奥运会场馆设施、钢结构住宅、西部大开发等建设实践来看，一个发展建筑钢结构行业和市场的势头正在我国出现。

目前，我国钢结构建筑面积占比约为2%，远低于发达国家接近60%的水平。为此，我国钢结构协会提出了"十二五"期间行业增长目标，争取实现钢结构房屋建筑占全国房屋建筑总量的15%～20%，显然，建筑物钢结构比重将在今后有很大的增长空间。

二、钢结构的结构形式

1. 建筑结构形式

（1）大跨度钢结构

大跨度钢结构的类型有钢屋架、网架、网壳结构、悬索结构、拱架结构、桥梁结构等。

国家体育场如图6—1所示，建筑体形上像鸟巢，可容纳80 000人，平面为椭圆形，长轴340 m，短轴292 m。该建筑屋盖中间有一个146 m×76 m的开口，这部分设计成开合屋盖，采用加肋薄壁箱形截面，总用钢量达16万t。

天津奥林匹克体育场如图6—2所示，建筑底面面积为80 000 m^2，屋顶面积76 719 m^2，地上层数6层，最高点高度为53.00 m，可容纳观众60 000人。屋顶结构采用钢桁架悬挑结构。屋面桁架落地，形似露珠。

（2）高层建筑

旅馆、饭店、公寓、办公大楼等多层及高层建筑采用钢结构的也越来越多，如上海环球金融中心（见图6—3）、上海金茂大厦（见图6—4）、深圳地王大厦（见图6—5）、大连远洋大厦（见图6—6）等都是著名的高层钢结构建筑。

图 6—1　国家体育场

图 6—2　天津奥林匹克体育场

图 6—3　上海环球金融中心

图 6—4　上海金茂大厦

图6—5　深圳地王大厦

图6—6　大连远洋大厦

（3）高耸钢结构

高耸钢结构包括电视塔（见图6—7）、微波塔、通信塔等。

除此之外，钢结构还可用于单层大跨度建筑（如单层厂房）等，也可用在重型厂房结构中。

2．其他钢结构形式

（1）桥梁钢结构

桥梁钢结构越来越多，特别是中等跨度和大跨度的斜拉桥，如上海南浦大桥（见图6—8）、上海杨浦大桥（见图6—9）、江阴大桥等。1993年建成的上海杨浦大桥主跨为602 m；1999年建成的江阴大桥，主跨采用悬索桥，跨长1 385 m。

（2）容器和其他构筑物

冶金、石油、化工企业中大量采用钢板做成的容器结构，包括油罐、煤气罐、高炉、热风炉等，如图6—10和

图6—7　东方明珠电视塔

图6—11所示。此外，经常使用的还有管道支架、锅炉支架等其他钢构筑物，海上采油平台也大都采用钢结构。

图6—8　南浦大桥

图6—9　杨浦大桥

图6—10　大连西太平洋石化有限公司
1 500 m³ CF－62 钢球罐

图6—11　中石化海南实华炼油化工有限
公司 3 000 m³ LPG 球罐

第二节　钢结构材料

一、钢材基本知识

1. 常用钢材的分类

（1）按建筑用途分类

根据建筑用途不同，钢材可分为碳素结构钢、焊接结构用耐候钢、高耐候性结构钢和桥梁用结构钢等专用结构钢。在建筑结构中，较为常用的是碳素结构钢和桥梁用结构钢。

（2）按品质分类

根据品质不同，钢材可分为普通钢、优质钢和高级优质钢。

1）普通钢。普通钢包括甲类钢、乙类钢和特类钢。甲类钢是指只保证力学性能的钢；乙类钢是指只保证化学成分，但不必保证力学性能的钢；特类钢是指既保证化学成分，又保证力学性能的钢。

2）优质钢。优质钢是指在结构钢中，含硫量不超过 0.045%，含碳量不超过 0.040%，在工具钢中含硫量不超过 0.030%，含碳量不超过 0.035% 的钢，对于其他杂质，如铬、镍、铜等的含量都有一定的限制。

3）高级优质钢。这一类钢材一般都是合金钢，钢中含硫量不超过 0.020%，含碳量不超过 0.030%，对其他杂质的含量要求更加严格。

（3）按钢材外形分类

按外形不同，钢材可分为型材、板材、管材、金属制品四大类，建筑钢结构中使用最多的是型材和板材。

2. 钢材化学成分

钢是含碳量小于 2% 的铁碳合金，碳大于 2% 时则为铸铁。制造钢结构所用的材料有碳素结构钢中的低碳钢及低合金结构钢。

碳素结构钢由钝铁、碳及杂质元素组成，其中纯铁约占 99%，碳及杂质元素约占 1%。低合金结构钢中，除上述元素外还加入合金元素，后者总量通常不超过 3%。碳及其他元素虽然所占比重不大，但对钢材性能却有重要影响。

碳（C）是碳素结构钢中仅次于铁的主要元素，是影响钢材强度的主要因素，随着含碳量的增加，钢材强度提高，而塑性和韧性，尤其是低温冲击韧性下降，同时可焊性、抗腐蚀性、冷弯性能明显降低。因此结构用钢的含碳量一般不应超过 0.22%，对焊接结构应低于 0.2%。

锰（Mn）是一种弱脱氧剂，适量的锰既可以有效地提高钢材的强度，又能消除硫、氧对钢材的热脆影响，而不显著降低钢材的塑性和韧性。锰在碳素结构钢中的含量为 0.3% ~ 0.8%，在低合金钢中一般为 1.0% ~ 1.7%。

硅（Si）是一种强脱氧剂，适量的硅可提高钢材的强度，而对塑性、韧性、冷弯性能和可焊性无明显不良影响，但硅含量过大时，会降低钢材的塑性、韧性、抗锈蚀性和可焊性。

钒（V）、铌（Nb）、钛（Ti）都能使钢材晶粒细化。我国的低合金钢都含有这三种元素，作为锰以外的合金元素，既可提高钢材强度，又保持良好的塑性、韧性。

铝（Al）、铬（Cr）、镍（Ni）中，铝是强脱氧剂，用铝进行补充脱氧，不仅进一步减少钢中的有害氧化物，而且能细化晶粒，铬和镍是提高钢材强度的合金元素，用于 Q390 钢和 Q420 钢。

硫（S）是一种有害元素，降低钢材的塑性、韧性、可焊性、抗锈蚀性等，在高温时使钢材变脆，即热脆。因此，钢材中硫的含量不得超过 0.05%，在焊接结构中不超过 0.045%。

磷（P）既是有害元素，也是能利用的合金元素。磷是碳素钢中的杂质，它在低温下使钢变脆，这种现象称为冷脆。在高温时磷也能使钢降低塑性。但磷能提高钢的强度和抗锈蚀能力。

氧（O）和氮（N）也是有害杂质，在金属熔化的状态下可以从空气中进入。氧能使钢热脆,其作用比硫剧烈。氮能使钢冷脆,与磷相似。

二、钢结构材料选用要求

1. 选择钢材时应考虑的因素

选择钢材时,应考虑结构的重要性、荷载情况、连接方法、结构所处的环境条件(如温度变化情况及腐蚀介质情况等)和钢材厚度。

2. 建筑常用钢材

(1)碳素结构钢

碳素结构钢包括一般结构钢和工程用热轧钢板、钢带、型钢等。现行国家标准《碳素结构钢》(GB/T 700—2006)具体规定了它的牌号表示方法、代号和符号、技术要求、试验方法、检验规则等。

1)牌号表示方法。国家标准规定:碳素结构钢按屈服强度的数值(MPa)分为195、215、235、275共四种;按硫、磷杂质的含量由多到少分为A、B、C、D四个质量等级;按照脱氧程度不同分为特殊镇静钢(TZ)、镇静钢(Z)和沸腾钢(F)。钢的牌号由代表屈服强度的字母Q、屈服强度数值、质量等级和脱氧程度四个部分按顺序组成。对于镇静钢和特殊镇静钢,在钢的牌号中予以省略。如Q235 – A. F,表示屈服强度为235 MPa的A级沸腾钢,Q235 – C表示屈服强度为235 MPa的C级镇静钢。

2)钢材的选用。建筑工程中应用广泛的是Q235钢。其含碳量为0.14% ~0.22%,属低碳钢,具有较高的强度,良好的塑性、韧性及可焊性,综合性能好,能满足一般钢结构和钢筋混凝土用钢要求,且成本较低。在钢结构中主要使用Q235钢轧制成的各种型钢。

Q195钢和Q215钢强度低,塑性和韧性较好,易于冷加工,常用作钢钉、铆钉、螺栓及铁丝等。Q215钢经冷加工后可代替Q235钢使用。

Q275钢强度较高,但塑性、韧性较差,可焊性也差,不易焊接和冷弯加工,可用于轧制钢筋、做螺栓配件等,但更多用于机械零件和工具等。

(2)低合金高强度结构钢

低合金高强度结构钢是在碳素结构钢的基础上,添加少量的一种或几种合金元素(总含量小于5%)的一种结构钢。尤其近年来研究采用铌、钒、钛及稀土金属微合金化技术,不但大大提高了强度,改善各项物理性能,而且降低了成本。目前,美国和我国在低合金高强度结构钢生产技术方面居世界领先地位。

根据国家标准《低合金高强度结构钢》(GB 1591—2008)规定,所加元素主要有锰、硅、钒、钛、铌、铬、镍及稀土元素。其牌号的表示方法由屈服强度字母Q、屈服强度数值、质量等级(分A、B、C、D、E五个等级)三个部分组成。

在钢结构中常采用低合金高强度结构钢轧制型钢、钢板、建筑桥梁、高层及大跨度建筑。

(3)钢结构常用型材

钢结构采用的型材有热轧成形的钢板和型钢。钢结构构件一般应直接选用各种型钢。

构件之间可直接或附连接钢板进行连接。连接方式有铆接、螺栓连接或焊接。型钢有热轧和冷轧成形两种。钢板也有热轧（厚度为 0.50 ~ 200 mm）和冷轧（厚度为 0.2 ~ 5 mm）两种。常用型钢主要有角钢、工字钢、槽钢、H 型钢、圆（方）钢、钢管等，如图 6—12 所示。

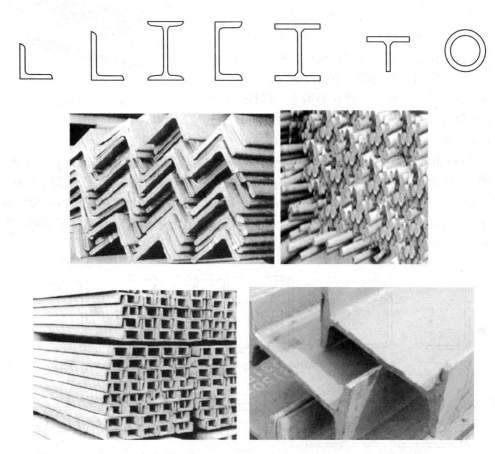

图 6—12　常用型钢

1）热轧型钢。热轧型钢包括角钢、槽钢、工字钢、H 型钢和 T 型钢。

角钢有等边和不等边两种。等边角钢以边宽和厚度表示，如 ∟ 100 × 10 为肢宽 100 mm、厚 10 mm 的等边角钢。不等边角钢则以两边宽度和厚度表示，如 ∟ 100 × 80 × 10 等。

我国槽钢有两种尺寸系列，即热轧普通槽钢与热轧轻型槽钢。前者的表示法如"[30a"，指槽钢外廓高度为 30 cm 且腹板厚度为最薄的一种；后者的表示法例如"[25Q"，表示外廓高度 25 cm，"Q"是"轻"的拼音首字母。同样号数时，轻型由于腹板薄及翼缘宽而薄，因而截面积小但回转半径大，能节约钢材、减少自重。不过轻型系列的实际产品较少。

工字钢与槽钢相同，也分成普通型和轻型两个尺寸系列。与槽钢一样，工字钢外轮廓高度的厘米数即为型号，普通型当型号较大时腹板厚度分 a、b、c 三种，轻型的由于壁厚已薄，故不再按厚度划分。两种工字钢表示法如 I 32c、I 32Q 等。

H 型钢（见图 6—13）和 T 型钢均分为三类：宽翼缘（HW、TW）、中翼缘（HM、TM）和窄翼缘（HN、TN），如 HW300×300×10×15。

H 型钢与普通工字钢的区别：一是翼缘宽，故早期有宽翼缘工字钢一说；二是翼缘内表面无斜度、上下表面平行，便于与其他构件连接；三是从材料分布形式来看，工字钢材料主要集中在腹板附近，越向两侧延伸，钢材越少，而在轧制 H 型钢中，材料分布侧重在翼缘部分。所以，H 型钢的截面特性要明显优于传统的工字钢、槽钢、角钢及它们的组合截面。

图 6—13　H 型钢

2）钢板和压型钢板（见图 6—14）。钢板是一种宽厚比和表面积都很大的扁平钢材。钢板按厚度分为薄钢板和厚钢板两大规格。薄钢板是用热轧或冷轧方法生产的厚度为 0.2～4 mm 的钢板。薄钢板宽度为 500～1 400 mm。根据不同的用途，薄钢板采用不同材质钢坯轧制而成。通常采用的材质有普碳钢、优碳钢、合金结构钢、碳素工具钢、不锈钢、弹簧钢和电工用硅钢等。

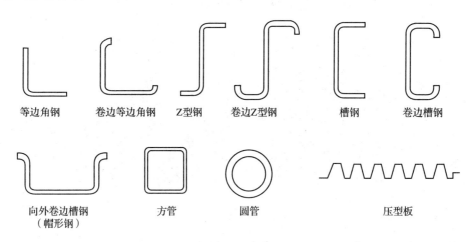

| 等边角钢 | 卷边等边角钢 | Z型钢 | 卷边Z型钢 | 槽钢 | 卷边槽钢 |

| 向外卷边槽钢（帽形钢） | 方管 | 圆管 | 压型板 |

图 6—14　钢板和压型钢板

压型钢板具有单位质量轻、强度高、抗震性能好、施工快速、外形美观等优点，是良好的建筑材料和构件，主要用于围护结构、楼板，也可用于其他构筑物。根据不同使用功能要求，压型钢板可压成波形、双曲波形、肋形、V 形等。

3）冷弯薄壁型钢。冷弯薄壁型钢通常是用 2～6 mm 薄钢板冷弯或模压而成，有角钢、槽钢等开口薄壁型钢及方形、矩形等空心薄壁型钢，主要用于轻型钢结构，其标识方法与热轧型钢相同。与传统槽钢相比，同等强度的冷弯薄壁型钢可节约钢材 30%。冷弯薄壁型钢中，C 型钢广泛用于钢结构建筑的檩条、墙梁，Z 型钢特别适用于大坡度屋面的檩条，如图 6—15 所示。C 型钢高度为 80 mm、100 mm、120 mm、140 mm、160 mm 五种规格，长一般不超过 12 m。

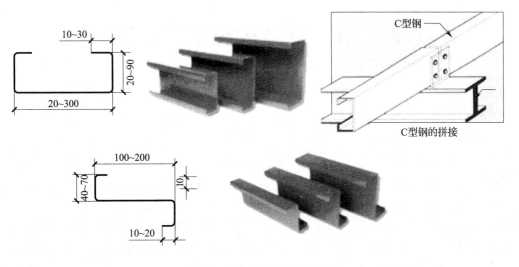

图 6—15 C 型钢和 Z 型钢

4）冷弯型钢。建筑业应用结构用冷弯方形管、矩形管。立柱采用方矩形管（见图 6—16），可以增大焊缝的长度，提高抗震性。冷弯方矩形管做立柱、H 型钢做房梁具有良好的抗震性能和经济优势。国外冷弯方矩形管和热轧 H 型钢在建筑业中的用量约为 1:1 的关系。

5）钢管。如图 6—17 所示，钢管有热轧无缝钢管和焊接钢管两大类，焊接钢管分为直缝焊、螺旋焊两种，用符号"φ"后加"外径×厚度"，如 φ102×5。钢管常用于网架结构，如三角形网架、星形网架等。

图 6—16 冷弯方矩形管

图 6—17 钢管

第三节　钢结构施工图识读

一、钢结构施工图组成

1．建筑钢结构施工图设计

在建筑钢结构工程设计中，通常将结构施工图的设计分为设计图设计和施工详图设计两个阶段。设计图设计是由设计单位编制完成，施工详图设计是以设计图为依据，由钢结构加工厂深化编制完成的，并将其作为钢结构加工与安装的依据。设计图与施工详图的主要区别是：设计图是根据工艺、建筑和初步设计等要求，经设计和计算编制而成的较高阶段的施工设计图。它的目的、深度及所包含的内容是施工详图编制的依据，它由设计单位编制完成，图纸表达简明，图纸量少，内容一般包括设计总说明、结构布置图、构件图、节点图和钢材订货表等。施工详图是根据设计图编制的工厂施工和安装详图，也包含少量的连接和构造计算，它是对设计图的进一步深化设计，目的是为制造厂或施工单位提供制造、加工和安装的施工详图，它一般由制造厂或施工单位编制完成，它的图纸表示详细，数量多。内容包括构件安装布置图、构件详图等。

2．建筑钢结构施工图的内容

（1）设计施工总说明

钢结构设计施工总说明一般主要描述该工程的以下内容：设计依据、所用的材料及其性能要求、钢结构的主要制作工艺要求、钢结构的安装要求、钢结构除锈油漆防火等要求，以及其他需要说明的内容。

（2）建筑总平面图

建筑总平面图上标注的尺寸，一律以 m（米）为单位，它反映拟建房屋、构筑物等的平面形状、位置和朝向、室外场地、道路、绿化等的布置，地形、地貌、标高，以及与原有环境的关系和邻界情况等。

（3）建筑部分的施工图

建筑部分的施工图主要是说明房屋建筑构造的图纸，简称为建筑施工图，在图类中以建施××图标志，以区别其他类图纸。建筑施工图主要将房屋的建筑造型、规模、外形尺寸、细部构造、建筑装饰和建筑艺术表示出来。它包括建筑平面图、建筑立面图、剖面图和建筑构造的大样图，还要注明采用的建筑材料和做法要求等。

（4）钢结构施工图

钢结构施工图是说明建筑物基础和主体部分的结构构造和要求的图纸，是制造厂加工制造构件、施工单位工地结构安装的主要依据。

（5）电气设备施工图

电气设备施工图主要是说明房屋内电气设备位置、线路走向、总需功率、用线规格和品种等构造的图纸。

（6）给水、排水施工图

给水、排水施工图主要表明一座房屋建筑中需用水点的布置和水用过后排出的装置，包括卫生设备的布置，上、下水管线的走向，管径大小，排水坡度，使用的卫生设备品牌、规格、型号等。

（7）采暖和通风空调施工图

采暖和通风空调施工图是北方需供暖地区要装置的设备和线路的图纸。

二、钢结构图形表示方法

1．钢结构制图基本规定

（1）常用型钢的标注方法

常用型钢的标注方法见表6—1。

表6—1　　　　　　　　　　　　常用型钢的标注方法

序号	名称	截面	标注	说明
1	等边角钢	∟	∟ $b \times t$	b 为肢宽，t 为肢厚
2	不等边角钢	∟ B	∟ $B \times b \times t$	B 为长肢宽，b 为短肢宽，t 为肢厚
3	工字钢	Ⅰ	ⅠN　Q$\underline{I}$$N$	轻型工字钢加注 Q，N 为工字钢的型号
4	槽钢	[	[N　Q[N	轻型槽钢加注 Q，N 为槽钢的型号
5	方钢	▨ b	□ b	
6	扁钢	b	—— $b \times t$	
7	钢板	——	$\dfrac{-b \times t}{l}$	宽×厚 板长
8	圆钢	⊘	$\phi\ d$	

（2）螺栓、孔、电焊铆钉的表示方法

螺栓、孔、电焊铆钉的表示方法见表6—2。

表6—2   螺栓、孔、电焊铆钉的表示方法

序号	名称	图例	说明
1	永久螺栓	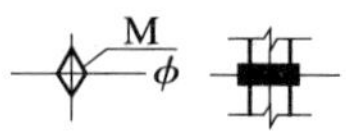	
2	高强度螺栓	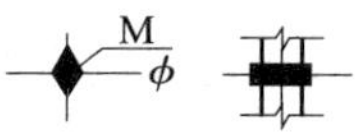	
3	安装螺栓	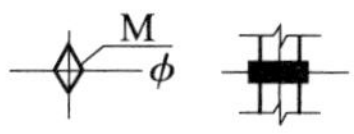	1. 细 "＋" 线表示定位线
4	胀锚螺栓	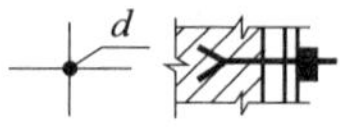	2. M 表示螺栓型号 3. ϕ 表示螺栓孔直径 4. d 表示膨胀螺栓、电焊铆钉直径
5	圆形螺栓孔	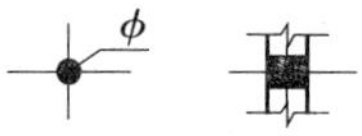	5. 采用引出线标注螺栓时，横线上标注螺栓规格，横线下标注螺栓孔直径
6	长圆形螺栓孔	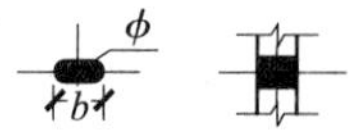	
7	电焊铆钉	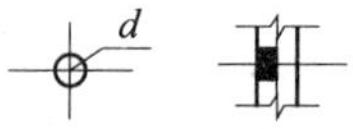	

（3）焊缝的表示方法

焊缝的表示方法详见国家标准《建筑结构制图标准》（GB/T 50105—2010）和《焊缝符号表示法》（GB/T 324—2008）等标准。

1）焊缝符号的组成。焊缝符号一般由基本符号和指引线组成，必要时可以加上辅助符号、补充符号和焊缝尺寸符号及数据。

基本符号是表示焊缝端面（坡口）形状的符号，见表6—3。辅助符号是表示焊缝表面形状特征的符号，见表6—4。当不需要确切说明焊缝的表面形状时，可以不用辅助符号。补充符号是为了补充说明焊缝某些特征而采用的符号，见表6—5。焊接方法表示代号，见表6—6。焊缝尺寸符号用来代表焊缝的尺寸要求，当需要注明尺寸要求时才标注。如图6—18 所示为焊缝尺寸符号及数据的标注位置。指引线由箭头线和基准线组成，箭头指向焊缝处，基准线由两条互相平行的细实线和虚线组成，如图6—18 所示，当需要说明焊接方法时，可以在基准线末端增加尾部符号。

2）识别焊缝符号的基本方法。根据箭头的指引方向了解焊缝在焊件上的位置；看图样上的焊件的结构形式（即组焊焊件的相对位置）识别出接头形式；通过基本符号可以识别焊缝形式（即坡口形式），基本符号上下标有坡口角度及装配间隙；通过基准线的尾部标注可以了解采用的焊接方法、对焊接的质量要求及无损检验要求。

表6—3 焊缝基本符号

焊缝名称	焊缝横截面形状	符号	焊缝名称	焊缝横截面形状	符号
I 形焊缝	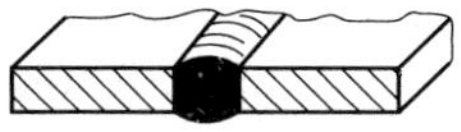	 ‖	封底焊缝	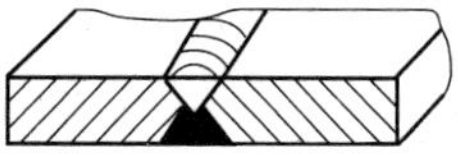	⌓
V 形焊缝		∨	角焊缝	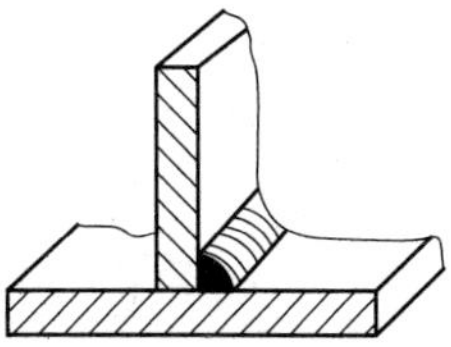	◣
带钝边 V 形焊缝		 Y		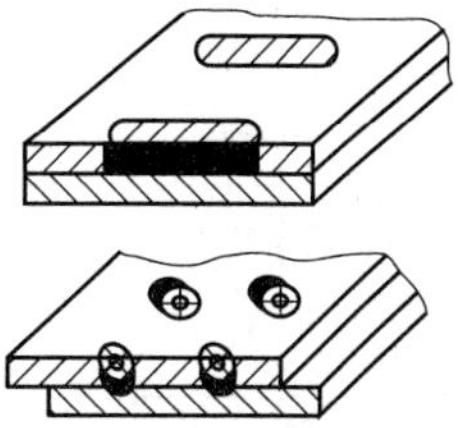	
单边 V 形焊缝		∨	塞焊缝或槽焊缝		⊓
钝边单边 V 形焊缝	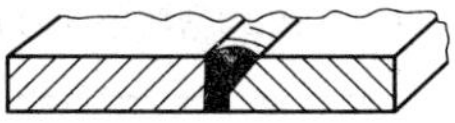	 Y		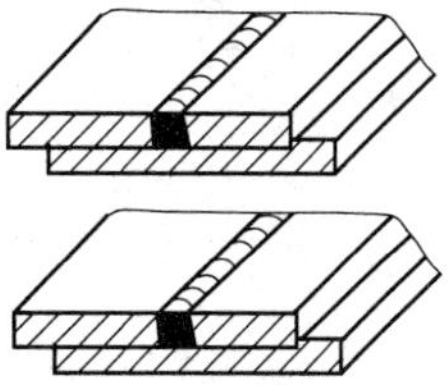	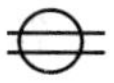
带钝边 U 形焊缝	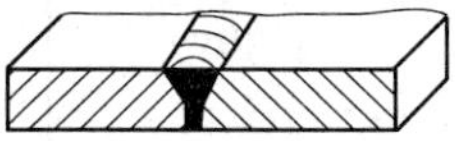	 Y	喇叭形焊缝		⊓
点焊缝		○	缝焊缝		⊖

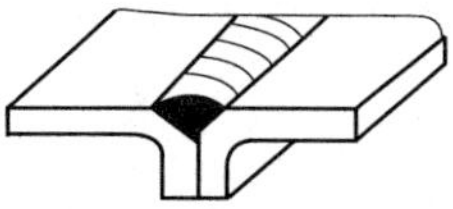

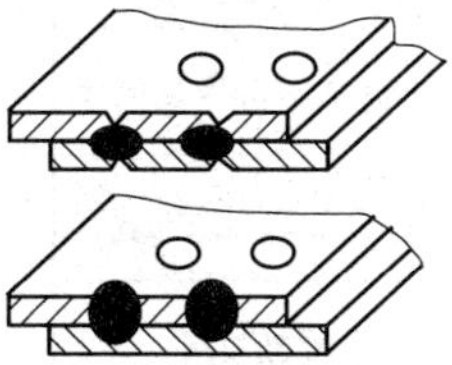

表6—4 焊缝辅助符号

名称	焊缝辅助形式	符号	说明
平面符号		—	表示焊缝表面平齐
凹面符号		⌣	表示焊缝表面凹陷
凸面符号		⌢	表示焊缝表面凸出

表6—5 焊缝补充符号

名称	形式	符号	说明
带垫板符号	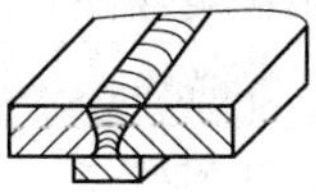	▭	表示焊缝底部有垫板

续表

名称	形式	符号	说明
三面焊缝符号	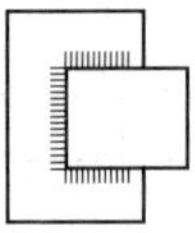	⊏	表示三面焊缝和开口方向
周围焊缝符号	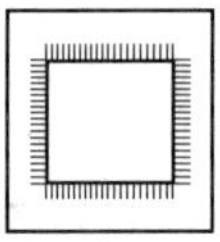	○	表示环绕工件周围焊缝
现场符号		 ▶	表示在现场或工地上进行焊接
尾部符号		＜	指引线尾部符号可参照 GB/T 5185—1999 标注焊接方法

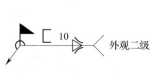

↙	指引线
▶ ⌐ ⊏	补充符号
10 ▷	焊缝基本符号及尺寸
＜ 外观二级	尾注
⌣	辅助符号

图 6—18　焊缝标注示例

表 6—6　　　　　　　　　　　　焊接方法表示代号

焊接方法	代号	焊接方法	代号
电弧焊	1	电阻焊	2
焊条电弧焊	111	点焊	21
埋弧焊	12	缝焊	22
熔化极惰性气体保护焊	131	闪光焊	24
钨极惰性气体保护焊	141	气焊	3
压焊	4	氧—乙炔焊	311
超声波焊	41	氧—丙烷焊	12
摩擦焊	42	其他焊接方法	7
扩散焊	45	激光焊	751
爆炸焊	441	电子束焊	76

3）标注原则。焊缝横截面尺寸标在基本符号左侧，长度方向尺寸标在右侧，坡口角度、根部间隙标在上（下）侧。

2．一些常用的焊缝表示方法

每条角焊缝的尺寸都包括焊脚尺寸和焊缝长度两个部分。焊接钢构件的焊缝除应按上述规范的规定外，还应符合下面的各项规定。

（1）当箭头指向焊缝所在的一面时，应将图形符号和尺寸标注在横线的上方（见图6—19a）。当箭头指向焊缝所在另一面（相对应的那面）时，应将图形符号和尺寸标注在横线的下方（见图6—19b）。表示环绕工件周围的焊缝时，其围焊焊缝符号为圆圈，绘在引出线的转折处，并标注焊角尺寸 K（见图6—19c）。

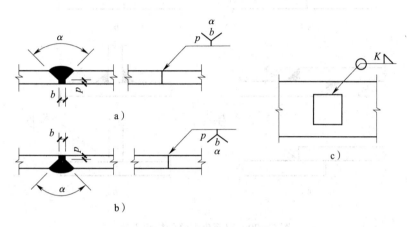

图6—19　单面角焊缝的标注方法

（2）标注双面焊缝时，应在横线的上、下都标注符号和尺寸。上方表示箭头一面的符号和尺寸，下方表示另一面的符号和尺寸（见图6—20a）；当两面的焊缝尺寸相同时，只需在横线上方标注焊缝的符号和尺寸（见图6—20b、c、d）。

（3）3个和3个以上的焊件相互焊接的焊缝，不得作为双面焊缝标注，其焊缝符号和尺寸应分别标注，如图6—21所示。

（4）相互焊接的2个焊件，当为单面带双边不对称坡口焊缝时，引出线箭头必须指向较大坡口的焊件，如图6—22所示。

（5）相互焊接的2个焊件中，当只有1个焊件带坡口时（如单面V形），引出线箭头必须指向带坡口的焊件，如图6—23所示。

（6）当焊缝分布不规则时，在标注焊缝符号的同时，宜在焊缝处加中实线（表示可见焊缝），或加细栅线（表示不可见焊缝），如图6—24所示。

（7）相同焊缝符号应按下列方法表示：在同一图形上，当焊缝形式、断面尺寸和辅助要求均相同时，可只选择一处标注焊缝的符号和尺寸，并加注"相同焊缝符号"，相同焊缝符号为3/4圆弧，绘在引出线的转折处，如图6—25a所示；在同一图形上，当有数种相同的焊缝时，可将焊缝分类编号标注。在同一类焊缝中可选择一处标注焊缝符号和尺寸。分类编号采用大写的拉丁字母A、B、C表示，如图6—25b所示。

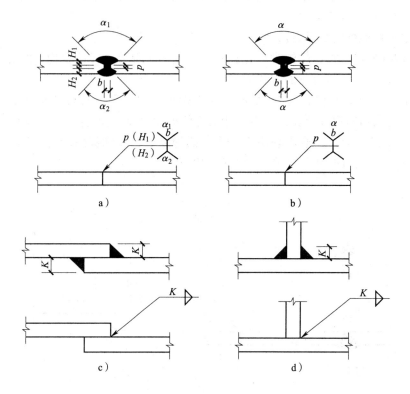

图 6—20　双面角焊缝的标注方法

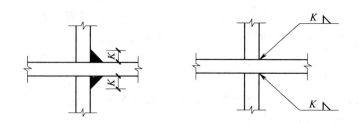

图 6—21　3 个和 3 个以上焊件的标注方法

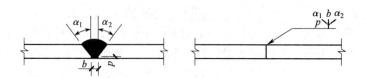

图 6—22　不对称坡口焊缝的标注方法

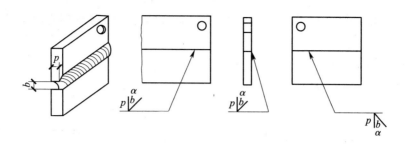

图6—23　1个焊件带坡口的焊缝标注方法

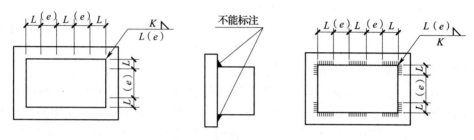

图6—24　不规则焊缝的标注方法

图6—25　相同焊缝符号

（8）需要在施工现场进行焊接的焊件焊缝，应标注现场焊接符号。现场焊接符号为涂黑的三角形旗号，绘在引出线的转折处，如图6—26所示。

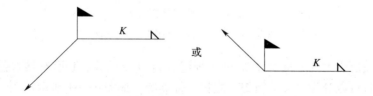

图6—26　现场焊接符号

（9）图样中较长的角焊缝（如焊接实腹钢梁的翼缘焊缝），可不用引出线标注，而直接在角焊缝旁标注焊缝尺寸值K，如图6—27所示。

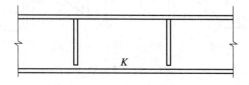

图6—27　较长角焊缝的标注方法

（10）熔透角焊缝的符号应按图6—28所示方式标注。熔透角焊缝的符号为涂黑的圆圈，绘在引出线的转折处。

（11）局部焊缝应按如图6—29所示方式标注。

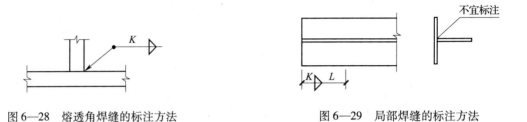

图6—28　熔透角焊缝的标注方法　　　　图6—29　局部焊缝的标注方法

3. 焊接连接形式及焊缝形式

焊接连接是现代钢结构最主要的连接方法。焊接连接形式按被连接钢材的相互位置可分为对接、搭接、T形连接和角连接四种，如图6—30所示。这些连接所采用的焊缝主要有对接焊缝和角焊缝。对接连接主要用于厚度相同或接近相同的两构件的相互连接。如图6—30a所示为采用对接焊缝的对接连接，由于相互连接的两构件在同一平面内，因而传力均匀平缓，没有明显的应力集中，且用料经济，但是焊件边缘需要加工，被连接两板的间隙和坡口尺寸有严格的要求。

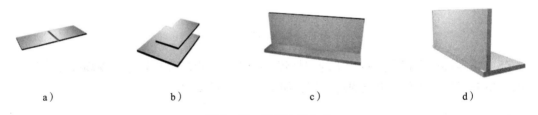

图6—30　焊接连接方式

a）对接　b）搭接　c）T形连接　d）角连接

对接焊缝按所受力的方向分为正对接焊缝、斜对接焊缝、T形对接焊缝、角焊缝等；按施焊时的位置可以分为平焊、横焊、立焊、仰焊等，如图6—31所示。

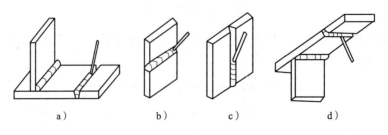

图6—31　焊缝形式

a）平焊　b）横焊　c）立焊　d）仰焊

4. 常用焊缝的标注方法

常用焊缝的标注方法，见表6—7。

表6—7　　　　　　　　　　　常用焊缝的标注方法

焊缝形式	标注方法	说明
		正面焊缝，基本符号在引出线上面
		背面焊缝，基本符号在引出线下面
		双面焊缝，在引出线上下都标注基本符号
		两个以上零件焊后形成的焊缝，不能按照双面焊缝来标注，必须分别标注各焊缝
		单面单边坡口的焊缝，引出线的箭头必须指向带有坡口的焊件上

续表

焊缝形式	标注方法	说明
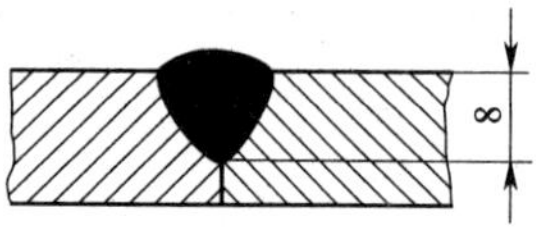	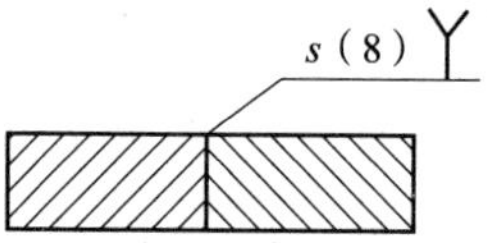	在对接时，只要求焊透一定深度，必须在基本符号的左侧注明熔透深度符号 s 及具体熔深数字。否则即为全熔焊缝
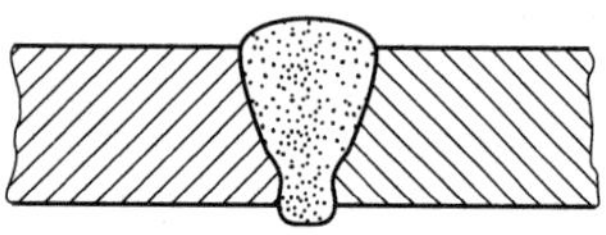	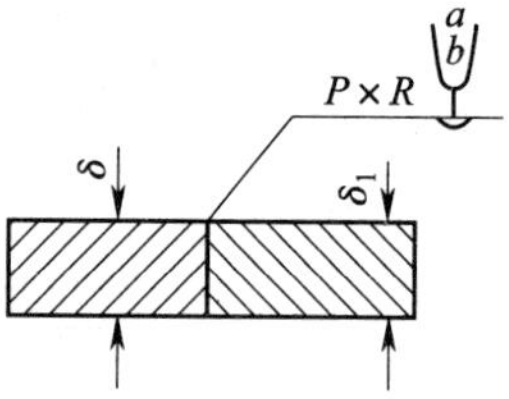	要求标注焊缝具体尺寸时，在焊缝尺寸符号的相应位置标注具体数字

5. 尺寸标注

（1）两构件的两条很近的重心线，应在交汇处将其各自向外错开，如图 6—32 所示。

（2）弯曲构件的尺寸应沿其弧度的曲线标注弧的轴线长度，如图 6—33 所示。

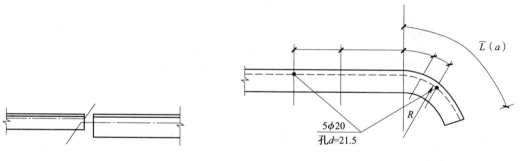

图 6—32　两构件重心不重合的表示

图 6—33　弯曲构件尺寸的标注

（3）切割的板材，应标注各线段的长度及位置。

（4）不等边角钢的构件，必须标注出角钢一肢的尺寸，如图 6—34 所示。

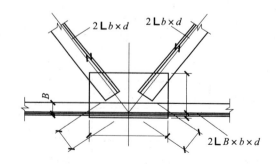

图 6—34　不等边角钢尺寸的标注

（5）标注节点尺寸时，应注明节点板的尺寸和各杆件螺栓孔中心或中心距，以及杆件端部至几何中心线交点的距离，如图6—35所示。

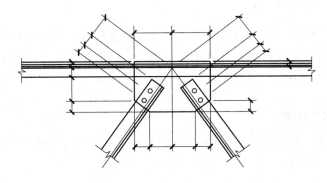

图6—35 节点尺寸的标注

（6）双型钢组合截面的构件，应注明缀板的数量级尺寸。引出横线上方标注缀板的数量及缀板的宽度、厚度，引出横线下方标注缀板的长度尺寸，如图6—36所示。

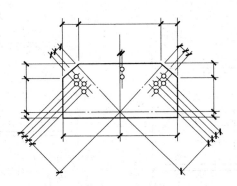

图6—36 缀板尺寸的标注

（7）非焊接节点板，应注明节点板的尺寸和螺栓孔中心与几何中心线交点的距离，如图6—37所示。

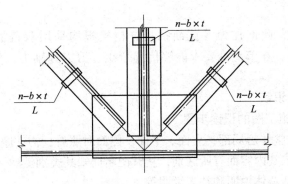

图6—37 非焊接节点板尺寸的标注

三、钢结构施工图的识读

钢结构的连接有焊缝连接、铆钉连接、普通螺栓连接和高强度螺栓连接，其连接部位统称为节点。连接设计是否合理，直接影响结构的使用安全、施工工艺和工程造价，钢结构设计节点十分重要。钢结构节点设计的原则是安全可靠、构造简单、施工方便和经济合理。

1. 梁柱节点连接详图

梁柱连接按转动刚度不同分为刚性、半刚性和铰接三类。在图6—38中，梁柱连接采用螺栓和焊缝的混合连接。

2. 梁拼接详图

如图6—39所示，两段梁拼接采用焊缝连接，梁翼缘为坡口对接焊缝连接。

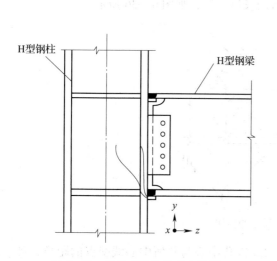

图6—38　梁柱刚性连接节点详图

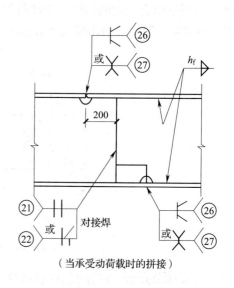

图6—39　梁拼接节点详图

3. 柱拼接详图

如图6—40所示，此钢柱为等截面拼接，拼接板均采用双盖板连接，螺栓为高强度螺栓。作为柱构件，在节点处要求能够传递弯矩、剪力和轴力，柱连接必须为刚性连接。

4. 钢屋架施工图识读

（1）钢结构屋架施工图的识读步骤

1）读图原则：先整体后局部；立面、平面、侧面对照看；构件序号和材料表对照看。

①图名、比例：依其内容而有所区别，从其图名而知其类别。

②说明文字：包括总体说明和补充说明等。

③钢屋架形式：常见的形式为三角形屋架、门式钢架。

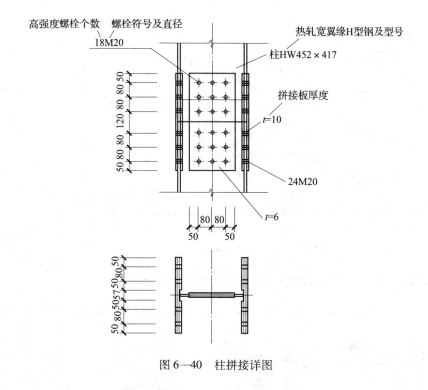

图6—40　柱拼接详图

④钢屋架尺寸及规格：跨度方向和高度方向，各杆件型号及尺寸等。确定构件是型钢还是组合钢构件。

⑤杆件的组合和连接情况：确定是焊接还是螺栓连接。

2）钢屋架施工图包括屋架几何尺寸及内力图，屋架上弦、下弦平面图，屋架立面、侧面图，屋架材料表、屋架零件详图，如图6—41所示。

①屋架几何尺寸及内力图如图6—42所示。

②屋架节点详图如图6—43所示。

③屋架节点焊缝详图如图6—44所示。

钢屋架施工图根据钢屋架的复杂程度，有不同数量的零件详图，这些详图将各种零件的具体做法说明清楚。

屋架正面图和侧面图中用各种符号将各杆件的编号、肢尖、肢背焊缝厚度和长度表示出来。

④钢结构屋架材料表中将各杆件的型号、长度、数量等各种信息列出，供施工人员查阅，见表6—8。

⑤钢屋架施工说明如图6—45所示。

钢屋架施工说明中将材料型号、要求、连接材料等各种图中无法直接表达清楚的信息说明清楚。

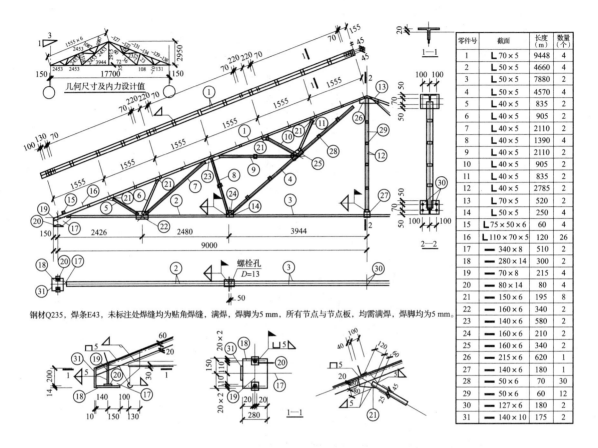

零件号	截面	长度(m)	数量(个)
1	∟ 70×5	9448	4
2	∟ 50×5	4660	4
3	∟ 50×5	7880	2
4	∟ 50×5	4570	4
5	∟ 40×5	835	2
6	∟ 40×5	905	2
7	∟ 40×5	2110	2
8	∟ 40×5	1390	4
9	∟ 40×5	2110	2
10	∟ 40×5	905	2
11	∟ 40×5	835	2
12	∟ 40×5	2785	2
13	∟ 70×5	520	2
14	∟ 50×5	250	4
15	∟ 75×50×6	60	2
16	∟ 110×70×5	120	26
17	━ 340×8	510	2
18	━ 280×14	300	2
19	━ 70×8	215	2
20	━ 80×14	80	4
21	━ 150×6	195	8
22	━ 160×6	340	2
23	━ 140×6	580	2
24	━ 160×6	210	2
25	━ 160×6	340	2
26	━ 215×6	620	1
27	━ 140×6	180	1
28	━ 50×6	70	30
29	━ 50×6	60	12
30	━ 127×6	180	2
31	━ 140×10	175	2

钢材Q235，焊条E43，未标注处焊缝均为贴角焊缝，满焊，焊脚为5 mm，所有节点与节点板，均需满焊，焊脚均为5 mm。

图6—41 钢屋架施工图

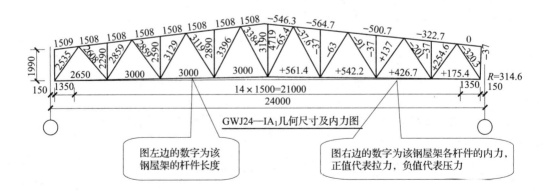

GWJ24—IA₁几何尺寸及内力图

图左边的数字为该钢屋架的杆件长度

图右边的数字为该钢屋架各杆件的内力，正值代表拉力，负值代表压力

图6—42 屋架的几何尺寸及内力图

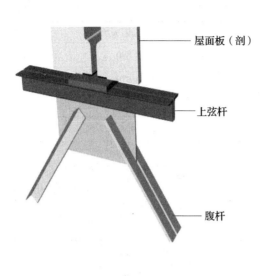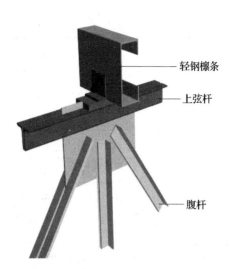

图6—43　屋架节点详图

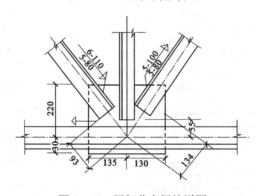

图6—44　屋架节点焊缝详图

表6—8　　　　　　　　　　　　钢结构屋架材料表

零件号	截面	长度（m）	数量（个）
1	L 70×5	9 448	4
2	L 50×5	4 660	4

零件号	截面	长度/m	数量/个
3	∟ 50×5	7 880	2
4	∟ 50×5	4 570	4
5	∟ 40×5	835	2
6	∟ 40×5	905	2
7	∟ 40×5	2 110	2
8	∟ 40×5	1 390	4
9	∟ 40×5	2 110	2
10	∟ 40×5	905	2
11	∟ 40×5	835	2
12	∟ 40×5	2 785	2
13	∟ 70×5	520	2
14	∟ 50×5	250	4
15	∟ 75×50×6	60	4
16	∟ 110×70×5	120	26
17	━ 340×8	510	2
18	━ 280×14	300	2
19	━ 70×8	215	4
20	━ 80×14	80	4
21	━ 150×6	195	8
22	━ 160×6	340	2
23	━ 140×6	580	2
24	━ 160×6	210	2
25	━ 160×6	340	2
26	━ 215×6	620	1
27	━ 140×6	180	1
28	━ 50×6	70	30
29	━ 50×6	60	12
30	━ 127×6	180	2
31	━ 140×10	175	2

1 钢材采用A3F，保证抗拉强度，伸长率，屈服强度，冷弯试验合格及碳、硫、磷极限含量。
2 焊条采用E43系列。
3 未注明的高焊缝焊脚尺寸为5 mm。
4 未注明长度的焊缝一样满焊。
5 未注明的螺栓为M20，孔为21.5 mm。
6 外露部分用红丹打底，刷灰铅油二度。

图6—45 钢屋架施工说明

（2）钢结构屋架施工图识读实例

钢结构屋架施工图如图6—46所示。

请结合本节前文所讲述的识读步骤识读图6—46所示的钢屋架施工图。

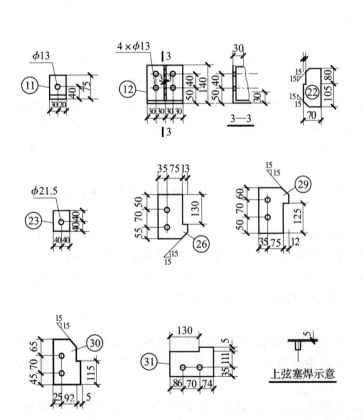

材料表				
零件号	截面	长度（mm）	数量 正	数量 反
1	L 70×5	5225	2	2
2	L 50×5	4580	4	
3	L 45×5	2265	2	2
4	L 45×5	295	2	
5	L 45×5	960		2
6	L 45×5	675	2	
7	L 45×5	960		2
8	L 45×5	295	2	
9	L 45×5	1475	1	1
10	L 70×5	520	1	
11	L 75×50×6	60	4	
12	L 140×90×8	120	10	
13	▬ 327×8	545	2	
14	▬ 145×6	150	4	
15	▬ 160×6	285	2	
16	▬ 155×6	600	2	
17	▬ 190×6	305	2	
18	▬ 155×6	285	2	
19	▬ 265×6	660	1	
20	▬ 145×6	200	2	
21	▬ 280×16	300	2	
22	▬ 70×8	185	2	
23	▬ 80×16	80	4	
24	60×6	70	8	
25	60×6	85	16	
26	▬ 122×6	175	2	
27	▬ 140×10	160	2	
28	L 50×5	280	2	
29	▬ 122×6	180	2	
30	▬ 132×6	180	2	
31	▬ 151×6	230	4	

图6—46 钢结构屋架施工图2

第四节　钢结构制作工艺

一、钢结构制作工艺要点

钢结构制作的准备工作包括审查图样、备料核对、钢材选择和检验要求、材料的变更与修改、钢材的合理堆放、成品检验，以至装运出厂等有关施工生产技术资料文件的编写和制订。制订施工工艺规程是工艺师的主课，按照常规的职责范围，工艺工作有如下十要点，抓住这十个环节，就掌握了开展工艺工作的主动权。审阅施工图纸→熟悉工程材料的特性→编制施工工艺规程→设计工艺装备→工艺评定及工艺试验→技术交底→首件检验→巡回检查→搞好基础工艺管理→做好归档工作。

1．审阅施工图纸

钢结构制造厂接到图样后，应组织有关技术人员对设计图和施工图进行审查。

仔细审阅施工图纸，包括技术要求，相关的技术规范、规程、规则；特别关注关键性的技术条款，建筑钢结构中重要的节点，这些节点要由施工单位自行设计后提供设计院认可，发现图纸中的疑问及时与设计师沟通，达成共识，修改设计图；一旦下发图纸后可以顺利施工；审核图纸时，凡是需机加工的部件，用红笔注明加工余量，使施工者一目了然。

2．熟悉工程材料的特性

深入了解材料的质保书，所述牌号、规格及性能是否与设计图纸相符，若品种规格不符，应及早采取措施，使工程顺利进行。

仔细了解材料的工艺性能，工艺性能与制作有密切关系，这是制订工艺的依据。针对材料的特殊性，应在工艺上采取措施。例如铝合金结构施工，材料是不能焊接的；硬铝的特点是强度高，质轻，缺点是易腐蚀，在制作工艺中采取有力的防腐措施后，使用年限提高了4倍；对于新型钢材，深入了解其加工性及可焊性十分必要。

3．编制施工工艺规程

钢结构零部件的制作是一个严密的流水作业过程，指导这个过程的除生产计划外，主要是工艺规程。工艺规程是钢结构制作中的指导性技术文件，一经制定，必须严格执行，不得随意更改。

工艺规程是工艺师的主课，是工程的主心骨，制定工艺的前提是确保产品制作质量、满足设计要求；一般立足企业现有装备（起吊能力、场地、加工机床及焊接设备等），有时为发展生产、开拓市场也可以增添一些新设备。

制定工艺，通常可采用过去成熟的工艺，但切忌生搬硬套，一定要联系企业实际，发挥企业自己固有的特色，或取长补短，吸收兄弟厂的优势，补充自己的劣势和不足。

4．设计工艺设备

根据产品特点设计加工模具、装配夹具、装配胎架等。

5．工艺评定及工艺试验

《建筑钢结构焊接技术规程》（JGJ 81—2002）中规定应进行焊接工艺评定及焊工考试。焊工经考试合格，才能持证上岗。对于新材料的焊接，从工艺评定中测定焊接工艺参数、变形量的大小，反变形措施等均可进行工艺试验。

6．技术交底

图纸审查后，应做好技术交底准备，其内容主要包括以下几点：

（1）根据构件尺寸考虑原材料对接方案和接头在构件中的位置。

（2）考虑总体的加工工艺方案及重要的工装方案。

（3）对构件的结构不合理处或施工有困难的地方，要与需方或者设计单位做好变更签证的手续。

（4）列出图纸中的关键部位或者有特殊要求的地方，加以重点说明。

工艺（初稿）编订完成后，结合产品结构特点和技术要求，向工人技术交底，效果很好。工人了解设计意图后，对于哪些环节应特别注意，精心操作，会献计献策，提出很好的建议，确保符合技术要求。

7．首件检验

在批量生产中，先制作一个样品，然后对产品质量作全面检查，总结经验后，再全面铺开。

8．巡回检查

了解工艺执行情况、技术参数及工艺装备使用情况；与工人沟通，及时解决施工中的技术工艺问题。

9．搞好基础工艺管理

编制车间通用工艺手册，将常用的工艺参数、规程编入手册，工人可按手册执行，不必事无巨细，样样去问工艺师，工艺师可以腾出时间学习新技术、新工艺、新材料及新设备，掌握新知识，用于新产品。

编制产品工艺，以通用工艺为基础，编制产品制作工艺时，有些内容可写"参阅通用工艺某一部分"，不必面面俱到，力求简化。

对于批量生产的产品，可以编制专门的技术手册，人手一份，随身携带。

10．做好归档工作

产品竣工后，及时搞好竣工图纸，将技术资料归档，这是一项很重要的工作。

二、钢结构构件制作

1．钢结构制作流程

（1）材料检验：根据设计文件和规范要求检验主体材料及辅助材料的力学指标、化学成分、工艺性能、几何尺寸及外形。

（2）材料堆放：将合格的钢材按品种、钢号、规格分类堆放，垫平、垫高，防止积水和变形。

（3）放样：根据审核后的施工图，以1:1的比例绘出零件实样，并制作成轻而不易变形的样板。放样应根据工艺要求预留制作安装时的加工余量。

（4）材料矫正：通过外力和加热作用，迫使已发生变形的钢材反变形，以使材料平直。

（5）号料：以样板为依据，在原材料上画出实样，并打上各种加工记号。

（6）切割：将号料后的钢板、型钢按要求的形状和尺寸下料。常用的切割方法有机械切割、气割、等离子切割等。

（7）成形：成形可分热成形和冷成形两大类。按具体成形目的又可分为弯曲、卷板、折边和模压四种成形方法。

（8）边缘加工：为消除切割造成的边缘硬化而刨边，为保证焊缝质量而刨或铣坡口，为保证装配的准确及局部承压的完善而将钢板刨直或铣平，均为边缘加工。边缘加工分铲、刨、铣、碳弧气刨等多种方法。

（9）制孔：制孔分钻孔和冲孔。钻孔适用性广，孔壁损伤小，孔的精度高，一般用钻床。冲孔效率高，但孔壁质量差，仅用于较薄钢板上的次要连接孔，且孔径须大于板厚。

（10）装配：将零件或半成品按施工图要求装配为独立的成品构件。装配的方法有地样法，依型复制法、立装、卧装、胎模装配法等。

（11）焊接：用高温使金属的不同部分熔合为一体的方法。钢结构常用的焊接方法有电弧焊、电阻焊、电渣焊等。电弧焊又分手工焊、埋弧自动焊、气体保护焊等。

（12）后处理：包括矫正、打磨、消除焊接应力等。

（13）辅助材料准备：包括螺栓、焊条的配套采购、运输和检验。

（14）总装：在工厂将多个成品构件按设计要求的空间位置关系试装成局部或整体结构，以检验各部分之间的连接状况。

（15）除锈：钢结构防腐蚀的基本工序，现代钢结构制造厂一般用大型抛丸机进行机械化除锈，效率高而除锈彻底。少量钢结构用喷砂或钢丝刷除锈，前者粉尘污染较大，后者工效低且除锈不易彻底。

（16）油漆：室内钢结构一般均用喷漆和刷漆防腐蚀。在工厂喷刷底漆，安装完毕后在工地刷面漆。

（17）库存：生产并检验、包装完毕的钢结构构件若不能马上运出则应入库堆放，等待批量运输。

（18）发运。

2. 钢材的准备

（1）钢材材质的检验

钢结构用钢的力学性能中屈服强度、抗拉强度、延伸率、冷弯试验、低温冲击韧性试验值等指标应符合规范的要求。

（2）钢材外形的检验

对于钢板、型钢、圆钢、钢管，其外形尺寸与理论尺寸的偏差必须在允许范围内。

（3）辅助材料的检验

钢结构用辅助材料包括螺栓、电焊条、焊剂、焊丝等，均应对其化学成分、力学性能及外观进行检验，并应符合国家有关标准。

（4）钢材的堆放

检验合格的钢材应按品种、牌号、规格分类堆放，其底部应垫平、垫高，防止积水。钢材堆放不得造成地基下陷和钢材永久变形。

3．钢构件预拼装

（1）相关术语

零件即组成部件或构件的最小单元，如节点板、翼缘板等。部件是由若干零件组成的单元，如焊接 H 型钢、牛腿等。构件是由零件或零件和部件组成的钢结构基本单元，如梁、柱、支撑等。高强度螺栓连接副是高强度螺栓和与之配套的螺母、垫圈的总称。预拼装是指为检验构件是否满足安装质量要求而进行的拼装。

（2）材料要求

进行预拼装的钢构件，应是经过质量部门检查，质量符合设计要求和国家标准《钢结构工程施工质量验收规范》（GB 50205—2001）规定的构件。

焊条、拼装用普通螺栓和螺母的规格、型号应符合设计要求，有质量证明书，并符合国家有关标准规定。

其他材料如支承凳或平台、各种规格的垫铁等备用。

（3）施工准备

制作钢结构构件的主要施工机具有电焊机、焊钳、焊把线、扳手、撬棍、铣刀或锉刀、手持电砂轮、记号笔、水准仪、钢尺、拉线、吊线、焊缝量规等。

作业时，按构件明细表核对预拼装单元各构件的规格型号、尺寸、编号等是否符合图纸要求。预拼装所用的支承凳或平台应测量找平，检查时应拆除全部临时固定和拉紧装置。

（4）操作工艺

工艺流程：施工准备 ⟶ 测量放线 ⟶ 构件拼装 ⟶ 拼装检查 ⟶ 编号和标记拆除

在下列情况下须对构件进行预拼装：为保证安装的顺利进行，应根据构件或结构的复杂程度、设计要求或合同协议规定，在构件出厂前进行预拼装；由于受运输条件、现场安装条件等因素的限制，大型钢结构件不能整体出厂，必须分成两段或若干段出厂时，也要进行预拼装。

4．工字形钢梁组装

（1）焊接工字形梁组装

1）组装筋板前，必须对钢梁工字形的弯曲度、翼缘对腹板的垂直度、翼缘板的不平度、截面宽度和高度进行检查，不合格的必须先对工字形进行修理，合格后才能进行组装。

2）对筋板的尺寸进行检查，如发现与图纸不符的筋板，应通知技术人员核实后方可组装。

3）确定工字形筋板位置时，先号出钢梁一端的齐头线，再以齐头线为基准号出筋板的位置线。

4）组装筋板应严格控制筋板的垂直度，用弯尺或90°卡样板进行检查。

5）带孔的筋板要保证第一个孔到梁上翼缘之间的距离和筋板孔中心线到腹板中心线之间的距离。允许偏差为±2.0mm。

6）确定钢梁两端头孔时，两端孔距应加2mm；每端孔的第一个孔到梁上翼缘之间的距离允许偏差为±2.0mm；两端孔必须进行套钻。

（2）轧制工字形钢梁组装

1）组装之前，应检查工字形钢的截面尺寸是否和图纸相同。

2）对筋板的尺寸进行检查，如发现与图纸不符的筋板，应通知技术人员核实后方可组装。

3）号工字形筋板位置时，以锯切的一端齐头为基准，再以齐头线为基准号出筋板的位置线。

4）组装筋板应严格控制筋板的垂直度，用弯尺或90°卡样板进行检查。

5）带孔的筋板要保证第一个孔到梁上翼缘之间的距离和筋板孔中心线到腹板中心线之间的距离。允许偏差为±2.0mm。

6）号钢梁两端头孔时，两端孔距应加2mm；每端孔的第一个孔到梁上翼缘之间的距离偏差为±2.0mm；两端孔必须进行套钻。

（3）工字形钢实腹钢梁外形尺寸允许偏差

工字形钢实腹钢梁外形尺寸允许偏差见表6—9。

表6—9 　　　　　　　　工字形钢实腹钢梁外形尺寸允许偏差（mm）

项目	允许偏差	图例
梁长度	0 −5.0	
端部高度	±2.0	
拱度	10.0 −5.0	
侧弯矢高	$L/2\,000$ 且不应大于 10.0	
扭曲	$h/250$ 且不应大于 10.0	
腹板局部平面度	4.0	
翼缘板对腹板的垂直度	$b/100$ 且不应大于 3.0	
梁端板的平面度	$h/500$ 且不应大于 2.0	

（4）定位点粘焊缝焊脚高度不得大于所在焊缝宽度的2/3；长度为60mm。焊缝外观应均匀、平整。组装完成后应及时将焊接药皮清除干净。

（5）所有的工字形钢组装，不允许在工字形钢上粘拉条和粘定位挡，不允许在构件上随便引弧。

（6）吊运构件时要轻拿轻放，构件翻身必须在枕木上进行。

（7）构件交工前，各小组必须先自检，并填写自检纪录，合格后报检查科验收，验收合格后检查人员在资料上签字，最后技术员拿着检查人员签字的资料报监造、监理验收。资料监理签字后速返回资料员，以便复印带走。

三、钢结构焊缝连接

1. 焊接材料

（1）焊条

涂有药皮的供焊条电弧焊用的熔化电极叫作焊条。焊条电弧焊时，焊条既作为电极传导电流而产生电弧，为焊接提供所需热量；又在熔化后作为填充金属过渡到熔池，与熔化的焊件金属熔合，凝固后形成焊缝。

焊条型号是指国家标准中规定的焊条代号。

碳钢和低合金钢焊条型号按 GB/T 5117—1995、GB/T 5118—1995 规定，碳钢焊条的型号根据熔敷金属的抗拉强度、药皮类型、焊接位置和焊接电流种类划分，以字母 E 后加四位数字表示。

完整的焊条型号举例如图 6—47 所示：

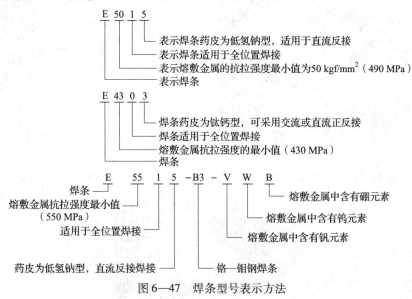

图 6—47　焊条型号表示方法

（2）焊剂

埋弧焊时，能够熔化形成熔渣和气体，对熔化金属起保护并进行复杂的冶金反应的一种颗粒状物质叫焊剂。

碳素钢埋弧焊用焊剂型号按照国家标准《埋弧焊用碳钢焊丝和焊剂》（GB/T 5293—1999），焊剂的表示方法如图 6—48 所示。

图6—48　焊剂的表示方法

"F"表示埋弧焊用焊剂。

第一位数字"x_1"表示焊丝—焊剂组合的熔敷金属抗拉强度的最小值。

第二位数字"x_2"表示试件的处理状态，"A"表示焊态，"P"表示焊后热处理状态。

第三位数字"x_3"表示熔敷金属冲击吸收功不小于27J时的最低试验温度。

H×××表示焊丝的牌号，焊丝的牌号依据国家标准《熔化焊用钢丝》（GB/T 14957—1994）。

2. 常用焊接方法

钢结构常用的焊接方法是电弧焊，包括手工电弧焊、自动或半自动埋弧焊及气体保护焊等，见图6—49～图6—52。

图6—49　手工电弧焊操作

图6—50　电弧焊机

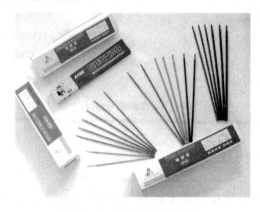

图6—51　手工电弧焊焊条

MZ-1250（A310-1250）
自动埋弧焊焊机　　NB-400（A120-400）
　　　　　　　　　半自动气体保护焊焊机

图6—52　自动或半自动埋弧焊机

焊条有碳钢焊条和低合金钢焊条两类。其牌号为 E43、E50 和 E55 型等，E 表示焊条，数字表示熔敷金属抗拉强度的最小值。

一般情况下，焊条与母材的对应关系如下：Q235 钢材采用 E43 焊条；Q345 钢材采用 E50 焊条；Q390、Q420 钢材采用 E55 焊条。

自动埋弧焊主要设备是自动埋弧焊机，沿轨道按设定速度移动，通电引弧后，使埋于焊剂下的焊丝和附近的焊剂熔化，熔渣浮在熔化的焊缝金属上面，使熔化金属不与空气接触，并供给焊缝金属以必要的合金元素，随焊机的移动，颗粒状焊剂不断从料斗漏下，电弧完全被埋在焊剂之内，同时焊丝自动地边熔化边下降。沿轨道推移过程由人工控制时，称为半自动埋弧焊。

3．钢结构焊接质量检验

钢结构焊接工程的质量必须符合设计文件和国家现行标准的要求。从事钢结构工程焊接施工的焊工，应根据所从事钢结构焊接工程的具体类型，按国家现行行业标准《建筑钢结构焊接技术规程》（JGJ 81—2002）等技术规程的要求进行考试并取得相应证书。

（1）钢结构焊接常用的检验方法

钢结构焊接常用的检验方法有破坏性检验和非破坏性检验两种。应针对钢结构的性质和对焊缝质量的要求，选择合理的检验方法。对重要结构或要求焊缝金属强度与被焊金属等强度的对接焊接，必须采用精确的检验方法。焊缝的质量级别不同，其检验的方法和数量也不相同，可参见表6—10 的规定。

对于不同类型的焊接接头和不同的材料，可以根据图纸要求或有关规定，选择一种或几种检验方法，以确保质量。

表6—10　　　　　　　　　　焊缝不同质量级别的检查方法

焊缝质量级别	检查方法	检查数量	备注
一级	外观检查	全部	有疑点时用磁粉复验
	超声波检查	全部	
	X 射线检查	抽查焊缝长度的 2%，至少应有一张底片	缺陷超出规范规定时，应加倍透照，如不合格，应 100% 的透照

焊缝质量级别	检查方法	检查数量	备注
二级	外观检查	全部	
	超声波检查	抽查焊缝长度的50%	有疑点时，用X射线透照复验，如发现有超标缺陷，应用超声波全部检查
三级	外观检查	全部	

（2）钢结构焊接常用的检验工具

钢结构焊接常用的检验工具是焊接检验尺。它具有多种功能，既可以作为一般钢尺使用，也可以作检验工具使用，常用它来测量型钢、板材及管道的错口，测量型钢、板材及管道的坡口角度，测量型钢、板材及管道的对口间隙，测量焊缝高度，测量角焊缝高度，测量焊缝宽度及焊接后的平直度等。

（3）焊缝外观检查

焊缝外观检验主要是查看焊缝成型是否良好，焊道与焊道过渡是否平滑，焊渣、飞溅物等是否清理干净。检查时，应先将焊缝上的污垢除净后，凭肉眼目视焊缝，必要时用5~20倍的放大镜，看焊缝是否存在咬边、弧坑、焊瘤、夹渣、裂纹、气孔、未焊透等缺陷。

在焊接过程中、焊缝冷却过程及以后的相当长的一段时间可能产生裂纹。普通碳素钢产生延迟裂纹的可能性很小，因此规定在焊缝冷却到环境温度后即可进行外观检查。低合金结构钢焊缝的延迟时间较长，考虑到工厂存放条件、现场安装进度、工序衔接的限制及随着时间延长，产生延迟裂纹的概率逐渐减小等因素，以焊接完成24 h后外观检查的结果作为验收的论据。

焊缝金属表面焊波应均匀，不得有裂纹、夹渣、焊瘤、烧穿、弧坑和针状气孔等缺陷，焊接区不得有飞溅物。

（4）焊缝内部缺陷检验

内部缺陷的检测方法：无损检测诊断技术是一门新兴的综合性应用学科。它是在不损伤被检测对象的条件下，利用材料内部结构异常或缺陷存在所引起的对热、声、光、电、磁等反应的变化，来探测各种工程材料、零部件、结构件等内部和表面缺陷，并对缺陷的类型、性质、数量、形状、位置、尺寸、分布及其变化做出判断和评价。

（5）焊接检验对不合格焊缝及其处理

1）在焊接检验过程中，凡发现焊缝有下列情况之一者，视为不合格焊缝：

①错用了焊接材料。误用了与图样、标准规定不符的焊接材料制成的焊缝，在产品使用中可能会造成重大质量事故，致使产品报废。

②焊缝质量不符合标准要求。焊缝质量不符合标准要求是指焊缝的力学性能或物理化学性能未能满足标准要求或焊缝中存在缺陷超标。

③违反焊接工艺规程。在焊接生产中，违反焊接工艺规程的施焊容易在焊缝中留下质量隐患，这样的焊缝应被视为不合格焊缝。

④无证焊工施焊的焊缝。无证焊工所焊焊缝均视为不合格焊缝。

2）不合格焊缝的处理方法

①报废。性能无法满足要求或焊接缺陷过于严重，使得局部返修不经济或质量不能保证的焊缝应作报废处理。

②返修。局部焊缝存在缺陷超标时，可通过返修来修复不合格焊缝。但焊缝上同一部位多次返修时焊接热循环会对接头性能造成影响。对于压力容器，规定焊缝同一部位的返修一般不超过两次。

③回用。有些焊缝虽然不满足标准要求，但不影响产品的使用性能和安全，且用户因此不会提出索赔，可作"回用"处理。"回用"处理的焊缝必须办理必要的审批手续。

④降低使用条件。在返修可能造成产品报废或造成巨大经济损失的情况下，可以根据检验结果并经用户同意，降低产品的使用条件。一般很少采用此种处理方法。

四、钢结构螺栓连接

螺栓作为钢结构连接紧固件，通常用于构件间的连接、固定、定位等。钢结构中的连接螺栓一般分普通螺栓和高强度螺栓两种。采用普通螺栓或高强度螺栓而不施加紧固力，该连接即为普通螺栓连接；采用高强度螺栓并对螺栓施加紧固力，该连接称高强度螺栓连接。

1. 普通螺栓连接

钢结构普通螺栓连接即将普通螺栓、螺母、垫圈机械地和连接件连接在一起形成的一种连接形式。

普通螺栓作为永久性连接螺栓时，应符合下列要求：

（1）对一般的螺栓连接，螺栓头和螺母下面应放置平垫圈，以增大承压面积。

（2）螺栓头下面放置的垫圈一般不应多于2个，螺母头下的垫圈一般应多于1个。

（3）对于设计有要求放松的螺栓、锚固螺栓，应采用有放松装置的螺母或弹簧垫圈，或用人工方法采取放松措施。

（4）对于承受动荷载或重要部位的螺栓连接，应按设计要求放置弹簧垫圈，弹簧垫圈必须设置在螺母一侧。

（5）对于工字钢、槽钢类型钢应尽量使用斜垫圈，使螺母和螺栓头部的支承面垂直于螺杆。

2. 高强度螺栓连接

高强度螺栓连接已经发展成为与焊接并举的钢结构主要连接形式之一，它具有受力性能好、耐疲劳、抗震性能好、连接刚度高、施工简便等优点，被广泛地应用在建筑钢结构和桥梁钢结构的工地连接中。

高强度螺栓连接按其受力状况，可分为摩擦型连接、摩擦—承压型连接、承压型连接和张拉型连接等几种类型，其中摩擦型连接是目前广泛采用的基本连接形式。

钢结构用高强度大六角头螺栓，分为8.8和10.9两种等级，一个连接副为一个螺栓、一个螺母和两个垫圈。高强度螺栓连接副应同批制造，保证扭矩系数稳定，同批连接副扭矩系数平均值为 0.110～0.150，其扭矩系数标准偏差不应大于 0.010。

钢结构用扭剪型高强度螺栓，一个螺栓连接副为一个螺栓、一个螺母和一个垫圈，它适用于摩擦型连接的钢结构。

3. 高强度螺栓施工

（1）施工的机具

1）手动扭矩扳手。各种高强度螺栓在施工中以手动紧固时，都要使用有示明扭矩值的扳手施拧，使之达到高强度螺栓连接副规定的扭矩和剪力值。一般常用的手动扭矩扳手有指针式、音响式和扭剪型三种。

2）扭剪型手动扳手。这是一种紧固扭剪型高强度螺栓使用的手动力矩扳手。配合扳手紧固螺栓的套筒，设有内套筒弹簧、内套筒和外套筒。这种扳手靠螺栓尾部的卡头得到紧固反力，使紧固的螺栓不会同时转动。内套筒可根据所紧固的扭剪型高强度螺栓直径而更换相适应的规格。紧固完毕后，扭剪型高强度螺栓卡头在颈部被剪断，所施加的扭矩可以视为合格。

3）电动扳手。钢结构用高强度大六角头螺栓紧固时用的电动扳手有 NR – 9000A、NR – 12和双重绝缘定扭矩、定转角电动扳手等，是拆卸和安装高强度大六角头螺栓的机械化工具，可以自动控制扭矩和转角，适用于钢结构桥梁、厂房建设、化工、发电设备安装高强度大六角头螺栓施工的初拧、终拧和扭剪型高强度螺栓的初拧，以及对螺栓紧固件的扭矩或轴力有严格要求的场合。

（2）高强度螺栓的施工

1）高强度大六角头螺栓的施工

①扭矩法施工。在采用扭矩法终拧前，应首先进行初拧，对螺栓多的大接头，还需进行复拧。初拧的目的就是使连接接触面密贴，一般常用规格螺栓（M20、M22、M24）的初拧扭矩为 200～300 N·m，螺栓轴力达到 10～50 kN 即可。初拧、复拧及终拧一般都应从中间向两边或四周对称进行，初拧和终拧的螺栓都应做不同的标记，避免漏拧、超拧等安全隐患，同时也便于检查人员检查紧固质量。

②转角法施工。转角法就是利用螺母旋转角度以控制螺杆弹性伸长量来控制螺栓轴向力的方法。采用转角法施工，可避免较大的误差。

转角法施工分初拧和终拧两步进行（必要时需增加复拧），初拧的要求比扭矩法施工要严，因为起初连接板间隙的影响，螺母的转角大都消耗于板缝，转角与螺栓轴力关系不稳定。初拧的目的是消除板缝影响，使终拧具有一致的基础。终拧是在初拧的基础上，再将螺母拧转一定的角度，使螺栓轴向力达到施工预拉力。

2）扭剪型高强度螺栓的施工。扭剪型高强度螺栓连接副紧固施工比高强度大六角头螺栓连接副紧固施工要简便得多，正常的情况采用专用的电动扳手进行终拧，梅花头拧掉标志着螺栓终拧的结束。

（3）高强度螺栓连接施工流程

高强度螺栓连接施工流程如图 6—53 所示。

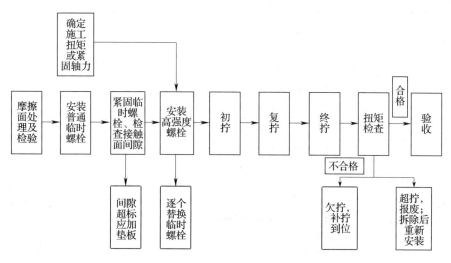

图6—53　高强度螺栓连接施工流程图

4．螺栓排列

螺栓在构件上排列应简单、统一、整齐而紧凑，通常分为并列和错列两种形式（见图6—54）。并列比较简单整齐，所用连接板尺寸小，但由于螺栓孔的存在，对构件截面削弱较大。错列可以减小螺栓孔对截面的削弱，但螺栓孔排列不如并列紧凑，连接板尺寸较大。

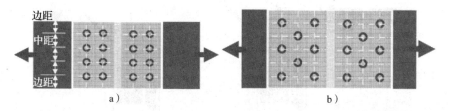

图6—54　螺栓排列

a）并列　b）错列

螺栓在构件上的排列应满足受力、构造和施工要求：

（1）受力要求

在受力方向螺栓的端距过小时，钢材有剪断或撕裂的可能。各排螺栓距和线距太小时，构件有沿折线或直线破坏的可能。对受压构件，当沿作用方向螺栓距过大时，被连板间易发生鼓曲和张口现象。

（2）构造要求

螺栓的中距及边距不宜过大，否则钢板间不能紧密贴合，潮气侵入缝隙使钢材锈蚀。

（3）施工要求

要保证一定的空间，便于转动螺栓扳手拧紧螺母。

根据上述要求，规定了螺栓的最大、最小容许距离，见表6—11。

表6—11   螺栓的最大、最小容许距离

名称	位置和方向			最大容许距离（取两者的较小值）	最小容许距离
中心距离	外排（垂直内力或顺内力方向）			$8d_0$ 或 $12t$	$3d_0$
	中间排	垂直内力方向		$16d_0$ 或 $24t$	
		顺内力方向	构件受压力	$12d_0$ 或 $18t$	
			构件受拉力	$16d_0$ 或 $24t$	
	沿对角线方向			—	
中心至构件边缘距离	垂直内力方向	顺内力方向		$4d_0$ 或 $8t$	$2d_0$
		剪切或手上气割边			$1.5d_0$
		轧制边、自动气割或锯割边	高强度螺栓		$1.5d_0$
			其他螺栓		$1.2d_0$

5. 螺栓连接的受力形式

普通螺栓连接按照螺栓传力方式分为三种形式（见图6—55）：抗剪螺栓连接——受力垂直螺栓杆，靠孔壁承压和螺栓杆抗剪传力；抗拉螺栓连接——受力平行螺栓杆，靠螺栓杆承载拉力；既受剪又受拉，称为拉剪共同作用——两者兼有。

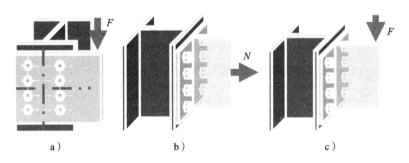

a）   b）   c）

图6—55　螺栓连接的受力形式
a）抗剪　b）抗拉　c）剪力和拉力共同作用

6. 高强度螺栓材料

高强度螺栓如图6—56所示，高强度螺栓连接副必须具有有效的质量证明文件、中文标识及扭矩系数和紧固轴力（预紧力）的检验报告，其品种、规格、性能等应符合现行国家产品标准和设计要求。材料质量证明文件应内容齐全、文字清晰可辨。

图6—56　高强度螺栓

性能等级为 8.8 级、10.9 级的高强度大六角头螺栓连接副，应符合现行国家标准《钢结构用高强度大六角头螺栓》（GB/T 1228—2006）、《钢结构用高强度大六角螺母》（GB/T 1229—2006）、《钢结构用高强度垫圈》（GB/T 1230—2006）、《钢结构用高强度大六角头螺栓、大六角螺母、垫圈技术条件》（GB/T 1231—2006）的规定。

性能等级为 10.9 级的扭剪型高强度螺栓连接副，应符合现行国家标准《钢结构用扭剪型高强度螺栓连接副》（GB/T 3632—2008）和《钢结构用扭剪型高强度螺栓连接副技术条件》（GB/T 3633—2008）的规定。

7. 门式钢架中梁—柱、梁—梁端板的接触面处理原则

门式钢架中梁—柱、梁—梁采用高强度螺栓端板连接时，其连接接触面应保证高强度螺栓终拧后紧密贴合；端板的接触面可按以下方式处理：

端板的平面度：梁的端板只允许凹进，不允许凸出，不平度的允许偏差为 $h/500$ 且不应大于 2.0 mm（h 为梁截面高度）。

端板与梁腹板的垂直度：梁的端板应与梁纵向保持设计要求的角度，其允许偏差控制在 $h/500$ 且不应大于 2.0 mm（h 为梁截面高度）。

技能训练 8　钢结构构件安装操作

一、训练任务

对如图 6—57 所示的钢结构构件安装施工，采用高强度螺栓连接，按施工规范及质量标准在规定时间内完成，并进行质量检验。

二、训练目的

熟悉钢结构构件安装施工的工具和设备的使用方法，熟练掌握高强度螺栓连接的基本操作方法，掌握钢结构安装施工安全操作知识，掌握钢结构质量检验的方法。

三、训练准备

1. 材料准备

（1）钢结构构件

钢结构构件型号、制作质量应符合设计要求和施工规范的规定，应有出厂合格证并应附有技术文件。

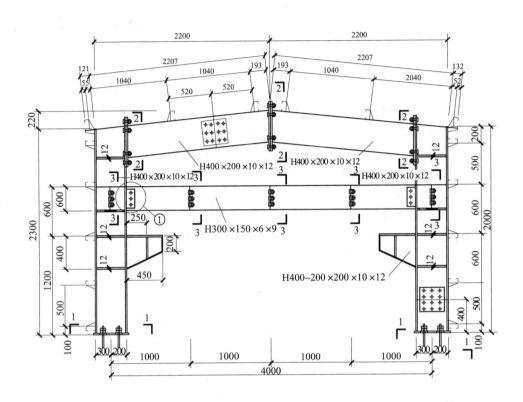

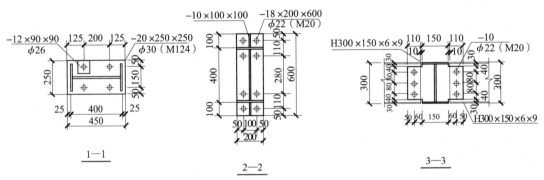

图 6—57 钢结构构件

（2）连接材料

焊条、螺栓等连接材料应有质量证明书，并符合设计要求及有关国家标准的规定。

高强度大六角头螺栓的连接副是由一个螺栓、两个垫圈、一个螺母组成，螺栓、螺母和垫圈应按规定配套使用。高强度大六角头螺栓验收入库后应按规格分类存放，应防雨、防潮，遇有螺纹损伤或螺栓、螺母不配套时不得使用。高强度大六角头螺栓存放时间过长，或有锈蚀时，应抽样检查紧固轴力，待满足要求后方可使用。螺栓不得沾染泥土、油污，必须清理干净。

（3）涂料

防锈涂料技术性能应符合设计要求和有关标准的规定，应有产品质量证明书。

（4）其他材料

其他材料包括各种规格的垫铁等。

2．机具准备

吊装机械、吊装索具、电焊机、焊钳、焊把线、垫木、垫铁、手持电砂轮、电钻、电动扭矩扳手及控制箱、手动扭矩扳手、扭矩测量扳手、钢丝刷等。

3．安全措施

（1）按规定正确佩戴和使用劳动防护用品，如安全帽、安全带、手套等。

（2）掌握和检查所使用工具、设备的性能，确认完好后，方可使用。

（3）检查作业场所的电气设施是否符合安全用电规定。

（4）尽量避开双层作业，确属无法避开时，应对下层采取隔离防护措施，确认完善可靠后，方可进行作业。

（5）钢结构拼装遇到螺栓孔错位时，应用尖头工具校正孔位，严禁用手指头在孔内探摸，以防挤伤。

（6）搬运物件时，行走姿势要正确，两腿要摆开，单人负重不得超过 80 kg，多人抬运长、大物件时，步伐应协调，负重要均匀，每人负重不得超过 50 kg。

（7）使用的抬杠和绳索，必须质量良好，无横节疤、裂纹、腐朽等。

（8）采用胶轮平板车推运料具时，严禁溜放，推行姿势应正确，速度不宜过快，小车间隔距离平道宜在 2 m 以上，坡道应在 10 m 以上，不得在两台车之间穿行。

四、训练流程要点

1．工艺流程

（1）钢结构构件安装工艺流程

钢结构构件安装的工艺流程为：实训准备→构件组拼→构件安装→连接与固定→检查、验收→除锈、刷涂料。

（2）高强度螺栓连接工艺流程

高强度螺栓连接的工艺流程为：实训准备→接头组装→安装临时螺栓→安装高强度螺栓→高强度螺栓紧固→检查验收。

2．操作要点

（1）钢结构构件安装

1）安装准备

①复验安装定位所用的轴线控制点和测量标高使用的水准点。

②放出标高控制线和屋架轴线的吊装辅助线。

③复验屋架支座及支撑系统的预埋件，其轴线、标高、水平度、预埋螺栓位置及露出长度等，超出允许偏差时，应做好技术处理。

④检查吊装机械及吊具，按照施工组织设计的要求搭设脚手架或操作平台。

⑤屋架腹杆设计为拉杆，但吊装时由于吊点位置使其受力改变为压杆时，为防止构件变形、失稳，必要时应采取加固措施，在平行于屋架上、下弦方向采用钢管、方木或其他临时加固措施。

⑥测量用钢尺应与钢结构制造用的钢尺校对，并取得计量法定单位检定证明。

2）屋架组拼。屋架分片运至现场组装时，拼装平台应平整。组拼时应保证屋架总长及起拱尺寸的要求。焊接时焊完一面检查合格后，再翻身焊另一面，做好施工记录。经验收后方准吊装。屋架及天窗架也可以在地面上组装好一次吊装，但要临时加固，以保证吊装时有足够的刚度。

3）屋架安装

①吊点必须设在屋架三汇交节点上。屋架起吊时离地 50 cm 时暂停，检查无误后再继续起吊。

②安装第一榀屋架时，在松开吊钩前初步校正；对准屋架支座中心线或定位轴线就位，调整屋架垂直度，并检查屋架侧向弯曲，将屋架临时固定。

③第二榀屋架用同样方法吊装就位好后，不要松钩，用杉篙或方木临时与第一榀屋架固定，跟着安装支撑系统及部分檩条，最后校正固定，务使第一榀屋架与第二榀屋架形成一个具有空间刚度和稳定的整体。

④从第三榀屋架开始，在屋脊点及上弦中点装上檩条即可将屋架固定，同时将屋架校正好。

4）构件连接与固定

①构件安装采用焊接或螺栓连接的节点，需检查连接节点，合格后方能进行焊接或紧固。

②安装螺栓孔不允许用气割扩孔，永久性螺栓不得垫两个以上垫圈，螺栓外露丝扣长度不少于 3 扣。

③安装定位焊缝不需承受荷载时，焊缝厚度不少于设计焊缝厚度的 2/3，且不大于 8 mm，焊缝长度不宜小于 25 mm，位置应在焊道内。安装焊缝全数外观检查，主要的焊缝应按设计要求用超声波探伤检查内在质量。上述检查均需做出记录。

④焊接及高强度螺栓连接操作工艺详见该项工艺标准。

⑤屋架支座、支撑系统的构造做法需认真检查，必须符合设计要求，零配件不得遗漏。

5）检查验收

①屋架安装后首先检查现场连接部位的质量。

②屋架安装质量主要检查屋架跨中对两支座中心竖向面的垂直度；屋架受压弦杆对屋架竖向面的侧面弯曲，必须保证上述偏差不超过允许偏差，以保证屋架符合设计受力状态及整体稳定要求。

③屋架支座的标高、轴线位移、跨中挠度，经测量做出记录。

6）除锈、涂料

①连接处焊缝无焊渣、油污，除锈合格后方可涂刷涂料。

②涂层干漆膜厚度应符合设计要求或施工规范的规定。

（2）高强度螺栓连接

1）作业准备

①备好扳手、临时螺栓、螺母、钢丝刷等工具，主要应对施工扭矩校正，就是对所用的扭矩扳手，在班前必须校正，扭矩校正后才准使用。扭矩校正应指定专人负责。

②高强度螺栓长度选择，考虑到钢构件加工时采用钢材一般均为正公差，有时材料代用又多是以大代小、以厚代薄，所以连接总厚度增加 3~4 mm 的现象很多，因此，应选择好高强度螺栓长度，一般以紧固后长出 2~3 扣为宜，然后根据要求配套备用。

2）接头组装

①对摩擦面进行清理，对板不平直的，应在平直度达到要求以后才能组装。摩擦面不能有油漆、污泥，孔的周围不应有毛刺，应对待装摩擦面用钢丝刷清理，其刷子方向应与摩擦受力方向垂直。

②遇到安装孔有问题时，不得用氧—乙炔扩孔，应用扩孔钻床扩孔，扩孔后应重新清理孔周围毛刺。

③高强度螺栓连接面板间应紧密贴实，对因板厚公差、制造偏差或安装偏差等产生的接触面间隙，应按规定处理。

3）安装临时螺栓

①钢构件组装时应先安装临时螺栓，临时安装螺栓不能用高强度螺栓代替，临时安装螺栓的数量一般应占连接板组孔群中的1/3，且不能少于2个。

②少量孔位不正、位移量又较少时，可以用冲钉打入进行定位，然后再安装螺栓。

③板上孔位不正、位移较大时，应用铰刀扩孔。

④个别孔位位移较大时，应补焊后重新打孔。

⑤不得用冲子边校正孔位边穿入高强度螺栓。

⑥安装螺栓数量达到30%时，可以将安装螺栓拧紧定位。

4）安装高强度螺栓

①高强度螺栓应自由穿入孔内，严禁用锤子将高强度螺栓强行打入孔内。

②高强度螺栓的穿入方向应该一致，局部受结构阻碍时可以除外。

③不得在下雨天安装高强度螺栓。

④高强度螺栓垫圈位置应该一致，安装时应注意垫圈正、反面方向。

⑤高强度螺栓在孔内不得受剪，应及时拧紧。

5）高强度螺栓的紧固

①高强度大六角头螺栓全部安装就位后，可以开始紧固。紧固方法一般分两步进行，

即初拧和终拧。应将全部高强度螺栓进行初拧，初拧扭矩应为标准轴力的60%～80%，具体还要根据钢板厚度、螺栓间距等情况适当掌握。若钢板厚度较大，螺栓布置间距较大时，初拧轴力应大一些为好。

②初拧紧固顺序，根据高强度大六角头螺栓紧固顺序规定，一般应从接头刚度大的地方向不受拘束的自由端顺序进行；或者从栓群中心向四周扩散方向进行。这是因为连接钢板翘曲不牢时，如从两端向中间紧固，有可能使拼接板中间鼓起而不能密贴，从而失去了部分摩擦传力作用。

③高强度大六角头螺栓初拧应做好标记，防止漏拧。一般初拧后标记用一种颜色，终拧结束后用一种颜色，加以区别。

④为了防止高强度螺栓受外部环境的影响，使扭矩系数发生变化，故一般初拧、终拧应该在同一天内完成。

⑤凡是结构原因，使个别高强度大六角头螺栓穿入方向不能一致，当拧紧螺栓时，只准在螺母上施加扭矩，不准在螺杆上施加扭矩，防止扭矩系数发生变化。

6）高强度大六角头螺栓检查验收

①施工操作中的工艺检查。在施工过程中检查高强度螺栓施工是否按施工工艺要求进行，具体工艺检查内容有以下几项：是否用临时螺栓安装，临时螺栓数量是否达到1/3以上；高强度螺栓的进入是否自由，严禁用锤强行打入；高强度螺栓紧固顺序、紧固方法是否正确；抽检测定扭矩扳手的扭矩值是否在设计允许范围之内；检查连接面钢板的清理情况，保证摩擦面的质量可靠。

②高强度大六角头螺栓的质量检查。用小锤敲击法，对高强度螺栓进行普查，防止漏拧。进行扭矩检查，抽查每个节点螺栓数的10%，但不少于一个。检查时先在螺栓端面和螺母上画一直线，然后将螺母拧松约60°，再用扭矩扳手重新拧紧，使两线重合，测得此时的扭矩应在规定范围内为合格；如发现有不符合规定的，应再扩大检查10%；如仍有不合格者，则整个节点的高强度螺栓应重新拧紧。扭矩检查应在螺栓终拧1 h以后、24 h之前完成。用塞尺检查连接板之间间隙，当间隙超过1 mm的，必须重新处理。检查高强度大六角头螺栓穿入方向是否一致，检查垫圈方向是否正确。

3. 成品保护

（1）安装屋面板时，应缓慢下落，不得碰撞已安装好的钢屋架、天窗架等钢构件。

（2）吊装损坏的涂层应补涂，以保证漆膜厚度符合规定的要求。

（3）已经终拧的高强度大六角头螺栓应做好标记。

（4）已经终拧的节点和摩擦面应保持清洁，防止油、尘污染。

（5）已经终拧的节点应避免过大的局部撞击和氧—乙炔烘烤。

五、训练质量检验

1. 主控项目

（1）钢结构安装工程的质量检验评定，应在该工程焊接或螺栓连接经质量检验评定符合标准后进行。

（2）构件必须符合设计要求和施工规范的规定，检查构件出厂合格证及附件。由于运输、堆放和吊装造成的构件变形必须矫正。

（3）支座位置、做法正确，接触面平稳牢固。

2．一般项目

（1）构件有标记；中心线和标高基准点完备清楚。

（2）结构表面干净，无焊疤、油污和泥沙。

（3）允许偏差项目：

1）屋架弦杆在相邻节点间平直度：$l/1\,000$ 且不大于 5 mm（l 为弦杆在相邻节点间的距离）。检查方法：用拉线和钢尺检查。

2）檩条间距：±5 mm。检查方法：用钢尺检查。

3）垂直度：$h/250$ 且不大于 15 mm（h 为屋架高度）。检查方法：用经纬仪或吊线和钢尺检查。

4）侧向弯曲：$L/1\,000$ 且不大于 10（L 为屋架长度）。检查方法：用拉线和钢尺检查。

思考练习题

1．钢结构常用符号有哪些？都怎么表示？简述索引符号的几种表示方法。

2．查找相关资料，绘出常用的几种焊缝标注方法。

3．图6—58中节点板的形状和尺寸是多少？各杆件距节点中心的距离分别为多少？

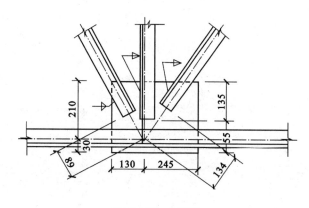

图6—58　3题图

4．图6—59中杆件⑥和杆件⑦的焊脚尺寸是多少？肢背和肢尖处的焊缝长度分别是多少？

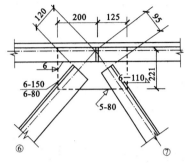

图6—59　4题图

5. 钢结构工程施工有什么特点和难点？钢结构构件怎么制作？

6. 简述钢结构构件制作的规范操作方法。

第七章 防水工程施工

所谓防水工程，是指为防止雨水、地下水、滞水及人为因素引起的水文地质改变而产生的水渗入建（构）筑物或防水蓄水工程向外渗漏所采取的一系列结构、构造和建筑措施，防水工程主要包括防止外部的水向防水建筑工程渗漏，蓄水结构的水向外渗漏和建（构）筑物内部相互止水三大部分。

建筑防水工程的质量直接影响房屋建筑的使用功能和寿命，关系到人民生活和生产能否正常进行。建筑防水的功能，就是使建（构）筑物在设计耐久年限内，防止雨水及生产、生活用水的渗漏和地下水的侵蚀，确保建筑结构、室内装饰和产品不受污损，为人们提供一个舒适和安全的空间环境。

第一节 防水工程概述

在建筑工程中，建筑防水技术是一门综合性、应用性很强的工程技术科学，是建筑工程技术的重要组成部分，对提高建筑物使用功能和生产、生活质量，改善人居环境发挥主要作用。防水工程是一项系统工程，它涉及防水材料、防水工程设计、施工技术、建筑物的管理等各个方面。建筑物防水工程的任务则是综合上述诸方面的因素，进行全方位评价，选择符合要求的高性能防水材料，进行可靠、耐久、合理、经济的防水工程设计，认真组织、精心施工，完善维修、保养管理制度，以满足建筑物及构筑物的防水耐久年限，实现防水工程的高质量及良好的综合效益。同时，防水工程施工是一项要求较高的专业技术，所以施工专业化是保证防水工程质量的关键，如果施工操作不认真，技术达不到要求，其后果必然导致防水工程的失败。

一、防水工程的分类

防水工程按其构造做法分为结构防水和材料防水两大类。结构防水主要是依靠结构构件材料自身的密实性及其某些构造措施（坡度、埋设止水带等），使结构构件起到防水作用。材料防水是在结构构件的迎水面或背水面及接缝处附加防水材料，做成防水层，以起到防水作用，如卷材防水、涂料防水、刚性材料防水层防水等。

按建（构）筑物工程部位分类，可分为地下防水、屋面防水、室内厕浴间防水、外墙板缝防水，以及特殊建（构）筑物和部位（如水池、水塔、室内游泳池、喷水池、四季厅、室内花园等）防水。

按材料品种分类，可分为卷材防水（包括沥青防水卷材、高聚物改性沥青防水卷材、合成高分子防水卷材等）、涂膜防水（包括沥青基防水涂料、高聚物改性沥青防水涂料、合成高分子防水涂料等）、密封材料防水（包括改性沥青密封材料、合成高分子密封材料等）、混凝土防水（包括普通防水混凝土、补偿收缩防水混凝土、预应力防水混凝土、掺外加剂防水混凝土，以及钢纤维或塑料纤维防水混凝土等）、砂浆防水［包括水泥砂浆（刚性多层抹面）、掺外加剂水泥砂浆及聚合物水泥砂浆等］和其他材料防水（包括各类粉状憎水材料，如建筑拒水粉、复合建筑防水粉等，还有各类渗透剂的防水材料）。

二、防水工程应遵循的原则

1．防排结合、以防为主、多道设防、刚柔相济

主要是以自防水为主，多道设防就是根据工程地质、结构、施工等几方面综合考虑，除了自防水以外采用卷材、涂料复合使用，充分利用不同防水材料的材性。目前较为普遍的做法就是，在工程围护结构的迎水面上粘贴防水卷材或涂刷涂料防水层，然后做保护层，再做好回填土和地面防水。常用的防水卷材有合成高分子防水卷材和高聚物改性沥青防水卷材两大类。

2．因地制宜、综合治理，细部构造防水应精心施工

细部构造主要包括施工缝、变形缝、后浇带、预埋螺栓、预埋铁件、穿墙套管等。因这些部位处理不好出现渗透的现象最为普遍，工程界有所谓"十缝九漏"之说，必须认真对待。

三、防水工程的等级

1．地下防水工程等级

地下防水工程分四个等级，其防水标准及适用范围见表7—1。

表7—1　　　　　地下防水工程等级及适用范围

防水等级	标　准	适用范围
一级	不允许渗水，结构表面无湿渍	人员长期停留的场所；因有少量湿渍会使物品变质、失效的储物场所及严重影响设备的正常运转和危及工程安全运营的部位；极重要的战备工程
二级	不允许渗水，结构表面可有少量湿渍 工业与民用建筑：总湿渍面积不应大于总防水面积（包括顶板、墙面、地面）的1/1 000；任意100 m²防水面积上的湿渍不超过1处，单个湿渍的最大面积不大于0.1 m² 其他地下工程：总湿渍面积不应大于总防水面积（包括顶板、墙面、地面）的6/1 000；任意100 m²防水面积上的湿渍不超过4处，单个湿渍的最大面积不大于0.2 m²	人员经常活动的场所；在有少量湿渍的情况下不会使物品变质、失效的储物场所及基本不影响设备的正常运转和工程安全运营的部位；重要的战备工程

续表

防水等级	标　准	适用范围
三级	有少量漏水点，不得有线流和漏泥沙 任意100 m²防水面积上的漏水点不超过7处，单个湿渍的最大面积不大于0.3 m²，单个漏水点的最大漏水量不大于2.5 L/d	人员临时活动的场所；一般战备工程
四级	有漏水点，不得有线流和漏泥沙；整个工程平均漏水量不大于2 L/（m²·d）；任意100 m²防水面积上的漏水点平均漏水量不大于4 L/（m²·d）	对渗漏无严格要求的工程

2. 屋面防水工程等级

根据建筑物的功能、重要程度、使用功能和防水层合理使用年限将屋面防水划分两个等级，见表7—2。

表7—2　　　　　　　　　　屋面防水工程等级

防水等级	建筑类别	设防要求
Ⅰ级	重要建筑和高层建筑	两道防水设防
Ⅱ级	一般建筑	一道防水设防

第二节　地下防水工程

随着高层建筑、大型公共建筑的增多，地下室和地下工程越来越多，地下防水工程越来越引起人们的重视，而地下防水成功与否，不仅是建筑物（或构筑物）使用功能的基本要求，而且在一定程度上影响建筑物的结构安全和使用寿命，同时还可以节约投资，降低工程成本，减少维修。

目前，地下防水工程种类主要有刚性防水层（采用较高强度和无延伸能力的防水材料，如防水砂浆、防水混凝土所构成的防水层）和柔性防水层（采用具有一定柔韧性和较大延伸率的防水材料，如防水卷材、有机防水涂料构成的防水层）。

一、防水混凝土

使用防水泥凝土时，可以通过控制材料选择、混凝土拌制、浇筑、振捣的施工质量，以减少混凝土内部的空隙和消除空隙间的连通，最后达到防水要求。

1. 使用环境及构造要求

防水混凝土的抗渗能力，不应小于0.6 MPa，环境温度不得高于80℃，处于侵蚀性介质中防水混凝土的耐侵蚀系数不应小于0.8；防水混凝土结构垫层的抗压强度等级不应小于10 MPa，厚度不应小于100 mm；衬砌厚度不应小于200 mm；裂缝宽度不得大于0.2 mm；迎水面钢筋保护层厚度不应小于35 mm，当直接处于侵蚀介质中时，保护层厚度不应小于50 mm。

2. 原材料

水泥强度等级不宜低于 32.5 级，要求抗水性好，泌水小，水化热低，并具有一定的抗腐蚀性。

细骨料要求为颗粒均匀、圆滑、质地坚实、含泥量不大于 3% 的中粗砂，泥块含量不得大于 1.0%。砂的粗细颗粒级配适宜，平均粒径为 0.4 mm 左右。

粗骨料要求组织密实、形状整齐，含泥量不大于 1%，泥块含量不得大于 0.5%。颗粒的自然级配适宜，粒径为 5~40 mm，且吸水率不大于 1.5%。

3. 制备

水泥用量在一定水灰比范围内，每立方米混凝土水泥用量一般不小于 300 kg，掺有活性掺和料时，水泥用量不得少于 280 kg/m^3，亦不宜超过 400 kg/m^3。砂率宜为 35%~45%。水泥与砂的比例应控制在 1:2~1:2.5。在保证振捣密实的前提下，水灰比尽可能小，一般不大于 0.55。坍落度不宜大于 50 mm，泵送时入泵坍落度宜为 100~140 mm。防水混凝土的配合比应通过试验确定，其抗渗水压值应比设计要求提高 0.2 MPa。

水泥、水、外加剂掺量允许偏差不得大于 ±1%；砂、石计量允许偏差不得大于 ±2%。为了增强混凝土的均匀性，应采用机械搅拌，搅拌时间不得少于 2 min，掺有外加剂的混凝土搅拌时间为 2~3 min。

4. 施工

（1）防水混凝土所用模板

除满足一般要求外，应特别注意模板拼缝严密，支撑牢固。一般不宜用螺栓或铁丝贯穿混凝土墙固定模板，以防止由于螺栓或铁丝贯穿混凝土墙面而引起渗漏水，影响防水效果。但是，当墙较高需用螺栓贯穿混凝土墙固定模板时，应采取止水措施。一般可采用螺栓加焊止水环、套管加焊止水环、螺栓加堵头的方法，如图 7—1 所示。

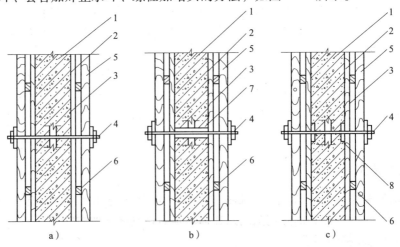

图 7—1　螺栓穿墙止水措施

a）螺栓加焊止水环　b）套管加焊止水环　c）螺栓加堵头

1—防水建筑　2—模板　3—止水环　4—螺栓　5—水平加劲肋　6—垂直加劲肋

7—预埋套管（拆模后将螺栓拔出，套管内用膨胀水泥砂浆封堵）

8—堵头（拆模后将螺栓沿平凹坑底刨去，再用膨胀水泥砂浆封堵）

（2）防水混凝土

混凝土浇筑应严格做到分层连续进行，每层厚度为 300 ~ 400 mm，上下层浇筑的时间间隔一般不超过 2 h。混凝土应用机械振捣密实，振捣时间宜为 10 ~ 30 s。在混凝土浇筑过程中，顶板、底板不宜留施工缝，顶拱、底拱不宜留纵向施工缝，墙体需留水平施工缝时，不应留在剪力与弯矩最大处或底板与侧壁交接处，应留在底板表面以上不小于 200 mm 的墙上。墙体设有孔洞时，施工缝距孔洞边缘不宜小于 300 mm。如必须留设垂直施工缝时，应留在结构的变形缝处。施工缝的形式有凸缝、高低缝、金属止水缝等，如图 7—2 所示。

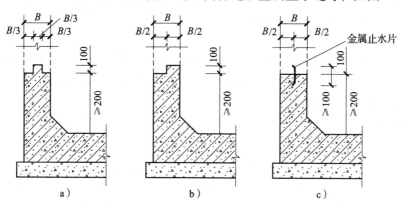

图 7—2　施工缝接缝形式

a）凸缝　b）高低缝　c）金属止水缝

在继续浇筑混凝土前，应将施工缝处松散的混凝土凿除，清理浮粒和杂物，用水冲洗干净，保持湿润，再铺 20 ~ 25 mm 厚 1:1 的水泥砂浆一层，所用材料和灰砂比应与混凝土中的砂浆相同。

防水混凝土自防水结构后浇带应设置在受力和变形较小的部位，宽度可为 1 m。后浇带的形式如图 7—3 所示。后浇带应在其两侧混凝土达 6 周后再施工。施工前应将接缝处的混凝土凿毛，清洗干净，保持湿润，并刷水泥净浆，而后用不低于两侧混凝土强度等级的补偿收缩混凝土浇筑，振捣密实，养护时间不得少于 28 天。

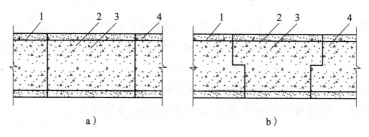

图 7—3　混凝土后浇带

a）平直缝　b）阶梯缝

1—主筋　2—附加筋　3—后浇混凝土　4—先浇混凝土

在混凝土终凝后（一般浇筑后 4 ~ 6 h），应在其表面覆盖草袋，并经常浇水养护，养护时间不少于 14 天。

二、防水砂浆

1. 使用环境及构造要求

（1）地下室预留孔洞及排水管道安装完毕，并办理隐蔽验收手续。

（2）混凝土墙、地面，如有蜂窝及松散要剔除，后浇带、施工缝要凿毛，用水冲刷干净。先涂素水泥浆（1∶1 水泥浆掺10%的108 胶）一层约 2 mm 厚，然后用 1∶3 水泥砂浆找平或用 1∶2 干硬性水泥砂浆填实。表面有油污时应用 10% 浓度的烧碱（氢氧化钠）溶液刷洗干净。

（3）混合砂浆砌筑的砖墙上抹防水层时，必须在砌砖时划缝，深度为 8～10 mm。

（4）预埋件、预埋管道露出基层时必须在其周围剔成 20～30 mm 宽、50～60 mm 深的沟槽，用 1∶2 干硬性水泥砂浆填实。

2. 材料

（1）水泥

宜用 32.5 级以上普通硅酸盐水泥、膨胀水泥。如遇有侵蚀介质作用时，应按设计要求选用。

（2）砂

宜用中砂，不得含有杂物，含泥量不得超过 3%，粒径大于 3 mm 的砂在施工前应筛除。

（3）外加剂

宜采用减水剂、早强剂等外加剂，可掺入有机硅防水剂和水玻璃矾类防水促凝剂。

3. 施工

（1）新混凝土工程，宜做成粗糙面，拆模后立即用钢丝刷将光滑的混凝土表面刷干净，并在抹灰前浇水冲刷干净。

（2）旧混凝土工程补做防水层时，需用钻子、凿、钢丝刷将表面凿毛，清理干净后再冲水刷洗干净。

（3）对表面凹凸不平、蜂窝孔洞，应根据不同情况分别进行处理。

（4）混凝土结构的施工缝按构造施工，要沿缝剔成 V 形斜坡槽，用水冲洗后，再用素灰打底，水泥砂浆压实抹平。槽深一般在 10 mm 左右。

（5）砖砌体基层处理：对于新砌体，应将其表面残留的砂浆等污物清除干净，并浇水冲洗；对于旧砌体，要将其表面酥松表皮及砂浆等污物清理干净。

三、卷材防水层

1. 特点

卷材防水层具有良好的韧性和延伸性，可以适应一定的结构振动和微小变形，防水效果较好，目前仍作为地下工程的一种防水方案而被较广泛采用。

2．材料

卷材防水层材料中，地下防水的油毡除应满足强度、延伸性、不透水性外，更要有耐腐蚀性，因此，宜优先采用沥青玻璃布油毡、再生橡胶沥青油毡等。铺贴油毡用的沥青胶的技术标准与油毡屋面要求基本相同。由于用在地下其耐热度要求不高。在浸蚀性环境中宜用加填充料的沥青胶，填充料应耐腐蚀。

3．施工

（1）施工前将验收合格的基层上的杂物、尘土清扫干净。

（2）在大面积涂刷施工前，先在阴角、管根等复杂部位均匀涂刷一遍；然后用长把滚刷大面积顺序涂刷，涂刷底胶厚度要均匀一致，不得有露底现象。涂刷的底胶经 4 h 干燥，手摸不粘时，即可进行下道工序。

（3）设计要求特殊部位，如阴阳角、管根，可用 SBS 卷材铺贴一层处理。

（4）铺贴前在基层面上排尺弹线，作为掌握铺贴的标准线，使其铺设平直；卷材铺贴，排除卷材下面的空气，使之平展，不得皱折，并应辊压黏结牢固。

（5）防水层做完后，应按设计要求做好保护层。

第三节　屋面防水工程

一、屋面防水工程类型

1．卷材防水屋面

（1）卷材屋面一般构造

卷材屋面的防水层是用胶黏剂或热熔法逐层粘贴卷材而成的。其一般构造层次如图 7—4 所示，施工时以设计为施工依据。

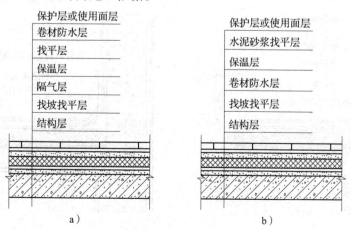

图 7—4　卷材防水屋面构造层次

a）正置式屋面　b）倒置式屋面

（2）卷材屋面节点构造

卷材屋面节点部位的施工十分重要，既要保证质量，又要施工方便。图7—5 ~ 图7—16 提供了一些节点构造做法，供参考。

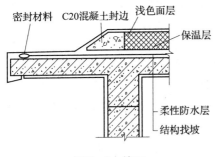

图7—5　檐口

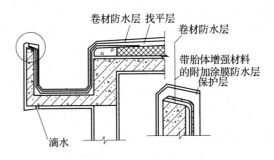

图7—6　檐沟及檐沟卷材收头

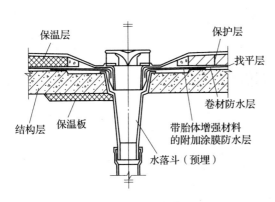

图7—7　直式水落口

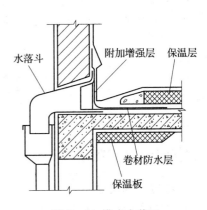

图7—8　横式水落口

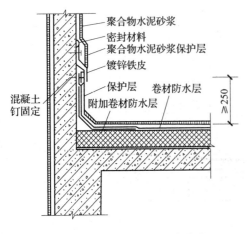

图7—9　混凝土墙卷材泛水收头

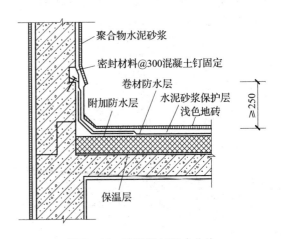

图7—10　砖墙卷材泛水收头

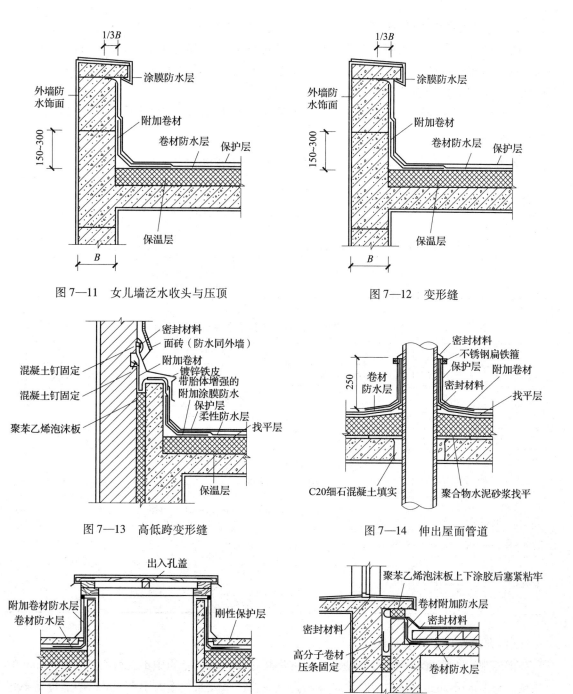

图 7—11 女儿墙泛水收头与压顶

图 7—12 变形缝

图 7—13 高低跨变形缝

图 7—14 伸出屋面管道

图 7—15 垂直出入口

图 7—16 水平出入口

（3）材料要求

屋面工程所采用的防水、保温隔热层材料应有产品合格证书和性能检测报告，材料的品种、规格、性能等应符合现行的国家产品和设计要求。各种材料的具体要求如下：

1) 高聚物改性沥青卷材

①外观。不允许有孔洞、缺边、裂口；边缘不整齐不超过 10 mm；不允许胎体露白、未浸透；撒布材料粒度、颜色均匀；每一卷卷材的接头不超过 1 处，较短的一段不应小于 1 000 mm，接头处应加长 150 mm。

②规格和技术性能要求。高聚物改性沥青防水卷材规格和技术性能要求分别见表 7—3 和表 7—4。

表 7—3　　　　　　　　　　　　高聚物改性沥青防水卷材规格

种类	厚度（mm）	宽度（mm）	每卷长度（m）
高聚物改性 沥青防水卷材	2.0	≥1 000	15.0 ~ 20.0
	3.0	≥1 000	10.0
	4.0	≥1 000	7.5
	5.0	≥1 000	5.0

表 7—4　　　　　　　　　　高聚物改性沥青防水卷材技术性能要求

项目		性能要求		
		聚酯毡胎体	玻纤毡胎体	聚乙烯胎体
拉力（N/50 mm）		≥450	纵向不小于 350	≥100
			横向不小于 250	
延伸率（%）		最大拉力时不小于 30	—	断裂时不小于 200
耐热性（2 h）		SBS 卷材 90℃，APP 卷材 110℃，无滑动， 无流淌，无滴落		PEE 卷材 90℃， 无流淌，无起泡
低温柔性		SBS 卷材 -180℃，APP 卷材 -5℃，PEE 卷材 -10℃ 3 mm 厚 r = 15 mm；4 mm 厚 r = 25 mm；3 s 弯 180°无裂缝		
不透水性	压力（MPa）	≥0.3	≥0.2	≥0.3
	保持时间 （min）	≥30		

2) 合成高分子防水卷材

①外观。折痕每卷不超过 2 处，总长度不超过 20 mm；杂质中不允许有大于 0.5 mm 的颗粒，每 1 m² 不超过 9 mm²；胶块每卷不超过 6 处，每处面积不大于 4 mm²；凹痕每卷不超过 6 处，深度不超过本身厚度的 30%，树脂类卷材深度不超过 15%；每卷的接头，橡胶类卷材每 20 m 不超过 1 处，较短的一段不应小于 3 000 mm，接头处应加长 150 mm，树脂类 20 m 长度内不允许有接头。

②规格和技术性能要求。合成高分子防水卷材规格和技术要求分别见表 7—5、表 7—6。

表7—5　　　　　　　　　　　合成高分子防水卷材规格

种类	厚度（mm）	宽度（mm）	每卷长度（m）
合成高分子防水卷材	1.0	≥1 000	20.0
	1.2	≥1 000	20.0
	1.5	≥1 000	20.0
	2.0	≥1 000	10.0

表7—6　　　　　　　　　　　合成高分子防水卷材技术要求

序号	项目			FS2
1	断裂拉深强度（N/cm）	常温	≥	60
		60℃	≥	30
2	扯断伸长率（%）	常温	≥	400
		−20℃	≥	10
3	撕裂强度（N）		≥	20
4	不透水性（0.3 MPa，30 min）			无渗漏
5	低温弯折性（℃）			−20
6	加热伸缩量（mm）	延伸	≤	2
		收缩	≤	4
7	加热空气老化（80℃，168 h）	断裂拉伸强度保持率（%）	≥	80
		扯断伸长率保持率（%）	≥	70
8	臭氧老化（40℃，168 h）200 pphm			无裂纹
9	人工气候老化	断裂拉伸强度保持率（%）	≥	80
		扯断伸长率保持率（%）	≥	70

3）防水卷材的贮存要求。防水卷材应储存在阴凉通风的室内，严禁接近火源；油毡必须直立堆放，高度不宜超过2层，不得横放、斜放；应按标号、品种分类堆放。

2．刚性防水屋面

刚性防水屋面是用细石混凝土、块体材料或补偿收缩混凝土等材料做屋面防水层，依靠混凝土密实并采取一定的构造措施，以达到防水的目的。

（1）构造

1）构造要求。刚性防水屋面刚性有余、韧性不足，抗拉强度低，承受变形的能力差，在温差变形和结构变形的作用下，容易产生裂缝而导致渗漏。因此必须满足必要的构造要求才能提高防水质量。

2）构造层次。刚性防水屋面的构造一般有防水层、隔离层、找平层、结构层等，刚性防水屋面应尽量采用结构找坡。

防水层：采用不低于C20的细石混凝土整体现浇而成，其厚度35～45 mm。为防止混凝土开裂，可在防水层中配直径4 mm、间距200 mm的双向钢筋网片，钢筋的保护层厚度不小于 15 mm。

隔离层：位于防水层与结构层之间，其作用是减少结构变形对防水层的不利影响。在结构层与防水层间设一隔离层使二者脱开。隔离层可采用铺纸筋灰、低强度等级砂浆，或薄砂层上干铺一层油毡等做法。

找平层：当结构层为预制钢筋混凝土屋面板时，其上应用 1:3 水泥砂浆做找平层，厚度为 20 mm。若屋面板为整体现浇混凝土结构时则可不设找平层。

结构层：一般采用预制或现浇的钢筋混凝土屋面板。刚性防水屋面构造如图 7—17 所示。

（2）细石混凝土材料要求

细石混凝土不得使用火山灰质水泥；砂采用粒径 0.3~0.5 mm 的中粗砂，粗骨料含泥量不应大于 1%，细骨料含泥量不应大于 2%；水采用自来水或可饮用的天然水；混凝土强度不应低于 C20，每立方米混凝土水泥用量不少于 330 kg，水灰比不应大于 0.55；含砂率宜为 35%~40%；灰砂比宜为 1:2~1:2.5。

3. 涂膜防水屋面

涂膜防水屋面是在钢筋混凝土装配式结构的屋盖体系中，板缝采用油膏嵌缝，板面压光具有一定的防水能力，通过涂布一定厚度高聚物改性沥青、合成高分子材料，经常温交联固化形成具有一定弹性的胶状涂膜，达到防水的目的。

涂膜防水屋面构造如图 7—18 所示。

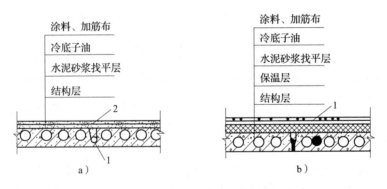

图 7—18　涂膜防水屋面构造图

a）无保温层涂料屋面　b）有保温层涂料屋面
1—细石混凝土　2—油膏嵌缝

（1）材料要求

1）涂料有厚质涂料和薄质涂料之分。

2）厚质涂料有石灰乳化沥青防水涂料、膨润土乳化沥青涂料、石棉沥青防水涂料、黏土乳化沥青涂料等。

3）薄质涂料分三大类，即沥青基橡胶防水涂料、化工副产品防水涂料、合成树脂防水涂料，同时又分为溶剂型和乳液型两种类型。

4）溶剂型涂料是高分子材料溶解于溶剂中形成的溶液。

5）乳液型涂料是以水作为分散介质，是高分子材料以极微小的颗粒稳定悬浮于水中，形成的乳液，水分蒸发后成膜。

6）建筑工程上应用的防水涂料标准见表7—7。高聚物改性防水涂料质量要求见表7—8。

表 7—7　　现行建筑防水涂料标准

类别	标准名称	标准号
防水涂料	聚氨酯防水涂料	GB/T 19250—2003
	溶剂型橡胶沥青防水涂料	JC/T 852—1999
	自粘聚合物改性沥青防水卷材	GB 23441—2009
	聚合物水泥防水涂料	GB/T 23445—2009

表 7—8　　高聚物改性防水涂料质量要求

项目		质量要求
固体含量（%）		≥43
耐热性（80℃，5 h）		无流淌、起泡和滑动
柔性（−10℃）		3 mm 厚，绕 φ20 mm 圆棒，无裂纹、无断裂
不透水性	压力（MPa）	≥0.1
	保持时间（min）	≥30
延伸（20±2℃）、拉伸（mm）		≥4.5

7）涂膜防水屋面常用的胎体增强材料有玻璃纤维布、合成纤维薄毡、聚酯纤维无纺布等。胎体增强材料的质量应符合表7—9的要求。

表 7—9　　胎体增强材料质量要求

项目		质量要求		
材料		聚酯无纺布	化纤无纺布	玻纤布
外观		均匀、无团状，平整、无折皱		
拉力（不小于，N/50 mm）	纵向	150	45	90
	横向	100	35	50
延伸率（不小于，%）	纵向	10	20	3
	横向	20	25	3

（2）基层要求

涂膜防水屋面结构层、找平层与卷材防水屋面基本相同。屋面的板缝施工应满足下列要求：

1）清理板缝浮灰时，板缝必须干燥。

2）非保温屋面的板缝上应预留凹槽，并嵌填密实材料。

3）板缝应用细石混凝土浇捣密实。

4）抹找平层时，分格缝与板端缝对齐、均匀顺直，并嵌填密封材料。

5）涂层施工时，板端缝部位空铺的附加层，每边距板缝边缘不得小于80 mm。

二、屋面防水工程施工技术

1. 屋面特殊部位的附加增强层和卷材铺贴施工工艺

（1）天沟、檐沟及水落口

天沟、檐沟卷材铺设前，应先对水落口进行密封处理。在水落口杯埋设时，水落口杯与竖管承插口的连接处应用密封材料嵌填密实，防止该部位在暴雨时产生倒水现象。水落口周围直径500 mm范围内用防水涂料或密封材料涂封作为附加增强层，厚度不少于2 mm，涂刷时应根据防水材料的种类采用不同的涂刷遍数来满足涂层的厚度要求。水落口杯与基层接触处应留宽10 mm、深10 mm的凹槽，嵌填密封材料。

由于天沟、檐沟部位水流量较大，防水层经常受雨水冲刷或浸泡。因此在天沟或檐沟转角处应先用密封材料涂封，每边宽度不少于30 mm，干燥后再增铺一层卷材或涂刷涂料作为附加增强层。

天沟或檐沟铺贴卷材应从沟底开始，顺天沟从水落口向分水岭方向铺贴，边铺边用刮板从沟底中心向两侧刮压，赶出气泡使卷材铺贴平整，粘贴密实。如沟底过宽时，会有纵向搭接缝，搭接缝处必须用密封材料封口。

铺至水落口的各层卷材和附加增强层，均应粘贴在杯口上，用雨水罩的底盘将其压紧，底盘与卷材间应满涂胶结材料予以黏结，底盘周围用密封材料填封。水落口处卷材裁剪方法如图7—19所示。

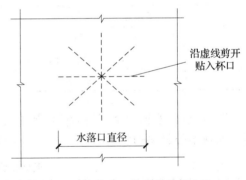

图7—19　水落口处卷材裁剪方法

（2）泛水与卷材收头

泛水是指屋面的转角与立墙部位。这些部位结构变形大，容易受太阳暴晒，因此为了增强接头部位防水层的耐久性，一般要在这些部位加铺一层卷材或涂刷涂料作为附加增强层。

泛水部位卷材铺贴前，应先进行试铺，将立面卷材长度留足，先铺贴平面卷材至转角处，然后从下向上铺贴立面卷材。如先铺立面卷材，由于卷材自重作用，立面卷材张拉过紧，使用过程易产生翘边、空鼓、脱落等现象。

卷材铺贴完成后，将端头裁齐。若采用预留凹槽收头，将端头全部压入凹槽内，用压条钉压平服，再用密封材料封严，最后用水泥砂浆抹封凹槽。如无法预留凹槽，应先用带垫片钉子或金属压条将卷材端头固定在墙面上，用密封材料封严，再将金属或合成高分子卷材条用压条钉压作盖板，盖板与立墙间用密封材料封固或采用聚合物水泥砂浆将整个端头部位埋压。

（3）变形缝

屋面变形缝处附加墙与屋面交接处的泛水部位，应做好附加增强层；接缝两侧的卷材防水层铺贴至缝边；然后在缝中填嵌直径略大于缝宽的衬垫材料，如聚苯乙烯泡沫塑料棒、聚乙烯泡沫板等。为了使其不掉落，在附加墙砌筑前，缝口用可伸缩卷材或金属板覆盖。附加墙砌好后，将衬垫材料填入缝内。嵌填完衬垫材料后，再在变形缝上铺贴盖缝卷材，并延伸至附加墙立面，卷材在立面上应采用满粘法，铺贴宽度不小于 100 mm。为提高卷材适应变形的能力，卷材与附加墙顶面上宜粘贴。

高低跨变形缝处，低跨的卷材防水层应铺至附加墙顶面缝边。然后将金属或合成高分子卷材盖板上、下两端用带垫片的钉子分别固定在高跨外墙面和低跨的附加墙立面上，盖板两端及钉帽用密封材料封严。

（4）排气孔与伸出屋面管道

排气孔与屋面交角处卷材的铺贴方法和立墙与屋面转角处相似，所不同的是流水方向不应有逆搓，排气孔阴角处卷材应做附加增强层，上部剪口交叉贴实或者涂刷涂料增强。

伸出屋面管道卷材铺贴与排气孔相似，但应加铺两层附加层。防水层铺贴后，上端用细铁丝扎紧，最后用密封材料密封，或焊上薄钢板泛水增强。附加层卷材裁剪方法参见水落口做法。

（5）阴阳角

阴阳角处的基层涂胶后要用密封材料涂封，宽度为距转角每边 100 mm，再铺一层卷材附加层，附加层卷材剪成图 7—20 所示形状。铺贴后剪缝处用密封材料封固。

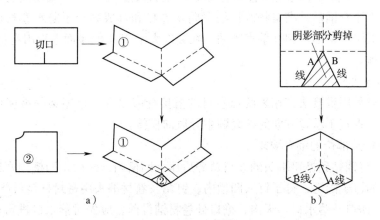

图 7—20　阴阳角卷材剪贴方法

a）阳角做法　b）阴角做法

（6）高低跨屋面

高跨屋面向低跨屋面自由排水的低跨屋面，在受雨水冲刷的部位应采用满粘法铺贴，并加铺一层整幅的卷材，再浇抹宽 300 ~ 500 mm、厚 30 mm 的水泥砂浆或铺相同尺寸的块材加强保护。如为有组织排水，水落管下加设钢筋混凝土簸箕，应坐浆安放平稳。

（7）板缝缓冲层

在无保温层的装配式屋面上铺贴卷材时，为避免因基层变形而拉裂卷材防水层，应沿屋架、梁或内承重墙的屋面板端缝，先干铺一层宽为 300 mm 的卷材条作缓冲层。为准确固定干铺卷材条的位置，可将干铺卷材条的一边点粘于基层上，但在檐口处 500 mm 内要用胶结材料粘贴牢固。

2. 屋面防水工程施工工艺

以某工程为例，采用 1.5 mm 厚三元乙丙防水卷材屋面，其中框架屋面采用 1.5 mm 厚氯化聚乙烯橡胶卷材防水。

（1）基层处理

检查找平层的质量及干燥程度并加以清扫，符合要求后涂刷基层处理剂，一次涂刷的面积不宜过大，确保涂刷面积大小能满足当天施工需要。涂刷完毕 4 h 后即可铺贴卷材。

（2）施工工艺流程

基层表面清理、修补→涂刷基层处理剂→节点处附加增强处理→定位、弹线、试铺→铺贴卷材→收头处理，节点密封→清理、检查、修整→保护层施工。

（3）施工顺序

防水层施工时，应先做好节点、附加层和屋面排水比较集中部位的处理，然后由屋面最低标高处向上施工。铺贴天沟、檐口卷材时，宜顺天沟、檐口方向以减少搭接。施工中按先高后低、先远后近的原则，先施工钢屋架坡屋面，后施工平屋面，并根据实际情况划分流水施工段，组织平行流水施工。

卷材铺贴方向应符合下列规定：屋面坡度小于 3% 时，卷材宜平行屋脊铺贴；屋面坡度在 3% ~ 15% 时，卷材可平行或垂直屋脊铺贴；屋面坡度大于 15% 或屋面受震动时，沥青防水卷材应垂直屋脊铺贴，高聚物改性沥青防水卷材和合成高分子防水卷材可平行或垂直屋脊铺贴；上下层卷材不得相互垂直铺贴；在坡度大于 25% 的屋面上采用卷材做防水层时，应采取固定措施。

（4）搭接方法

铺贴卷材时采用搭接法，相邻两幅卷材的搭接缝应错开，钢屋架处坡屋面的搭接缝顺流水方向搭接，垂直于屋脊方向的接缝顺主导风向搭接。

（5）屋面特殊部位的铺贴要求

1）檐口。将铺贴到檐口端头的卷材截齐后压入凹槽内，然后将凹槽用密封材料嵌填密实。用带垫片的钉子固定，钉子钉入凹槽内，钉帽及卷材端头用密封材料封严。

2）天沟、檐口及落水口。天沟、檐口处卷材铺设前，应先对落水口进行密封处理，落水口周围直径 500 mm 范围内用防水涂料涂刷封堵。落水口与基层接触处留设宽 20 mm、深 20 mm 的凹槽嵌填密封材料；天沟、檐口铺贴卷材时从沟底开始顺天沟从落水口向分水岭方向铺贴，边铺边用刮板从沟底中心向两侧刮压，赶出气泡，使卷材铺贴平整，粘贴密实。

3）泛水与卷材收头。泛水部位卷材铺贴前，先进行试铺，将立面卷材长度留足，先铺贴平面卷材至转角处，然后从下向上铺贴立面卷材。铺贴完成后，将端头裁齐，用密封材料封严堵实。

4）阴阳角。阴阳角处的基层涂胶后用密封膏涂封距角处 100 mm，再铺一层卷材附加层，铺贴后剪缝处用密封膏封固。

（6）保护层施工

防水层施工完毕，经检验合格后，采用水泥砂浆做保护层。保护层施工前，应根据结构情况每隔4~6m用20 mm厚木模设置纵横分格缝。铺设水泥砂浆时，随铺随拍实，并用刮尺找平。

3. 屋面SBS改性沥青卷材防水施工工艺

（1）施工准备

1）防水材料选用和准备

①防水材料的选用。一般选用高强度、低延伸的防水卷材，应结合工程的实际情况，选用3 mm厚的SBS改性沥青防水卷材。节点附加层应选用氯丁橡胶改性沥青防水涂料，要求固体含量不小于43%，延伸不小于4.5 mm，耐热度为80℃时5 h无流淌、起泡。密封材料选用SBS改性沥青弹性密封膏，黏结性不小于15 mm，耐热度下垂不大于4 mm。

②防水材料的质量要求。所用的SBS改性沥青防水卷材、氯丁橡胶改性沥青防水涂料、SBS改性沥青弹性密封膏等均必须有出厂合格证。进场后应抽样试验。

③防水材料的保管。SBS改性沥青防水卷材宜直立堆放，高度不得超过两层。储存处应阴凉通风，避免日晒、雨淋和受潮。

④防水材料的准备。所用的防水材料应及时进场，并经抽样复试合格。

2）劳动组织。应根据工程量的大小和工期的要求，合理组织劳动力，一般情况下，安排一个施工小组负责施工。由于屋面防水工程的重要性，因此，施工屋面卷材防水必须由专业人员进行，该施工小组配备5~6人，其中最少应配置2~3名专业技术工人，专业技术工人必须持证上岗。

3）施工机具。屋面防水施工需要的主要机具见表7—10。

表7—10　　　　　　　　　　　　屋面防水施工需要的主要机具

序号	机具名称	规格	单位	数量	用途
1	棕扫帚	普通	把	3	清扫基层
2	钢丝刷	普通	把	4	清理基层
3	小平铲	小型	把	2	清理基层
4	长柄刷或滚刷		把	2	涂刷冷底子油
5	剪刀	普通	把	1	裁剪卷材
6	彩色粉袋		个	1	弹卷材基准线
7	粉笔		把	1	做标记用
8	钢卷尺	2 m	把	4	度量尺寸
9	钢卷尺	50 m	把	1	度量尺寸
10	火焰加热器	喷灯或专用喷枪	支	3	热熔卷材用
11	手持压辊	ϕ40 mm，宽100 mm	个	2	压实卷材搭接缝

序号	机具名称	规格	单位	数量	用途
12	铁压辊	宽 500 mm，重 40 kg，包胶皮	个	1	压实卷材用
13	刮板	胶皮刮板	个	2	推刮卷材及刮边
14	铁锤	普通	把	1	卷材收头钉水泥钉

4）技术准备。项目技术负责人组织小组学习设计图纸；熟识屋面构造、细部节点要求；了解所用材料的技术质量要求和施工工艺规定；进行操作技术交底或培训，未经交底或培训不得上屋面进行施工操作。

5）施工条件准备。各种防水材料按时运到现场；垂直运输可利用土建施工用的井架；屋面找平层上已清理完毕，含水率符合规定；伸出屋面的设施、预埋件等已安装完毕。

根据气象预报选定无雨、雾的天气。

（2）施工工艺流程和顺序

1）施工工艺流程。找平层修补及清扫→找平层分格缝密封处理→节点密封处理→节点防水涂膜附加层→涂刷冷底子油→卷材铺贴及封边处理→收头固定、密封→闭水试验。

2）施工顺序

①铺贴多跨或高低跨屋面时，应先远后近，先高跨后低跨。

②在一个单跨铺贴时，应先铺贴排水比较集中部分（如天沟、水落口、檐口），再铺贴油毡附加层，由低到高，使卷材按流水方向搭接。

（3）施工方法

1）卷材铺贴方向。对于屋面排水放坡不大于 2% 时，采用平行屋脊的铺贴方法，其搭接缝应顺流水方向搭接。

2）冷底子油。当找平层经检验证实已干燥后，在铺贴卷材之前在找平层上涂刷一道冷底子油。冷底子油的配合比是 10 号沥青:汽油 = 30:70。配制冷底子油时先将熬好的沥青倒入料桶中，当沥青温度降到 100℃ 时再分批加入汽油，开始每次 2 ~ 3 L，以后每次 5 L。

冷底子油采用长柄滚刷涂刷，要求涂刷均匀，不漏涂。当冷底子油挥发干燥后，即可铺贴卷材防水层。如涂刷冷底子油后因气候、材料等影响，较长时间不能铺贴卷材时，则在以后铺贴卷材之前重刷一道冷底子油，以清除找平层上的灰尘、杂物，增强卷材与基层的黏结。

3）卷材搭接缝宽度。SBS 改性沥青卷材防水层一般采用热熔满粘法施工，故要求搭接缝宽度长边均不得小于 80 mm，短边均不得小于 100 mm。为确保搭接缝的宽度，应先在找平层上弹出墨线，进行卷材试铺，无问题后方可进行正式铺贴。

4）掌握好卷材热熔胶的加热程度。若卷材底部的热熔胶加热不足，会造成卷材与基层黏结不牢；若过分加热，又容易使卷材烧穿，胎体老化，热熔胶焦化变脆，严重降低防水层的质量。因此，要求烘烤时要使卷材底面和基层同时均匀加热，喷枪的喷嘴与卷材面的距离要适中，一般保持 50 ~ 100 mm，与基层成 30° ~ 45° 角。喷枪要沿着卷材横向缓缓来回移动，移动速度要合适，使在卷材幅宽内加热温度均匀，至热熔胶呈光亮黑色时，即可趁卷材柔软的情况下滚铺粘贴。

5）辊压、排气。应趁热用压辊滚压。卷材始端铺贴完成后，即可进行大面积滚铺。持枪人位于卷材滚铺方向，推滚卷材人位于已铺好的卷材始端上面，待卷材加热后缓缓推压卷材，并随时注意卷材的平整顺直和搭接的宽度。其后跟随一人用棉纱团等从中间向两边抹压卷材，排出卷材下面的空气，并用刮刀将溢出的热熔胶刮压接边缝，另一人用压辊压实卷材，使之黏结牢固，表面平展，无皱折现象。

铺贴时，应使卷材与基层紧密黏结，避免铺斜、扭曲，仔细压紧、刮平，赶出气泡封严。如发现已铺贴卷材有气泡、空鼓或翘边等现象，应及时进行处理。末端收头封边时，采用橡胶沥青黏结剂将末端黏结封严。

6）搭接缝施工。在进行搭接缝黏结施工前，应将卷材表面 80～100 mm 宽用喷枪烧熔，注意不要烧伤搭接缝处的卷材。粘贴搭接缝卷材时，当卷材底部的热熔胶熔融至呈光亮的黑色即可粘贴，并进行滚压至热熔胶溢出，收边者趁热用刮板将溢出的热熔胶刮平，沿边封严。当整个卷材防水层铺贴完毕后，在所有搭接缝边均要用 SBS 改性沥青弹性密封膏涂封，宽 10 mm。

（4）细部处理

屋面细部处理一般包括水落口处理、泛水节点处理、凸出屋面的管道处理和变形缝处理。

1）水落口处理。水落口应设在排水沟的最低处，水落口杯与找平层接融处，应留宽 20 mm、深 20 mm 的凹槽，槽内用 SBS 改性沥青弹性密封膏嵌填严密。上面做 2 mm 厚的氯丁橡胶改性沥青防水涂膜附加层，并用化纤无纺布胎体进行增强，如图 7—21 所示。

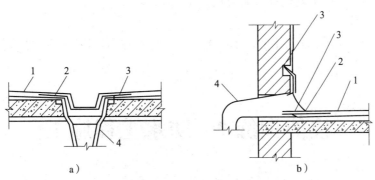

图7—21 水落口构造详图
a）竖式水落口 b）横式水落口
1—防水层 2—附加层 3—密封材料 4—水落口杯

2）泛水节点处理。砖砌女儿墙上在距檐沟沟底最高处的上方 250 mm，预留 60 mm × 60 mm 的凹槽，槽内用水泥砂浆抹出斜坡。找平层在泛水处应抹成半径为 50 mm 的圆角，然后再刷 2 mm 厚的氯丁橡胶改性沥青防水涂膜附加层，并用化纤无纺布做胎体增强材料。卷材防水层的收头应压入凹槽内，每隔 900 mm 用水泥钉钉牢，卷材收头上口用 SBS 改性沥青弹性密封膏封严，然后用干性混凝土将凹槽嵌填、挤实，表面用水泥砂浆找平，如图7—22 所示。

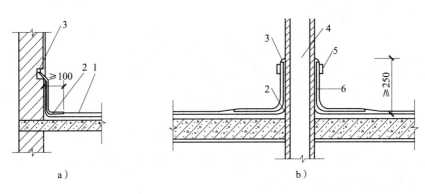

图7—22　泛水构造详图

1—涂膜防水层　2—胎体材料附加层　3—密封材料　4—管道　5—金属箍　6—防水附加层

3）凸出屋面的管道接口处理。在防水层上沿排气管道壁铺贴卷材附加层，上口用金属箍卡牢，在附加层上口与排气孔管道壁间用SBS改性沥青弹性密封膏封口。

4）变形缝处理。有变形缝的工程，缝内先用沥青麻丝填塞，并用卷材做成形状，放入缝内，两侧与变形缝挡墙上部粘牢，然后在槽内放入泡沫塑料棒衬垫，再覆盖做成凸形卷材封闭，上扣混凝土盖板保护，盖板与盖板之间的接头缝隙，应用SBS改性沥青弹性密封膏封严。

（5）蓄水试验

卷材铺贴完成后，经外观初步检查合格，然后用碎布或其他材料塞严水落管，灌水试验，一般蓄水24 h，以未发现有渗漏为宜。

（6）技术参数

SBS改性沥青卷材屋面防水的技术参数为：沥青卷材的长边搭接宽度不小于80 mm，短边搭接宽度不小于100 mm。

技能训练9　防水工程施工

一、训练任务

采用热熔法进行APP防水卷材施工，按施工规范及质量标准在规定进间内完成，并进行质量验收。2人一组，铺贴一段内天沟屋面防水施工。

二、训练目的

熟悉高聚物改性沥青卷材防水层施工的工具和设备的使用方法；熟悉高聚物改性沥青卷材热熔法施工的基本操作方法；掌握屋面防水施工安全操作知识。

三、训练准备

1. 材料准备

（1）主要材料

高聚物改性沥青防水卷材，如 APP 卷材、SBS 卷材、PEE 卷材，厚度不小于 4 mm。

（2）配套材料

1）氯丁橡胶沥青胶黏剂，由氯丁橡胶加入沥青及溶剂等配制而成，为黑色液体。或采用与铺贴的卷材性能相容的基层处理剂。

2）橡胶沥青嵌缝膏，即密封膏，用于细部嵌固边缘。

3）汽油、二甲苯，用于清洗受污染的部位。

2. 机具准备

电动搅拌器、高压吹风机、自动热风焊接机、喷灯或可燃气体焰炬、铁抹子、滚动刷、长把滚动刷、钢卷尺、剪刀、笤帚、小线等。

3. 安全措施

（1）防水材料、配套辅助材料及燃料，应分别存放并保持安全距离，设专人管理，发放应坚持领用登记制度。其中防水卷材应单层立放，大汽油桶、燃气瓶必须分别入库存放。

（2）材料堆放处、库房、防水作业区必须配备消防器材。

（3）施工作业人员必须持证上岗并穿戴防护用品（口罩、工作服、工作鞋、手套、安全帽等），按规程操作，不得违章。

（4）防水作业区必须保持良好通风。

（5）高处作业必须有安全可靠的脚手架，并满铺脚手板，作业人员必须系好安全带。

（6）施工用火时，火焰加热器必须专人操作，定时保养，禁止带故障使用。在加油、更换气瓶时必须关火，禁止在防水层上操作，喷头点火时不得正面对人，并应远离油桶、气瓶、防水材料及其他易燃易爆材料。

四、训练流程要点

1. 工艺流程

清理基层→涂刷基层处理剂→铺贴卷材附加层→铺贴卷材→热熔封边→蓄水试验→防水保护层施工。

2. 操作要点

（1）清理基层

施工前将验收合格的基层表面尘土、杂物清理干净，表面必须干燥。

（2）涂刷基层处理剂

高聚物改性沥青卷材施工，按产品说明书配套使用，基层处理剂应与铺贴的卷材材性相容。可将氯丁橡胶沥青胶黏剂加入工业汽油稀释，搅拌均匀，用长把滚刷均匀涂刷于基层表面上，常温经过 4 h 后，开始铺贴卷材。

（3）附加层施工

一般用热熔法使用改性沥青卷材施工防水层，在女儿墙、水落口、管根、檐口、阴阳角等细部先做附加层，附加的范围应符合设计和屋面工程技术规范的规定。

（4）铺贴卷材

卷材的层数、厚度应符合设计要求。多层铺设时接缝应错开。将改性沥青防水卷材剪成相应尺寸，用原卷心卷好备用；铺贴时随放卷随用火焰喷枪加热基层和卷材的交界处，喷枪距加热面 300 mm 左右，经往返均匀加热，趁卷材的材面刚刚熔化时，将卷材向前滚铺、粘贴，搭接部位应满粘牢固，卷材铺贴方向、搭接宽度应符合下列规定。

1）卷材铺贴方向应符合下列规定：

①屋面坡度小于 3% 时，卷材宜平行屋脊铺贴。

②屋面坡度在 3%～15% 时，卷材可平行或垂直屋脊铺贴。

③屋面坡度大于 15% 或屋面受震动时，沥青防水卷材应垂直屋脊铺贴，高聚物改性沥青防水卷材和合成高分子防水卷材可平行或垂直屋脊铺贴。

④上下层卷材不得相互垂直铺贴。铺贴卷材采用搭接法时，上下层及相邻两幅卷材的搭接缝应错开。

2）热熔法铺贴卷材应符合下列规定：

①火焰加热器加热卷材应均匀，不得过分加热或烧穿卷材；厚度小于 3 mm 的高聚物改性沥青防水卷材严禁采用热熔法施工。

②卷材表面热熔后应立即滚铺卷材，卷材下面的空气应排尽，并辊压黏结牢固，不得空鼓。

③卷材接缝部位必须溢出热熔的改性沥青胶。

④铺贴的卷材应平整顺直，搭接尺寸准确，不得扭曲、皱折。

（5）热熔封边

将卷材搭接处用喷枪加热，趁热使二者黏结牢固，以边缘挤出沥青为度；末端收头用密封膏嵌填严密。

（6）蓄水试验

热熔封边后必须进行蓄水试验，检验热熔封边效果。

（7）防水保护层施工

卷材防水层完工并经验收合格后，应做好成品保护。保护层的施工应符合设计要求和下列规定：

1）绿豆砂应清洁、预热、铺撒均匀，并使其与玛琋脂黏结牢固，不得残留未黏结的绿豆砂。

2）云母或蛭石保护层不得有粉料，撒铺应均匀，不得露底，多余的云母或蛭石应清除。

3）水泥砂浆保护层的表面应抹平压光，并设表面分格缝，分格面积宜为 1 m²。

4）块体材料保护层应留设分格缝，分格面积不宜大于 100 m²，分格缝宽度不宜小于 20 mm。

5）细石混凝土保护层，混凝土应密实，表面抹平压光，并留设分格缝，分格面积不大于 36 m²。

6）浅色涂料保护层应与卷材黏结牢固，厚薄均匀，不得漏涂。

7）水泥砂浆、块材或细石混凝土保护层与防水层之间应设置隔离层。

8）刚性保护层与女儿墙、山墙之间应预留宽度为 30 mm 的缝隙，并用密封材料嵌填严密。

3．成品保护

（1）已铺贴好的卷材防水层，应采取措施进行保护，严禁在防水层上进行施工作业和运输，并应及时做防水层的保护层。

（2）穿过屋面、墙面防水层处管位，施工中与完工后不得损坏变位。

（3）屋面变形缝、水落口等处，施工中应进行临时塞堵和挡盖，以防落进材料等物，施工完后将临时堵塞、挡盖物清除，保证管、口内畅通。

（4）屋面施工时不得污染墙面、檐口侧面及其他已施工完的成品。

五、训练质量检验

防水工程施工训练质量检验标准见表7—11。

表7—11 防水工程施工训练质量检验标准

验收细节	确认后 打"√"	
防水卷材的质量是否合格	是	否
防水卷材的表面和管道根部等细部是否平整	是	否
防水卷材的铺贴是否有开口、翘边、开裂、空鼓现象存在	是	否
阴阳角、施工缝等特殊部位的加强层的跨中线两边是否不少于100 mm	是	否
淋水检查试验，对有条件部位进行淋水检验，24 h 后是否有渗漏现象	是	否

思考练习题

1．简述防水卷材的种类、特点和使用范围。

2．简述防水涂料种类、防水原理及特点。

3．简述卷材防水屋面各构造层的做法及施工工艺。

4．简述油毡热铺法和冷铺法施工工艺。

5．简述卷材屋面的质量保证措施。

6. 简述涂抹防水层施工特点。

7. 简述屋面防水工程的一般构造特点。

8. 简述屋面防水工程特殊部位的附加增强层和卷材铺贴施工要点。

9. 简述 SBS 改性沥青卷材屋面防水施工工艺的要点。

第八章 装饰工程施工

装饰工程施工是指房屋建筑施工中包括抹灰、油漆、刷浆、玻璃、裱糊、饰面、罩面板和花饰等工艺的工程，它是房屋建筑施工的最后一个施工过程，其具体内容包括内外墙面和顶棚的抹灰、内外墙饰面和镶面、楼地面的饰面、房屋立面花饰的安装、门窗等木制品和金属品的油漆刷浆等。

第一节 抹 灰 工 程

抹灰是将水泥、石灰膏、膨胀珍珠岩等各种材料配制的砂浆或素浆涂抹在建筑结构体表面，既保护主体结构，又可作为基本饰面或是作为各类装饰装修的施工基层（底层、基面、找平层等）及黏结构造层；还可以通过相应的材料配合与操作工艺使之成为装饰抹灰。

一、抹灰工程的分类和组成

1. 抹灰的分类

（1）按施工部位的不同，抹灰工程可分为室内抹灰（内抹灰）和室外抹灰（外抹灰）。

（2）按使用要求及装饰效果的不同，抹灰工程分为一般抹灰、装饰抹灰和特种砂浆抹灰。

1）一般抹灰。一般抹灰所使用的材料有石灰砂浆、水泥砂浆、水泥混合砂浆、聚合物水泥砂浆、麻刀灰、纸筋灰和石膏灰等。

2）装饰抹灰。装饰抹灰是指通过选用适当的抹灰材料及操作工艺等方面的改进，使抹灰面层直接具备装饰效果而无须再做其他饰面，如水刷石、干粘石、斩假石、假面砖等。

3）特种砂浆抹灰。特种砂浆抹灰是指采用保温砂浆、防水砂浆、耐酸砂浆等材料进行的有特殊要求的抹灰工程。

（3）按主要工序和表面质量的不同，一般抹灰工程分为普通抹灰和高级抹灰（具体工程的抹灰等级应由设计单位按照国家有关规定，根据技术、经济条件和装饰美观的需要予以确定，并在施工图中注明）。

2. 抹灰饰面的组成

为使抹灰层与建筑主体表面黏结牢固，防止开裂、空鼓和脱落等质量弊病的产生并使之表面平整，装饰工程中所采用的普通抹灰和高级抹灰均应分层操作，即将抹灰饰面分为底层、中层和面层三个构造层次，如图8—1所示。

（1）底层抹灰为黏结层，其作用主要是确保抹灰层与基层牢固结合并初步找平。

（2）中层抹灰为找平层，主要起找平作用。根据具体工程的要求可以一次抹成，也可以分次完成，所用材料通常与底层抹灰相同。

（3）面层抹灰为装饰层，对于以抹灰为饰面的工程施工，不论一般抹灰或装饰抹灰，其面层均通过一定的操作工艺使表面达到规定的效果，起到饰面美化作用。

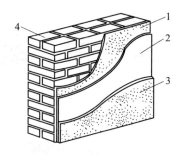

图8—1　抹灰饰面的组成

1—底层　2—中层　3—面层　4—墙体

二、一般抹灰的材料和砂浆的配制

1．一般抹灰的材料

在抹灰工程中，主要用的材料是砂浆，砂浆是胶凝材料、骨料、水、纤维材料等按照一定比例拌和而成的可塑性材料。

（1）胶凝材料

在抹灰工程中，胶凝材料主要有水泥（水硬性胶凝材料）、石灰（起塑化作用）、石膏（建筑石膏）等。

常用的水泥有硅酸盐水泥、普通硅酸盐水泥和矿渣硅酸盐水泥等，强度等级在32.5级以上。不同品种的水泥不得混用，不得采用未做处理的受潮、结块水泥，出厂已超过3个月的水泥应经试验达标后方可使用。

（2）骨料

1）砂。砂是自然条件下形成的，有自然山砂、河砂和海砂，有细、中、粗之分。抹灰宜采用中砂。

2）石碴。石碴是由天然大理石、花岗岩、白云石及其他天然石材破碎而成的，常用作水刷石、水磨石、干粘石的骨料。

3）膨胀珍珠岩。膨胀珍珠岩是一种天然酸性玻璃质火山熔岩非金属矿产，如图8—2所示。由于在1 000～1 300℃高温条件下，其体积迅速膨胀4～30倍，故统称为膨胀珍珠岩，可与水泥、石灰配制成保温、隔热的灰浆。

（3）纤维材料

纤维材料可以提高抹灰层的抗拉强度，增加抹灰层的弹性和耐久性，使抹灰层不易开裂脱落。

1）麻刀。麻刀是用乱麻绳剁碎或是用麻袋片经过麻刀机粉碎后加工而成的，是一种建筑材料，掺在熟石灰中使用，一般用于墙面抹灰，现在也有成品卖。麻刀的作用是防止开裂。麻刀和白灰以质量比3:100混合均匀即可使用，是一种纯天然环保材料。

2）纸筋。将纸撕碎并用清水浸泡、捣烂，即成

图8—2　膨胀珍珠岩

纸筋。

3）玻璃纤维。玻璃纤维是以玻璃球或废旧玻璃为原料，经高温熔制、拉丝等工艺制成。

4）草秸。将 30 mm 长的干燥稻草和麦秸经石灰水浸泡处理 15 天后即成为可以使用的草秸。

（4）其他化工材料

1）108 胶。108 胶是可溶于水的透明胶，如图 8—3a 所示。在水泥或水泥砂浆中掺入适量 108 胶，可提升水泥砂浆的黏结能力，在增加砂浆的柔韧性和弹性，减少砂浆面层的开裂、脱落等现象的同时，还可提高砂浆的黏稠度和保水性。

2）白乳胶。在水泥或水泥砂浆中掺入适量白乳胶，可大大提升水泥砂浆的黏结能力，增加砂浆的柔韧性和弹性，减少砂浆面层的开裂、脱落。白乳胶如图 8—3b 所示。

a）　　　　　　　　　　　　　　b）

图 8—3　108 胶和白乳胶

a) 108 胶　b) 白乳胶

2．砂浆的配制

一般抹灰砂浆拌和时通常采用质量配合比，材料应称量搅拌。配料中，水泥的误差应控制在 ±2% 以内，砂子、石灰膏的误差应控制在 ±5% 以内。砂浆应搅拌均匀，一次搅拌量不宜过多，最好随拌随用。拌好的砂浆堆放时间不宜过久，应控制在水泥初凝前用完。

常用砂浆的配制及应用见表 8—1。

表 8—1　　　　　　　　　　　　常用砂浆的配制及应用

材料	配合比（体积比）	应用范围
石灰∶砂	1∶2 ~ 1∶4	砖石墙表面（檐口、勒脚、女儿墙及防潮房间的墙除外）
石灰∶黏土∶砂	1∶1∶4 ~ 1∶1∶8	干燥环境的墙表面
石灰∶石膏∶砂	1∶0.6∶2 ~ 1∶1∶3	不潮湿房间的墙及天花板
石灰∶水泥∶砂	1∶0.5∶4.5 ~ 1∶1∶5	檐口、勒脚、女儿墙外脚及比较潮湿的部位
水泥∶砂	1∶3 ~ 1∶2.5	浴室、潮湿车间等墙裙、勒脚或地面基层

续表

材料	配合比（体积比）	应用范围
水泥:砂	1:2～1:1.5	地面、顶棚或墙面面层
水泥:石膏:砂:锯末	1:1:3:5	吸声粉刷
水泥:白石子	1:2～1:1	水磨石（打底用1:2.5水泥砂浆）

三、抹灰工具

常用抹灰工具有铁抹子、压子、阴角抹子、阳角抹子、托灰板、刮杠、线坠、方尺、托线板和木抹子等几种。

1. 铁抹子、压子

铁抹子用于抹底层或水磨石、水刷石面层施工，如图8—4所示，它的握法如图8—5所示。

压子用于细部抹灰修理及局部处理等，它的握法如图8—6所示。

图8—4　铁抹子　　　　图8—5　铁抹子握法　　　　图8—6　压子握法

2. 阴角抹子、阳角抹子

阴角抹子主要压实、压光，阳角抹子主要压光、做护角线等。阴角抹子和阳角抹子如图8—7所示，阴角抹子的用法如图8—8所示，阳角抹子的用法如图8—9所示。

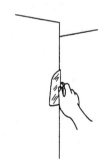

图8—7　阴角抹子和阳角抹子　　　图8—8　阴角抹子用法　　　图8—9　阳角抹子用法

3. 托灰板、刮杠（也称刮杆）

托灰板如图8—10所示，在抹灰时承托砂浆，其用法如图8—11所示；刮杠也叫刮杆，用于刮平墙面的抹灰层，如图8—12所示，其用法如图8—13所示。

图 8—10 托灰板

图 8—11 托灰板用法

图 8—12 刮杠

图 8—13 刮杠用法

4. 线坠

线坠如图 8—14 所示，用来检查角部的垂直度，使用时用拇指挑起线坠线，小指扶在靠尺杆上，用一只眼观察线坠线是否与靠尺杆重合，如图 8—15 所示。如果不在一条线上，说明靠尺杆不垂直（见图 8—16），应及时校正，直到重合为止（见图 8—17）。吊线坠时手要稳。

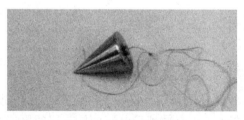

图 8—14 线坠

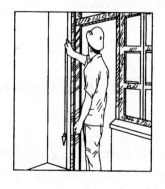 

图 8—15 线坠用法

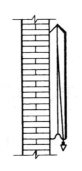 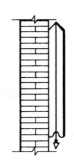

图 8—16 表示歪斜   图 8—17 表示垂直

5. 方尺、托线板（也称样板杆）、木抹子（也称木拉板）

方尺用于测量阴阳角方正，其用法如图 8—18 所示；托线板用于靠尺垂直，其用法如图 8—19 所示；木抹子也称木拉板，主要用于搓平底灰和搓毛砂浆表面并压实，其用法如图 8—20 所示。

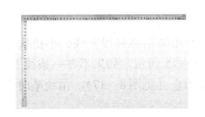      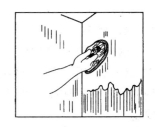

图 8—18 方尺及其用法   图 8—19 托线板用法   图 8—20 木抹子用法

四、抹灰工程工艺过程

为了顺利进行抹灰作业，必须要在严格的工艺流程下进行规范操作。对内墙、外墙、顶棚和各细部都要进行抹灰，为了有效地控制墙面抹灰层的厚度与平直度，抹灰前，应先检查基层表面的平整度，并用与抹灰层相同的砂浆设置标志和标筋，作为底层抹灰的依据，以便找平。

1. 内墙抹灰

（1）工艺流程

基层处理—弹线、找规矩、套方—贴饼、冲筋—做护角—抹底灰—抹罩面灰—抹水泥砂浆窗台板—抹墙裙、踢脚。

（2）操作工艺

1）基层处理。混凝土表面需用钢丝刷清除浮浆、脱模剂、油污及模板残留物，并割除外露的钢筋头，剔凿凸出的混凝土块；砌体墙面清扫灰尘，清除墙面浮浆、凸出的砂浆块。

2）找规矩。找规矩即四角找方、横线找平、竖线吊直，弹出顶棚、墙裙及踢脚板线。

根据设计，如果墙面另有造型时，按图纸要求实测弹线或画线标出。

3）做标筋。较大面积墙面抹灰时，为了控制设计要求的抹灰层平均总厚度尺寸，先在上方两角处及两角水平距离之间1.5 m左右的必要部位做灰饼标志块，可采用底层抹灰砂浆，大致呈方形平面，并在门窗洞口等部位加做标志块，标志块的厚度以使抹灰层达到平均总厚度（宜为基层至中层砂浆表面厚度尺寸，而且留出抹面厚度）为目的，并以确保抹灰面最终的平整、垂直所需的厚度尺寸为准。然后以上部做好的标志块为准，用线坠吊线做墙下角的标志块（通常设置于踢脚线上口）。标志块收水后，在各排上下标志块之间做砂浆标志带，称为标筋或冲筋，采用的砂浆与标志块相同，宽度为100 mm左右，分2～3遍完成，并略高出标志块，然后用刮杠（传统的刮杠为木杠，目前多以较轻便而不易变形的铝合金方通杆件取代）将其搓抹至与标志块齐平，同时将标筋的两侧修成斜面，以使其与抹灰层接槎顺平。标筋的另一种做法是采用横向水平冲筋，较有利于控制大面和门窗洞口在抹灰过程中保持平整。

4）做护角。为防止门窗洞口及墙（柱）面阳角部位的抹灰饰面在使用中被碰撞损坏，应采用1:2水泥砂浆抹制暗护角，以增加阳角部位抹灰层的硬度和强度。护角部位的高度不应低于2 m，每侧宽度不应小于50 mm。

将阳角用方尺规方，靠门窗框一边以框墙空隙为准，另一边以标筋厚度为准，在地面画好准线，根据抹灰层厚度粘稳靠尺板，并用托线板吊垂直。在靠尺板的另一边墙角分层抹护角的水泥砂浆，其外角与靠尺板外口平齐；一侧抹好后把靠尺板移到该侧用卡子稳住，并吊垂线调直靠尺板，将护角另一面水泥砂浆分层抹好；然后轻轻取下靠尺板。待护角的棱角稍收水后，用阳角抹子和素水泥浆抹出小圆角。最后在阳角两侧分别留出护角宽度尺寸，将多余的砂浆以45°斜面切掉。

对于特殊用途房间的墙（柱）阳角部位，其护角可按设计要求在抹灰层中埋设金属护角线。高级抹灰的阳角处理，亦可在抹灰面层镶贴硬质PVC特制装饰护角条。

5）底、中层抹灰。在标筋及阳角的护角条做好后，即可进行底层和中层抹灰，就是通常所称的刮糙与装档，将底层和中层砂浆批抹于墙面标筋之间。底层抹灰收水或凝结后再进行中层抹灰，厚度略高出标筋，然后用刮杠按标筋整体刮平。待中层抹灰面全部刮平时，再用木抹子搓抹一遍，使表面密实、平整。

墙面的阴角部位，要用方尺上下核对方正，然后用阴角抹具（阴角抹子及带垂球的阴角尺）抹直、抹平。

6）面层抹灰。中层砂浆凝结之前，在其表面每隔一定距离交叉划出斜痕，以有利于与面层砂浆的黏结。待中层砂浆达到凝结程度，即可抹面层，面层抹灰必须保证平整、光洁、无裂痕。

2. 顶棚抹灰

（1）工艺流程

基层处理—弹线、找规矩—抹底灰—抹中层灰—抹罩面灰。

（2）操作工艺

1）基层清理。清除干净基体表面的灰尘、污垢、油渍、板皮等，并喷水湿润。在清理干净的混凝土表面刮一遍水灰比为 0.37～0.4 的水泥浆，或涂刷专用的界面处理剂，以增强基层和抹灰层的黏结力。

2）弹线、找规矩。根据标高线，在四周墙上弹出靠近顶板的水平线，作为顶板抹灰的水平控制线。

3）抹底灰。先将顶板基层润湿，然后刷一道界面剂，随刷随抹底灰。底灰一般用 1:3 水泥砂浆（或 1:0.3:3 水泥混合砂浆），厚度通常为 3～5 mm。以墙上的水平线为依据，将顶板四周找平。抹灰时需用力挤压，使底灰与顶板表面结合紧密。最后用软刮尺刮平，木抹子搓平、搓毛。局部较厚时，应分层抹灰找平。

4）抹中层灰。抹底灰后紧跟着抹中层灰（为保证中层灰与底灰黏结牢固，如底层吸水快，应及时洒水）。先从板边开始，用抹子顺抹纹方向抹灰，用刮尺刮平，木抹子搓毛。

5）抹罩面灰。罩面灰采用 1:2.5 水泥砂浆（或 1:0.3:2.5 水泥混合砂浆），厚度一般为 5 mm 左右。待中层灰六七成干时罩面灰，先在中层灰表面上薄薄地刮一道聚合物水泥浆，紧接着抹罩面灰，用刮尺刮平，铁抹子抹平、压实、压光，并使其与底灰黏结牢固。

3．外墙抹灰

（1）工艺流程

墙面清理→浇水湿墙面→吊垂直、套方、抹灰饼、冲筋→弹灰层控制线→基层处理→抹底层砂浆→弹线分格→粘分格条→抹罩灰面→起条、勾缝→养护。

（2）操作工艺

1）基层处理。将墙面上残存的砂浆、污垢、灰尘等清理干净，用水浇墙，将砖缝中的尘土冲掉，润湿墙面。

2）吊垂直、套方找规矩。分别在门窗口角、垛、墙面等处吊垂直，套方抹灰饼，并按灰饼冲筋后，在墙面上弹出抹灰层控制线。

3）冲筋、抹底层砂浆。常温时可采用水泥混合砂浆，配合比为 1:0.5:4，应分层与所冲筋抹平，大杠横竖刮平，木抹子搓毛，终凝后浇水养护。

4）弹线、分格、粘分格条、抹面层砂浆。首先应按原尺寸弹线分格，粘分格条，注意粘竖条时应粘在所弹立线的同一侧，防止左右乱粘。条粘好后，当底灰五六成干时，即可抹面层砂浆。先刷掺水重 10% 的 108 胶水泥素浆一道，紧跟着抹面。面层砂浆的配合比为 1:1:5 的水泥混合砂浆，一般厚度为 5 mm 左右，分两次与分格条抹平，再用杠横竖刮平，木抹子搓毛，铁抹子压实、压光，待表面无明水后，用刷子蘸水按垂直于地面方向轻刷一遍，使其面层颜色一致。做完面层后应喷水养护。

5）滴水线（槽）。在檐口、窗台、窗楣、雨篷、阳台、压顶和突出墙面等部位，上面应做出流水坡度，下面应做滴水线（槽）。流水坡度及滴水线（槽）距外表面不应小于 40 mm，滴水线（又称鹰嘴）应保证其坡向正确。

4．细部抹灰

外墙细部抹灰主要包括阳台、飘窗、窗套、窗台等。

（1）阳台、飘窗、窗套

阳台、飘窗、窗套抹灰是室外装饰的重要部分，要求各个阳台（飘窗、空调搁板、窗套）上下成垂直线，左右成水平线，进出一致，各个细部划一，颜色一致。抹灰前要注意清理基层，把混凝土基层清扫干净并用水冲洗，用钢丝刷将基层刷到露出混凝土新槎。

阳台、飘窗、窗套抹灰找规矩的方法是，由最上层突出阳角及靠墙阴角往下挂垂线，找出上下各层进出误差及左右垂直误差，以大多数进出及左右边线为依据，误差小的，可以上下左右顺一下，误差大的，突出的部位要剔凿处理，凹进的部位要挂钢丝网抹灰。对于相临阳台、飘窗、窗套上下边要拉水平通线，对于进出及高低差太大的也要进行结构处理。根据找好的规矩，确定各部位大致抹灰厚度，再逐层逐个找好规矩，做灰饼抹灰。最上层两头最外边两个抹好后，以下都以这两个挂线为准做灰饼。对于阳台和飘窗，抹灰要注意排水坡度和方向，要顺向排水孔或外侧，不要抹成倒流水。

阳台、飘窗底面抹灰厚度不得大于15 mm，首先要清理基层（用钢丝刷将基层刷到露出混凝土新槎）、湿润、刷水泥浆，再分层抹底层灰，罩面。为防止雨水向墙面流淌，在阳台、飘窗、空调搁板、挑檐、挑梁的底面必须做滴水线，做法是在底面距外边20 mm 处粘分格条，宽10 mm。

（2）窗台

外窗台的操作难度较大，一个窗台有5 个面、8 个角、1 条凹档、1 条滴水线，其质量要求较高，表面应平整光洁，棱角清晰，与相邻窗台的高度进出要一致，横竖都要成一条线、排水流畅、不渗水、不湿墙。找规矩：抹灰前，要先检查窗台的平整度，以及与左右上下相邻窗台的关系。对于后塞窗户补口时要检查窗台与窗框下坎的距离是否满足要求，再将基层清理干净，浇水湿润，用水泥砂浆将下槛间隙填塞密实。抹灰：应先打底，先抹立面，后抹水平面，再抹底面，最后抹侧面。将八字尺卡住，上灰用抹子搓平，第二天用1:2.5 水泥砂浆罩面。窗台滴水线做法同阳台、飘窗。

（3）工艺流程

工艺流程：基面清理→抹灰→抹罩面灰→截水处理→清理砂浆→养护。

1）基层处理。滴水线（槽）做在阳台板下口。阳台板混凝土表面很光滑，应对其表面进行"毛化处理"，即用錾子剔毛，剔去光面，使其粗糙不平。将混凝土顶棚底表面凸出部分凿平，对蜂窝、麻面、露筋等处应凿到实处，用1:2 水泥砂浆分层抹平，把外露钢筋头和铁丝等清除掉。

成品滴水线槽施工应与阳台抹灰同时进行，当抹灰进行到阳台底口时，先完成滴水线条的安装，再进行阳台外侧的立面抹灰，然后翻尺板，将尺板夹于已抹好的阳台立面上，再抹阳台两侧外立面的抹灰层，然后将尺板固定于阳台板底，抹出不小于2.5 cm 宽和1 cm 高的水泥砂浆滴水线，最后将尺板底面与成品塑料滴水线槽的外侧底部找水平，抹出阳台顶棚抹灰层。

2）抹灰。抹灰面分次进行，一般情况下冲完筋2 h 左右就可以抹底灰，抹灰时先薄薄地刮一层，接着装档、找平，再用大杠垂直、水平刮找一遍，用木抹子搓毛。然后全面检查底子灰是否平整，阴阳角是否方正，墙与顶交接是否光滑平整，并用托线板检查墙面的垂直与平整情况，抹灰接槎应平顺。抹灰后及时将散落的砂浆清理干净。

3）抹罩面灰。待底灰六七成干时，即可抹面层纸面筋灰，如停歇时长，底层过分干燥，则用水湿润。涂抹时先分两遍抹平，压实厚度不应大于 2 mm。待面层稍干，"收身"时（即经过灰匙压磨面灰浆表面不会变为糊状时）要及时压光，不得有铁板印痕、气泡、接缝不平等现象。

4）截水处理。为防止滴水"尿墙"，滴水线（槽）不可通到墙边，应在离墙 2 cm 的地方截断，使滴水既不流进阳台，又不能流到墙面上。

5）清理砂浆。在底口抹灰达到一定强度（终凝）后，用小开刀将槽内砂浆清理干净。注意在处理槽内小面时，应保持槽内棱角。

6）养护。在抹灰24 h后进行喷水养护，防止空鼓开裂，养护时间不少于7天；冬期施工要有保温措施。

第二节　饰　面　工　程

饰面工程是对一个成型空间的地面、墙面、顶面及立柱、横梁等表面的装饰。附着在其上面的装饰材料和装饰物是与各表面刚性地连接在一体的，它们之间不能产生分离甚至剥落现象。饰面工程包括基础施工、结构施工、表面处理，以及门窗安装。基础施工如地面、墙面镶贴石板材、瓷砖之前的混凝土、水泥砂浆找平施工，贴壁纸、墙布前的刮腻子施工。结构施工如吊顶龙骨、包柱龙骨、隔断龙骨、地板龙骨及墙裙龙骨等。表面处理如喷刷涂料、粘贴壁纸、刷油漆、石材表面打磨等。这三项施工有时并不是截然分开的。门窗安装包括左右平开推拉式门窗和转动式门窗的安装施工。按照门窗材料分为铝合金门窗、塑料门窗、钢门窗、木门窗、无框玻璃门窗等。按照门窗功能分为普通门窗、防盗门窗和防火门窗等。饰面板的安装工艺包括粘贴法、传统湿作业法、改进湿作业法和干挂法。

一、裱糊工程施工

1．工艺流程
基层处理→吊垂直、套方、找规矩、弹线→计算用料、裁纸→刷胶、糊纸→花纸拼接。

2．施工方法
（1）基层处理

如为混凝土墙面，可根据原基层质量的好坏，在清扫干净的墙面上满刮1~2道石膏腻子，干后用砂纸磨平、磨光；如为抹灰墙面，可满刮大白腻子1~2道，找平、磨光，但不可磨破灰皮；石膏板墙用嵌缝腻子将缝堵实堵严，粘贴玻璃网格布或丝绸条、绢条等，然后局部刮腻子补平。

（2）吊垂直、套方、找规矩、弹线

首先应对房间四角的阴阳角吊垂直、套方、找规矩，并确定从哪个阴角开始按照壁纸的尺寸进行分块弹线控制。习惯做法是进门左阴角处开始铺贴第一张。有挂镜线的按挂镜线，没有挂镜线的按设计要求弹线控制。

（3）计算用料、裁纸

按已量好的墙体高度放大 2～3 cm，按此尺寸计算用料、裁纸，一般应在案子上裁割，将裁好的纸用湿温毛巾擦后，折好待用。

（4）刷胶、糊纸

应分别在纸上及墙上刷胶，其刷胶宽度应吻合，墙上刷胶一次不应过宽。糊纸时从墙的阴角开始铺贴第一张，按已画好的垂直线吊直，并从上往下用手铺平，刮板刮实，并用小辊子将上、下阴角处压实。第一张粘好留 1～2 cm（应拐过阴角约 2 cm），然后粘铺第二张，依同法压平、压实，与第一张搭槎 1～2 cm，要自上而下对缝，拼花要端正，用刮板刮平，用钢板尺在第一、第二张搭槎处切割开，将纸边撕去，边槎处带胶压实，并及时将挤出的胶液用湿温毛巾擦净，然后用同法将接顶、接踢脚的边切割整齐，并带胶压实。墙面上遇有电门、插销盒时，应在其位置上破纸作为标记。在裱糊时，阳角处不允许甩槎接缝，阴角处必须裁纸搭缝，不允许整张纸铺贴，避免产生空鼓与皱褶。

（5）花纸拼接

纸的拼缝处花形要对接拼搭好；铺贴前应注意花形及纸的颜色力求一致；墙与顶壁纸的搭接应根据设计要求而定，一般有挂镜线的房间应以挂镜线为界，无挂镜线的房间则以弹线为准；花形拼接如出现困难时，错槎应尽量甩到不显眼的阴角处，大面不应出现错槎和花形混乱的现象；糊纸后应认真检查，对壁纸的翘边翘角、气泡、皱褶及胶痕未擦净等，应及时处理和修整，使之完善。

二、涂料及刷浆工程施工

1．涂料工程施工

石膏板抹灰面的涂料以乳胶漆为主，石膏板面与抹灰面的基层处理：先将抹灰面的灰渣及疙瘩等杂物用铲刀铲除，然后用棕刷将表面污垢清除干净。表面清扫后，用腻子将顶面和墙面的麻面、蜂窝、洞眼、残缺处填补好。腻子干透后，用铲刀将多余腻子铲平，并用石膏腻子抹平，阴角和接缝用腻子满贴上接缝带。对有特殊要求的缝隙、接缝按设计指定的方法处理。

石膏板面和抹灰面涂料工序：第一遍满刮腻子→磨平→第二遍满刮腻子→磨平→第一遍涂料→局部补腻子→磨光→第二遍涂料至第三遍涂料。

（1）第一遍满刮腻子及打磨平整

当室内涂装面料大的缝隙填补平整后，使用批嵌工具满刮腻子一遍。所有微小砂眼及收缩裂缝均需满刮，以密实、平整、线角棱边整齐为度。同时，应沿着墙面横刮，尽量刮薄，不得漏刮，接头不得留槎，注意不要弄污门窗及其他物面。腻子干透后，用1号砂纸裹着平整小木板，将腻子渣及高低不平处打磨平整。注意用力均匀，保护棱角。磨后用干刷子清扫干净。

（2）第二遍满刮腻子及打磨平整

第二遍满刮腻子方法同头遍腻子，但要求此遍腻子与前遍腻子刮抹方向互相垂直，即应沿着墙面竖刮，将墙面进一步刮满及打磨平整、光滑为止。

（3）第一遍涂料

第一遍涂料涂刷前必须将基层表面清扫干净，擦净浮灰，涂刷时宜用排笔，涂刷顺序一般是从上到下，从左到右，先横后竖，先边线、棱角、小面后大面。阴角处不得留有残余涂料，阳角处不得裹棱。如墙一次涂刷不能从上到底时，应多层次上下同时作业，互相配合协作，避免刷涂重叠现象。独立面每遍应用同一批涂料，并一次完成。

（4）局部补腻子

第一遍涂料干透后，应检查一遍，如有缺陷应局部涂抹腻子一遍，并用牛角刮抹，以免损伤涂料漆膜。

（5）磨光

复补腻子干透后，应用细砂纸将涂料面打磨平整，注意用力应轻而匀，且不得磨穿漆膜，磨后将表面清扫干净。

（6）第二遍涂料至第三遍涂料（面层）

其涂刷顺序与方法和第一遍相同，要求表面更美观细腻，必须使用排笔涂刷。大面积涂刷时应多人配合流水作业，互相衔接，一般从不显眼的一头开始，逐渐向另一头循序涂刷，在不显眼处收刷为止，不得出现刷纹，排笔毛若黏附在墙面、顶面，应及时剔掉。高级刷涂时，表面应用更细的砂纸轻轻打磨光滑。

2. 刷浆工程施工

工艺流程为：

基层处理→喷、刷胶水→填补缝隙、局部刮腻子→石膏板墙面拼缝处理→满刮腻子→刷、喷第一遍浆→复找腻子→刷、喷第二遍浆→刷、喷交活浆→刷、喷内墙涂料和耐擦洗涂料等→室外刷、喷浆。

（1）基层处理

混凝土墙表面的浮砂、灰尘、疙瘩等要清除干净，表面的隔离剂、油污等应用碱水（火碱∶水＝1∶10）清刷干净，然后用清水冲洗掉墙面上的碱液等。

（2）喷、刷胶水

刮腻子之前在混凝土墙面上先喷、刷一道胶水（质量比为水∶乳液＝5∶1），要注意喷、刷要均匀，不得有遗漏。

（3）填补缝隙、局部刮腻子

用水石膏将墙面缝隙及坑洼不平处分遍找平，并将多余的腻子收净，待腻子干燥后用1号砂纸磨平，并把浮尘等扫净。

（4）石膏板墙面拼缝处理

接缝处应用嵌缝腻子填塞满，上糊一层玻璃网格布或绸布条，用乳液将布条粘在拼缝上，粘条时应把布拉直、糊平，并刮石膏腻子一道。

（5）满刮腻子

根据墙体基层的不同和浆活等级要求的不同，刮腻子的遍数和材料也不同。一般情况为三遍，腻子的配合比为质量比，有两种：一是适用于室内的腻子，其配合比为聚醋酸乙烯乳液（即白乳胶）∶滑石粉或大白粉∶2%羧甲基纤维素溶液 = 1∶5∶3.5；二是适用于外墙、厨房、厕所、浴室的腻子，其配合比为聚醋酸乙烯乳液∶水泥∶水 = 1∶5∶1。刮腻子时应横竖刮，并注意接槎和收头时腻子要刮净，每遍腻子干后应磨砂纸，将腻子磨平磨完后将浮尘清理干净。如面层要涂刷带颜色的浆料时，则腻子亦要掺入适量与面层颜色相协调的颜料。

（6）刷、喷第一遍浆

刷、喷浆前应先将门窗口圈用排笔刷好，如墙面和顶棚为两种颜色时，应在分色线处用排笔齐线并刷 20 cm 宽，以利接槎，然后再大面积刷、喷浆。刷、喷顺序应先顶棚后墙面，先上后下。

（7）复找腻子

第一遍浆干后，对墙面上的麻点、坑洼、刮痕等用腻子重新复找刮平，干后用细砂纸轻磨，并把粉尘扫净，达到表面光滑平整。

（8）刷、喷第二遍浆

方法同第一遍浆。

（9）刷、喷交活浆

待第二遍浆干后，用细砂纸将粉尘、溅沫、喷点等轻轻磨去，并打扫干净，即可刷、喷交活浆。交活浆应比第二遍浆的胶量适当增大一点，防止刷、喷浆的涂层掉粉，这是必须要保证的。

（10）刷、喷内墙涂料和耐擦洗涂料等

其基层处理与喷刷浆相同，面层涂料使用建筑产品时，要注意外观检查，并参照产品使用说明书去处理和涂刷即可。

（11）室外刷、喷浆

清理基层，刮水泥腻子 1~2 遍找平，砂纸磨平，再复找水泥腻子刷外墙涂料，以涂刷均匀且盖底为交活标准。

三、吊顶与隔墙工程施工

1. 轻钢龙骨吊顶及饰面板安装施工

（1）工艺流程

检查结构工程及隐蔽工程施工情况→放线定位→固定吊杆→安装主龙骨→安装副龙骨→调平→固定罩面板→处理接缝。

（2）施工工艺

1）吊顶前应对所施工的结构和已安装的隐蔽工程进行一次全面检查。其目的是：结构是否有质量问题需要处理，如楼板露筋和超出规范所规定的裂缝；设备管道、电气、消防等管线隐蔽工程是否已安装调试完毕，并经甲方及监理单位验收；平面位置与标高是否符合装饰设计的要求；从顶棚经墙体通下来的各种开关、插座管线是否安装就绪。

2）放线定位主要是弹出吊顶标高线、龙骨布置线、吊杆的吊点布局线、顶棚造型位置线、大中型灯具灯位线。

3）固定吊杆。吊杆的选择及固定应满足设计要求和规范规定。常规做法：在楼板上固定全扣吊杆，上人吊顶的吊杆采用 $\phi 8$ 全扣吊杆，不上人吊顶的吊杆采用 $\phi 6$ 全扣吊杆，吊杆下端与主龙骨挂件连接，另一端用全扣吊杆自带的膨胀头固定在吊顶处的混凝土楼板内或焊接在钢架上。

4）安装与调平。主龙骨用吊件吊在已固定好的吊杆上，然后再将次龙骨用次挂件固定在主龙骨上。调平主要是调整主龙骨。在调平的同时还要仔细检查吊杆、螺栓、吊件及配件是否有松动，受力是否均匀等。

5）对于灯具位置、检修孔、空调口等吊顶上的设置应预留安装位置。

6）罩面板固定在次龙骨上，采用自攻螺钉。钉距 150 ~ 170 mm，距边为 10 ~ 15 mm，切割边为 15 ~ 20 mm。钉帽应嵌入石膏板内 0.5 ~ 1 mm。

7）板要在自由状态下固定，不得出现弯棱、凸鼓现象；板长边沿纵向次龙骨铺设；固定板用的次龙骨间距不应大于 600 mm。

2. 轻质隔墙工程施工

（1）工艺流程

弹线→隔断龙骨的安装→安装竖向龙骨→安装罩面板（一侧）→安装罩面板（另一侧）→细部处理。

（2）施工工艺

1）弹线。在基体上弹出水平线和竖向垂直线，以控制隔断龙骨安装的位置、龙骨的平直度和固定点。

2）隔断龙骨的安装。沿弹线位置固定沿顶和沿地龙骨，各自交接后的龙骨，应保持平直。固定点间距应不大于 1 000 mm，龙骨的端部必须固定牢固。边框龙骨与基体之间，应按设计要求安装密封条。

当选用支撑卡系列龙骨时，应先将支撑卡安装在竖向龙骨的开口上，卡距为 400 ~ 600 mm，距龙骨两端为 20 ~ 25 mm。

选用通贯系列龙骨时，高度低于 3 m 的隔墙安装一道；3 ~ 5 m 时安装两道；5 m 以上时安装三道。

门窗或特殊节点处，应使用附加龙骨加强，其安装应符合设计要求。

隔断的下端如用木踢脚板覆盖，隔断的罩面板下端应离地面 20 ~ 30 mm；如用大理石、水磨石踢脚时，罩面板下端应与踢脚板上口齐平，接缝要严密。

3）面板（铝合金装饰条板）安装。用铝合金条板装饰墙面时，可用螺钉直接固定在结构层上，也可用锚固件悬挂或嵌卡的方法，将板固定在轻钢龙骨上，或将板固定在墙筋上。

4）细部处理。墙面安装胶合板时，阳角处应做护角，以防板边角损坏，阳角的处理应采用刨光起线的木质压条，以增加装饰。

第三节　楼地面工程

楼地面是房屋建筑底层地坪与楼层地平的总称，在建筑中主要有分隔空间，对结构层的加强和保护，满足人们的使用要求，以及隔音、保温、找坡、防水、防潮、防渗等作用。楼地面与人、家具、设备等直接接触，承受各种荷载及物理、化学作用，并且在人的视线范围内所占比例比较大，因此，必须满足坚固性、耐久性、安全性、舒适性和装饰性要求。

一、楼地面的组成

底层地面的基本构造层次为面层、垫层和基层（地基）；楼层地面的基本构造层次为面层、基层（楼板）。面层的主要作用是满足使用要求，基层的主要作用是承担面层传来的荷载。为满足找平、结合、防水、防潮、隔音、弹性、保温隔热、管线敷设等功能的要求，往往还要在基层与面层之间增加若干中间层。

二、楼地面各层次的作用

1. 面层

面层是楼板上表面的构造层，也是室内空间下部的装修层。面层对结构层起着保护作用，使结构层免受损坏，同时也起装饰室内的作用。

2. 结构层

结构层是楼板层的承重部分，包括板、梁等构件。结构层承受整个楼板层的全部荷载，并对楼板层的隔音、防火等起主要作用。地面层的结构层为垫层，垫层将所承受的荷载及自重均匀地传给夯实的地基。

3. 附加层

附加层主要有管线敷设层、隔音层、防水层、保温或隔热层等。管线敷设层是用来敷设水平设备暗管线的构造层；隔音层是为隔绝撞击声而设的构造层；防水层是用来防止水渗透的构造层；保温或隔热层是改善热工性能的构造层。

4. 顶棚层

顶棚层是楼板层下表面的构造层，也是室内空间上部的装修层，顶棚的主要功能是保护楼板、安装灯具、装饰室内空间，以及满足室内的特殊使用要求。

三、楼地面的分类

整体地面是指以砂浆、混凝土或其他材料的拌和物在现场浇筑而成的地面。常用的有以水泥为胶凝材料的水泥地面、水磨石地面、混凝土地面，以沥青为胶凝材料的沥青地面，以树脂（如聚醋酸乙烯乳液、丙烯酸树脂乳液、环氧树脂等）为胶凝材料的现浇塑料地面。其中水泥类现浇整体地面以其坚固、耐磨、防火防水、易清洁等优点应用最广泛，如水泥砂浆地面、水磨石地面。除整体地面外，还有块状材料地面（如砖铺地面、面砖、缸砖及陶瓷马赛克地面等）、木地面（如条木地面和拼花木地面等）、塑料地面（如聚氯乙烯塑料地面）和涂料地面等。

四、楼地面常用材料

1. 实木地板
实木地板是木材经烘干后，加工形成的地面装饰材料。它具有花纹自然，脚感好，施工简便，使用安全，装饰效果好的特点。

2. 复合地板
复合地板是以原木为原料，经过粉碎、填加黏合及防腐材料后，加工制作成为地面铺装的型材。

3. 实木复合地板
实木复合地板是实木地板与强化地板之间的新型地材，它具有实木地板的自然纹理、质感与弹性，又具有强化地板的抗变形、易清理等优点。

4. 地砖
地砖是主要铺地材料之一，品种有通体砖、釉面砖、通体抛光砖、渗花砖、渗花抛光砖。它的特点是：质地坚实、耐热、耐磨、耐酸、耐碱、不渗水、易清洗、吸水率小、色彩图案多、装饰效果好。

5. 石材板材
石材板材是天然岩石经过荒料开采、锯切、磨光等加工过程制成的板状装饰面材。石材板材具有构造致密、强度大的特点，具有较强的耐潮湿、耐候性。

6. 地毯
地毯质感柔软厚实，富有弹性，并有很好的隔音、隔热效果。

7. 吸声板
吸声板的吸声率高，隔热性好，难燃，结构紧密，形态稳定，质量很轻，施工安全方便，对人体无害，对环境无污染，无气味，耐水，水浸后排水性强，吸声性能不下降，形态不变，可以二次使用，销毁容易，对环境没有二次污染。

其他楼地面材料及要求见表8—2。

表 8—2　　　　　　　　　　　　　其他楼地面材料及要求

类别	名称	规格要求	特征及使用场合
天然材料	石板	规格大小不一，但角块不宜小于 200～300 mm，厚度不宜小于 50 mm	破碎或成一定形状的砌板，粗犷、自然，可拼成各种图案，适于自然式小路或重要的活动场所，不宜通行重车
	乱石	石块大小不一，面层应尽量平整，以利于行走，有凸出路面的棱角必须凿除，边石要大些方能牢固	自然、富野趣、粗犷，多用于山间林地，风景区僻野小路，长时间在此路面行走易疲劳
	块条石	大石块面大于 200 mm，厚 100～150 mm；小石块面为 80～100 mm，厚 200 mm	坚固、古朴、整齐的块石铺地肃穆、庄重，适于古建筑和纪念性建筑物附近，但造价较高
	碎大理石片	规格不一	质地富丽、华贵、装饰性强，适于园林铺地，由于表面光滑，坡地不宜使用
	卵石	根据需要规格不一	细腻圆润、耐磨、色彩丰富、装饰性强，排水性好，适于各种通道、庭院铺装，但易松动脱落，施工时要注意长扁拼配，表面平整，以便清扫
人工材料	混凝土砖	机砖 400 mm×400 mm×75 mm，400 mm×400 mm×100 mm，标号 200#～250#；小方砖 250 mm×250 mm×250 mm，标号 250#	坚固、耐用、平整、反光率大，路面要保持适当的粗糙度。可做成各种彩色路面，适用于广场、庭院、公园干道
	水磨石	根据需要规格不一	装饰性好，粗糙度小，可与其他材料混合使用
	斩假石		粗犷、仿花岗岩、质感强
	沥青混凝土		拼块铺地可塑性强，操作方便，耐磨。平整、面光，养护管理简便，但当气温高时，沥青有软化现象。彩色沥青混凝土铺地具有强烈的反差
	青砖大方砖	机砖 240 mm×115 mm×53 mm，标号 150#以上，500 mm×500 mm×100 mm	端庄、耐磨性差，在冰冻不严重和排水良好之处使用较宜。但不宜用于坡度较陡和阴湿地段，易生青苔湿滑

五、块料楼地面工艺流程与施工工艺

块料楼地面工艺流程是弹线、找方、预铺→找平、找坡→选砖、浸砖→铺砖。其具体施工工艺如下：

1. 弹线、找方、预铺

根据房间的长宽，在房中心弹出十字控制线；根据地砖的规格尺寸，进行预排砖，将破砖尽量放在次要部位，且不小于 1/4 整砖。

2. 找平、找坡

根据墙面上的 +50 cm 控制线、砖及黏结层的厚度，用碎砖做点，以控制地面的高度。对有排水沟或地漏的房间，则根据地漏的位置向周围拉线找坡，并做出控制点。

3. 选砖、浸砖

根据地砖的质量情况，根据其颜色、规格尺寸的差异，分几个规格进行筛选，分别存放并做好标识；使用前将砖在水内浸泡，取出晾干后待用。

4. 铺贴

铺贴分浆铺和干铺两种方式。

（1）浆铺

1）制浆。将水泥、中砂按 1:3 的比例拌和均匀，加水搅拌，稠度控制在 35 mm 以内；一次不搅拌过多，要随拌随用。

2）铺贴。根据找平、找坡的控制点和预铺砖的情况，从里向外挂出 2~3 道控制线，从内向外铺贴；铺贴时先将水泥砂浆打底找平，厚度控制在 10~15 mm，然后将砖块沿线铺在砂浆层上，用橡胶锤轻轻敲击砖面，使其与基层结合密实；最后沿控制线拨缝、调整，使砖与纵、横控制线平；管根、转角处套割时，先放样再套割，做到方正、美观。

（2）干铺

1）拌和干铺料。将水泥、中砂按 1:3 的比例拌和均匀，加水拌成干硬状（手抓成团，落地散开）。

2）铺贴。根据找平、找坡的控制点和预铺砖的情况，从里向外挂出 2~3 道控制线，从内向外铺贴；铺贴时先将拌和好的干硬水泥砂浆摊铺平，厚度控制在 20 mm 左右或略高于粘贴层厚度，然后将砖块沿线铺在砂浆层上，用橡胶锤轻轻敲击砖面，使其与基层结合密实，与控制线平后，将砖移开；然后浇一层水灰比为 0.5 的素水泥浆，再将砖安装至原处，用橡胶锤轻轻敲击，最后沿控制线拨缝、调整，使砖与纵、横控制线平；管根、转角处套割时，先放样再套割，做到方正、美观。贴砖时注意天气，施工环境温度低于 5℃时，要采取防冻措施；气温高于 30℃时，采取遮阳措施，并及时洒水养护，防止水分蒸发过快。

3）灌浆、擦缝。面砖铺镶贴完 1~2 天后，清除地面上的灰土，按砖的颜色配制成相应的水泥浆，用棉丝浸水泥浆，沿砖进行擦拭，并用细铁丝压实，最后用干净的棉丝蘸水将表面擦洗干净。

4）养护、保护。铺完后封闭门口，常温 48 h 用湿锯末养护 7 天以上；在达到上人强度前，严禁上人。

5）粘贴踢脚。以一面墙为单元，先从墙的两端根据踢脚的设计高度和出墙厚度（8~10 mm）贴出两个控制砖，然后拉通线粘贴。粘贴的砂浆采用聚合物砂浆；阳角接缝砖切出 45°。

对有防水要求的卫生间、试验室，在地砖铺贴完成后，要进行二次蓄水试验。

六、整体楼地面施工工艺

整体楼地面工艺流程为：混凝土（砂浆）搅拌→基底处理→浇筑→表面压光→养护→抹水泥砂浆踢脚→做试件。具体的施工工艺如下：

1．混凝土（砂浆）搅拌

（1）配合比申请

由试验员将所有的水泥、砂、石等送往试验室，试验室通过对给定的原材料进行试配后，确定混凝土（砂浆）配合比。

（2）计量

现场配备磅秤，对砂、石料进行准确计量。

（3）搅拌

用混凝土搅拌机进行强制搅拌，搅拌时间不少于 2 min。

2．基层清理

在基层上洒水湿润，不可有积水，然后刷一道界面剂。

3．浇筑混凝土（或水泥砂浆）地面

将搅拌好的混凝土（或水泥砂浆）按做好的厚度控制点摊在基层上，然后沿冲筋厚度用刮杠摊平，再用木抹子初次搓平压实。

4．表面压光

初次压光，待混凝土（砂浆）初凝前，表面先撒一层预拌好的比例为1:1的水泥砂子灰，随后用木抹子搓压后，用铁抹子初次压光；混凝土（砂浆）表面收水后（以人踩了有脚印，但不陷入时为宜），进行第二次压光，压光时用力均匀，将表面压实、压光，清除表面气泡、砂眼等缺陷。

5．养护、保护

等面层凝固后要及时洒水、喷水或撒锯末浇水养护 7 天。

6．抹水泥砂浆踢脚

（1）当地面达到上人强度后，方可进行踢脚施工。

（2）先在墙面上刷一道内掺建筑胶的水泥浆，然后抹 8 mm 厚的1:3的水泥砂浆，表面扫毛划出纹路，上口用尺杆修直。

（3）待底层砂浆终凝后，再抹 6 mm 厚的1:2.5的面层水泥砂浆，表面用铁抹子压光。

7．做试件

每一检验批留置一组试件，当一个检验批大于 1 000 m² 时，增加一组试件。

七、木楼地面施工工艺

条板（又称普通木地板）和拼花木地板按构造方法不同，有"实铺"和"空铺"两

种。空铺木地板是由搁栅、企口板、剪刀撑等组成，一般均设在首层房间。当搁栅跨度较大时，应在房中间加设地垄墙，地垄墙顶上要铺油毡或抹防水砂浆及放置沿缘木。实铺木地板，是木搁栅铺在钢筋混凝土板或垫层上，它是由木搁栅及企口板等组成。木板面工艺流程为：安装木搁栅→钉木地板→净面细刨、磨光→安装踢脚板。其具体施工工艺如下：

1. 安装木搁栅

（1）空铺法

在砖砌基础墙上和地垄墙上垫放通长沿缘木，用预埋的铁丝将其捆绑好，并在沿线木表面划出各搁栅的中线，然后将搁栅对准中线摆好，端头离开墙面约 30 mm 的缝隙，依次将中间的搁栅摆好，当顶面不平时，可用垫木或木楔在搁栅底下垫平，并将其钉牢在沿缘木上。为防止搁栅活动，应在固定好的木搁栅表面临时钉设木拉条，使之互相牵拉着，搁栅摆正后，在搁栅上按剪刀撑的间距弹线，然后按线将剪刀撑钉于搁栅侧面，同一行剪刀撑要对齐顺线，上口齐平。

（2）实铺法

楼层木地板的铺设，通常采用实铺法施工，应先在楼板上弹出各木搁栅的安装位置线（间距约 400 mm）及标高。将搁栅（断面呈梯形，宽面在下）放平、放稳，并找好标高，将预埋在楼板内的铁丝拉出，捆绑好木搁栅（如未预埋镀锌铁丝，可按设计要求用膨胀螺栓等方法固定木搁栅），然后把干炉渣或其他保温材料塞满两搁栅之间的空当。

2. 钉木地板

（1）条板铺钉

空铺的条板铺钉方法为剪刀撑钉完之后，可从墙的一边开始铺钉企口条板，靠墙的一块板离墙面应有 10 ~ 20 mm 缝隙，以后逐块排紧，将钉子从板侧凹角处斜向钉入，钉长为板厚的 2 ~ 2.5 倍，钉帽要砸扁，企口条板要钉牢、排紧。板的排紧方法一般可在木搁栅上钉扒钉 1 个，在扒钉与板之间夹一对硬木楔，打紧硬木楔就可以使板排紧。钉到最后一块企口板时，因无法斜着钉，可用明钉钉牢，钉帽要砸扁，冲入板内。企口板的接头要留在搁栅中间，接头要互相错开。板与板之间应排紧，搁栅上临时固定的木拉条，应随企口板的安装随时拆去。铺钉完毕及时清理干净。应先垂直木纹方向粗刨一遍，再依顺木纹方向细刨一遍。实铺条板铺钉方法同上。

（2）拼花木地板铺钉

硬木地板下层一般都钉毛地板，可采用纯棱料，其宽度不宜大于 120 mm，毛地板与搁栅成 45°或 30°方向铺钉，并应斜向钉牢，板间缝隙不应大于 3 mm，毛地板与墙之间应留 10 ~ 20 mm 缝隙，每块毛地板应在每根搁栅上各钉 2 个钉子固定，钉子的长度应为板厚的 2.5 倍。铺钉拼花地板前，宜先铺设一层沥青纸（或油毡），以隔音和防潮。在铺打硬木拼花地板前，根据设计要求的地板图案，一般应在房间中央弹出图案的墨线，再按墨线从中央向四边铺钉。有镶边的图案，应先钉镶边部分，再从中央向四边铺钉，各块木板应相互排紧，对于企口拼装的硬木地板，应从板的侧边斜向钉入毛地板中，钉头不要露出，钉长为板厚的 2 ~ 2.5 倍。当木板长度小于 30 cm 时，侧边应钉 2 个钉子；木板长度大于 30 cm

时，应钉 3 个钉子，板的两端应各钉 1 个钉子固定。板块间缝隙不应大于 0.3 mm，面层与墙之间的缝隙，应以木踢脚板封盖。钉完后，清扫干净，刨光，刨刀吃口不应过深，以防止板面出现刀痕。

（3）拼花地板黏结

采用沥青胶结料铺贴拼花木板面层时，其下一层应平整、洁净、干燥，并应先涂刷一遍同类底子油，然后用沥青胶结料随涂随铺，其厚度宜为 2 mm，在铺贴时，木板块背面亦应涂刷一层薄而均匀的沥青胶结料。当采用胶黏剂铺贴拼花板面层时，胶黏剂应通过试验确定。胶黏剂应存放在阴凉通风、干燥的室内。超过生产期 3 个月的产品，应取样检验，合格后方可使用，超过保质期的产品，不得使用。

3. 净面细刨、磨光

地板刨光宜采用地板刨光机（或六面刨），转速在 5 000 r/min 以上。长条地板应顺水纹刨，拼花地板应与地板木纹成 45°斜刨。刨时不宜走得太快，刨口不要过大，要多走几遍，地板机不用时应先将机器提起关闭，防止啃伤地面。机器刨不到的地方要用手刨，并用细刨净面。地板刨平后，应使用地板磨光机磨光，所用砂布应先粗后细，砂布应绷紧绷平，磨光方向及角度与刨光方向相同。木地板油漆、打蜡详见装饰工程木地板油漆工艺标准。

4. 木踢脚板安装

木踢脚板应提前刨光，在靠墙的一面开成凹槽，并每隔 1 m 钻直径 6 mm 的通风孔，在墙上应每隔 75 cm 砌防腐木砖，在防腐木砖外面钉防腐木块，再把踢脚板用明钉钉牢在防腐木块上，钉帽砸扁冲入木板内，踢脚板板面要垂直，上口至水平，在木踢脚板与地板交角处，钉三角木条，以盖住缝隙。木踢脚板阴阳角交角处应切割成 45°角后再进行拼装，踢脚板的接头应固定在防腐木块上。

第四节　块料饰面材料工程

块料楼地面是指由各种不同形状的板块材料（如陶瓷马赛克、缸砖、大理石、花岗石等）铺砌而成的装饰地面。它属于刚性地面，适宜铺在整体性、刚性好的细石混凝土或混凝土预制板基层之上。其特点是花色品种多、耐磨损、易清洁、强度高、刚性大、造价偏高、功效偏低，一般适用于人流活动较大、楼地面磨损频率高的地面及比较潮湿的场所。

一、建筑装饰石材

1. 石材地面的施工工艺流程

石材地面指天然花岗石、大理石及人造花岗石、大理石等地面。

（1）石材地面装饰构造

室内地面所用石材一般为磨光的板材，板厚约 20 mm，目前也有薄板，厚度约 10 mm，适于家庭装饰用。每块大小为 300 mm × 300 mm ~ 500 mm × 500 mm。可使用薄板和 1：2 水泥砂浆掺 108 胶铺贴。

（2）石材地面装饰基本工艺流程

清扫整理基层地面→水泥砂浆找平→定标高、弹线→选料→板材浸水湿润→安装标准块→摊铺水泥砂浆→铺贴石材→灌缝→清洁→养护交工。

2. 石材地面的施工要点

基层处理要干净，高低不平处要先凿平和修补，基层应清洁，不能有砂浆，尤其是白灰砂浆灰、油渍等，并用水湿润地面。铺装石材、瓷质砖时必须安放标准块，标准块应安放在十字线交点，对角安装。铺装操作时要每行依次挂线，石材必须浸水湿润，阴干后擦净背面。石材、瓷质砖地面铺装后的养护十分重要，安装 24 h 后必须洒水养护，铺贴完后覆盖锯末养护。

3. 石材地面的施工注意事项

（1）铺贴前将板材进行试拼，对花、对色、编号，以使铺设出的地面花色一致。

（2）石材必须浸水阴干，以免影响其凝结硬化，发生空鼓、起壳等问题。

（3）铺贴完成后，2 ~ 3 天内不得上人。

二、建筑饰面陶瓷制品

1. 铺贴陶瓷地砖基本工艺流程

（1）铺贴彩色釉面砖类

处理基层→弹线→瓷砖浸水湿润→摊铺水泥砂浆→安装标准块→铺贴地面砖→勾缝→清洁→养护。

（2）铺贴陶瓷马赛克类

处理基层→弹线、标筋→摊铺水泥砂浆→铺贴→拍实→洒水、揭纸→拨缝、灌缝→清洁→养护。

2. 铺贴陶瓷地砖的施工要点

（1）混凝土地面应将基层凿毛，凿毛深度 5 ~ 10 mm，凿毛痕的间距为 30 mm 左右。之后，清洁浮灰、砂浆、油渍。

（2）铺贴前应弹好线，在地面弹出与门道口成直角的基准线，弹线应从门口开始，以保证进口处为整砖，非整砖置于阴角或家具下面，弹线应弹出纵横定位控制线。

（3）铺贴陶瓷地面砖前，应先将陶瓷地面砖浸泡阴干。

（4）铺贴时，水泥砂浆应饱满地抹在陶瓷地面砖背面，铺贴后用橡胶锤敲实。同时，用水平尺检查校正，擦净表面水泥砂浆。

（5）铺贴完 2 ~ 3 h 后，用白水泥擦缝，用水泥：砂子 = 1：1（体积比）的水泥砂浆，缝要填充密实，平整光滑。再用棉丝将表面擦净。

3．铺贴陶瓷地砖的注意事项

基层必须处理合格，不得有浮土、浮灰；陶瓷地砖必须浸泡后阴干，以免影响其凝结硬化，发生空鼓、起壳等问题；铺贴完成后，2~3天内不得上人；陶瓷马赛克养护4~5天方可上人。

三、饰面板安装工程施工

1．石材（瓷板）饰面板（湿贴法）安装工艺流程

板材钻孔、剔槽→骨架安装→穿铜丝或钢丝与块材固定→绑扎→吊垂直、找规矩、弹线→防碱背涂处理→安装石材→分层灌浆→擦缝。

2．石材（瓷板）饰面板（湿贴法）安装操作工艺

（1）板材钻孔、剔槽

安装前先将饰面板按照设计要求用台钻打眼，事先应钉木架使钻头直对板材上端面，在每块板的上、下两个面钻孔，孔位定在距板宽的两端1/4处，每个面各钻两个孔。孔径为5 mm（瓷板孔径宜为3.2~3.5 mm），深度为12 mm（瓷板深度宜为20~30 mm），孔位以距石板背面8 mm为宜，每块石材（瓷板）与钢筋网连接点不得少于4个。如石材（瓷板）宽度较大时，可以增加孔数。钻孔后用电动手提切割锯轻轻剔一道槽，深5 mm左右，连同孔眼形成象鼻眼，以备埋卧铜丝或钢丝。

若饰面板规格较大，如下端不好拴绑铜丝或钢丝时，亦可在未镶贴饰面的一侧，采用电动手提切割锯按规定在板高的1/4处上、下各开一槽，槽长30~40 mm，槽深约12 mm，与饰面板背面打通，竖槽一般居中，亦可偏外，但以不损坏外饰面和不泛碱为宜。可将铜丝或钢丝卧入槽内，便可与钢筋网拴绑固定。此法亦可直接在镶贴现场做。

（2）骨架安装

将符合设计要求的钢筋或型钢与基体预埋件可靠连接，再将钢筋或型钢根据设计的间距焊接成钢筋网骨架。焊接时焊点（缝）应结实牢固，不得假焊、虚焊，焊渣随时清理干净。

（3）穿铜丝或钢丝与块材固定

把备好的铜丝或钢丝剪成长200 mm左右，一端用木楔蘸环氧树脂将铜丝或钢丝进孔内固定牢固，另一端将铜丝或钢丝顺孔槽弯曲并卧入槽内，使石材（瓷板）上、下端面没有铜丝或钢丝凸出，以便与相邻石材（瓷板）接缝严密。

（4）绑扎

横向钢筋为绑扎石材（瓷板）所用，如板材高度为600 mm时，第一道横筋在地面以上100 mm处与主筋绑牢，用作绑扎第一层板材的下口固定铜丝或钢丝。第二道横筋绑扎在比板材上口低20~30 mm处，用于绑扎第一层板材上口固定铜丝或钢丝。

（5）吊垂直、找规矩、弹线

首先将要贴石材（瓷板）的墙面、柱面和门窗套用大线坠从上至下找出垂直。应考虑石材（瓷板）厚度、灌注砂浆的空隙和钢筋网所占尺寸，一般石材（瓷板）外皮距结构面的厚度以 50~70 mm 为宜。找出垂直后，在地面上顺墙弹出石材（瓷板）等外廓尺寸线。此线即为第一层石材（瓷板）的安装基准线。编好号的石材（瓷板）等在弹好的基准线上画出就位线，每块留 1 mm 缝隙（如设计要求拉开缝，则按设计规定留出缝隙）。并根据设计图纸和实际需要弹出安装石材（瓷板）的位置线和分块线。

（6）防碱背涂处理

粘贴的石材根据设计要求进行防碱背涂处理。

（7）安装石材（瓷板）

按部位取石材（瓷板）并舒直铜丝或钢丝，将石材（瓷板）就位，石材（瓷板）上口外仰，右手伸入石材（瓷板）背面，把石材（瓷板）下口铜丝或钢丝绑扎在横筋上。绑时不要太紧可留余量，只要把铜丝或钢丝和横筋拴牢即可。把石材（瓷板）竖起，便可绑石材（瓷板）上口铜丝或钢丝，并用木楔子垫稳。块材与基层间的缝隙一般为 30~50 mm，用靠尺板检查调整木楔。再拴紧铜丝或钢丝，依次向另一方向进行。柱面可按顺时针方向安装，一般先从正面开始。第一层安装完毕再用靠尺找垂直，水平尺找平整，方尺找阴阳角方正，在安装石材（瓷板）时如发现石材（瓷板）规格不准确或石材（瓷板）之间的空隙不符，应用铅皮垫牢，使石材（瓷板）之间缝隙均匀一致，并保持第一层石材（瓷板）上口的平直。找完垂直、平直、方正后，用碗调制熟石膏，把调成粥状的石膏贴在石材（瓷板）上下之间，使这两层石材（瓷板）结成一整体，木楔处亦可粘贴石膏，再用靠尺检查有无变形，等石膏硬化后方可灌浆。如设计有嵌缝塑料软管，应在灌浆前塞放好。

（8）分层灌浆

石材（瓷板）固定就位后，应用 1:2.5 水泥砂浆分层灌注，每层灌注高度为 150~200 mm，且不得大于板高的 1/3，并插捣密实，待其初凝后方可灌注上层水泥砂浆。施工缝应留在饰面板的水平接缝以下 50~100 mm 处。如在灌浆中板发生移位，应及时拆除重装，以确保安装质量。砂浆中掺入的外加剂对铜丝或钢丝应无腐蚀作用，其掺量应由试验确定。

（9）擦缝

全部石材（瓷板）安装完毕后，清除石膏和余浆痕迹，用抹布擦洗干净，并按石材（瓷板）颜色调制色浆嵌缝，边嵌边擦干净，使缝隙密实、均匀、干净、颜色一致。

3．石材饰面板（干挂法）安装工艺流程

基层处理→墙体测放水平线、垂直线→钢架制作安装→挂件安装→选板、预拼、编号、开槽钻孔→石材安装→密封胶灌缝。

4．石材饰面板（干挂法）安装操作工艺

（1）基层处理

墙体为混凝土结构时，应对墙体表面进行清理修补，使墙面修补处平整结实。

（2）墙体测放水平、垂直线

依照室内水平基准线，找出地面标高，按板材面积，计算纵横的皮数，用水平尺找平，并弹出板材的水平和垂直控制线。

（3）钢架制作安装

1）干挂石材采用钢架做安装基面应符合设计要求。

2）用直径0.5～1.0 mm的钢丝在基体的垂直和水平方向各拉两根作为安装控制线，将符合设计要求的型钢立柱焊接在预埋件上。全部立柱安装完毕后，复验其间距、垂直度。两根立柱相接时，其接头处的连接符合设计要求，不能焊接。安装横梁，根据安装控制线在水平方向拉通线，横梁的一端通过连接件与立柱用螺栓固定连接，另一端与立柱焊接，焊接时焊缝应饱满，无假焊、虚焊。

3）钢架制作完毕后应作防锈处理。

4）基体为混凝土且无预埋件时，根据设计要求可在混凝土基体上钻孔，放入金属膨胀螺栓与干挂件直接连接。

（4）挂件安装

1）不锈钢扣槽式挂件由角码板、扣齿板等构件组成；不锈钢插销式挂件由角码板、销板、销钉等构件组成；铝合金扣槽式挂件由上齿板、下齿条、弹性胶条等构件组成。

2）挂件连接应牢固可靠，不得松动；挂件位置调节适当，并能保证石材连接固定位置准确；不锈钢挂件的螺栓紧固力矩应取40～45 N·m，并应保证紧固可靠；铝合金挂件挂接钢架L型钢的深度不得小于3 mm，M4螺栓（或M4抽芯铆钉）紧固可靠且间距不宜大于300 mm；铝合金挂件与钢材接触面，宜加设橡胶或塑胶隔离层。

（5）选板、预拼、编号、开槽钻孔

1）石材镶贴前，应挑选颜色、花纹，进行预拼编号。板的编号应满足安装时流水作业的要求。

2）开槽或钻孔前逐块检查板厚度、裂纹等质量指标，不合格者不得使用。

3）开槽长度或钻孔数量应符合设计要求，开槽钻孔位置在规格板厚中心线上；钻孔的边孔至板角的距离宜取$0.15b～0.2b$（b为板支承边边长），其余孔应在两边孔范围内等分设置。

4）当开槽或钻孔造成石材开裂时，该块板不得使用。

（6）石材安装

1）当设计对建筑物外墙有防水要求时，安装前应修补施工过程中损坏的外墙防水层。

2）除设计特殊要求外，同幅墙的石材色彩宜一致。

3）清理石材的槽（孔）内及挂件表面的灰粉。

4）扣齿板的长度应符合设计要求。

5）扣齿或销钉插入石材深度应符合设计要求，扣齿插入深度允许偏差为±1 mm，销钉插入深度允许偏差为±2 mm。

6）当为不锈钢挂件时，应将环氧树脂浆液抹入槽（孔）内，满涂挂件与石材的接合部位，然后插入扣齿或销钉。

（7）密封胶灌缝

1）检查复核石材安装质量，清理拼缝。当石材拼缝较宽时，可先塞填充材料，后用密封胶灌缝。

2）为铝合金挂件时，应采用弹性胶条将挂件上下扣齿间隙塞填压紧，塞填前的胶条宽度不宜小于上下扣齿间隙的 1.2 倍。

3）密封胶颜色应与石材色彩相配；灌缝高度当设计未作规定时，宜与石材的板面齐平。灌缝应饱满平直，宽窄一致。

4）灌缝时注意不能污损石材面，一旦发生应及时清理。

5）当石材缝潮湿时，应干燥后再进行密封胶灌缝施工。

6）石材饰面与门窗框接合处等的边缘处理，应符合设计要求。

四、饰面砖镶贴工程施工

1. 工艺流程

基层处理→吊垂直、套方、找规矩、贴灰饼→打底灰抹找平层→分格、弹线→粘贴饰面砖→勾缝与擦缝→清理表面。

2. 施工操作

（1）基层处理

对于混凝土基层，将凸出墙面的混凝土剔平，表面光滑的要凿毛，然后再用钢丝刷清理干净，或采用水泥细砂浆掺化学胶体（聚合物水泥浆）进行"毛化处理"。对于砖墙基层，要将墙面残余砂浆清理干净。对于加气混凝土、混凝土空心砌块、轻质墙板等基层，要在清理修补涂刷聚合物水泥浆后铺钉金属网一层，以增加基层与找平层及黏结层之间的附着力。不同材质墙面的交界处或后塞的洞口处均要挂金属网防裂，搭接长度不少于 200 mm。

（2）吊垂直、套方、找规矩、贴灰饼

室内在楼地面上沿内墙四周弹控制线，对房间进行套方找规矩，然后从各转角处用线坠两面吊直后设点做灰饼，用靠尺和水平尺随时检查。

（3）打底灰抹找平层

先将基层表面润湿，满刷一道结合层，然后分层分遍抹砂浆找平层，常温时可采用 1:3 或 1:2.5 水泥砂浆。抹灰厚度每层应控制在 5~7 mm，用木抹子搓平，终凝后晾至六七成干再抹第二遍，用木杠刮平，木抹子搓毛，终凝后浇水养护。找平层厚度应尽量控制在20 mm 左右，表面平整度最大允许偏差为 3 mm，立面垂直度最大允许偏差为 3 mm。

（4）分格、弹线

找平层养护至六七成干时，可按照排砖深化设计图及施工样板在其上分段分格弹出控制线并做好标记，如现场情况与排砖设计不符，则可酌情进行微调。

将已挑选好的饰面砖放入净水中浸泡 2 h 以上，并清洗干净，取出后晾干表面水分方可使用。

（5）粘贴饰面砖

内墙饰面砖整体由下向上粘贴，但不宜一次贴到顶，以免坍落。

粘贴时饰面砖黏结层厚度可参考以下数据：1∶2 水泥砂浆 4~8 mm 厚；1∶1 水泥砂浆 3~4 mm 厚；其他化学黏合剂 2~3 mm 厚。黏结层厚度越薄，基层的平整度要求越高。

先固定好靠尺板贴下第一皮砖，面砖背面涂好黏合材料后贴上，贴上后用灰铲柄轻轻敲打使之附线，轻敲表面固定，力争一次成功，不宜多动；用开刀调整竖缝，用小杠通过标准点调整平整度和垂直度，用靠尺随时找平找方；在黏结层初凝前，可调整面砖的位置和接缝宽度，初凝后严禁振动或移动面砖。

缝宽如符合模数则应采用标准成品缝卡控制；不符合模数时可用自制米厘条控制，用砂浆粘在已贴好的砖上口。

墙面凸出的卡件、水管或线盒处尽量采用整砖套割后套贴，缝口要尽量小，圆孔还可采用专用开孔器来处理，不得采用非整砖拼凑镶贴；如不方便套割则尽量把缝放在不显眼的位置，如有条件还可加盖板。

（6）勾缝与擦缝

黏结层终凝后可按照样板墙确定的勾缝及擦缝材料、缝深、勾缝形式及颜色进行勾缝与擦缝，内墙勾缝和擦缝材料一般是白水泥配彩色颜料；勾缝及擦缝材料的施工配合比及调色矿粉的比例要指定专人负责控制，水泥、砂子、矿粉等要使用准备好的专用材料，勾缝要视缝的形式使用专用工具；勾缝宜先勾水平缝再勾竖缝，纵横交叉处要过渡自然，不能有明显痕迹；砖缝要在一个水平面上，连续、平直、无裂纹、无空鼓，深浅一致，表面压光；有的黏合剂对勾缝时间有要求，应按厂家说明书操作。对于缝宽在 0.5 mm 以下的密缝采用擦缝，用毛刷蘸糊状嵌缝材料涂缝，然后用棉纱或布条擦均匀，不得有漏涂漏擦的现象。

（7）清理表面

勾缝时随勾随用棉纱蘸水擦净砖面；勾缝后经 10 天以上可清洗残留的污垢，尽量采用中性洗剂，也可采用浓度 20% 的稀盐酸，但要保护五金件，洗完后用清水冲净。擦缝时方法相同。

第五节　门窗制作与安装

门和窗都是建筑中的围护构件，具有一定的保温、隔音、防雨、防尘、防风沙等能力。门的作用主要是交通联系，并兼有采光、通风之用；窗的作用主要是采光和通风。门窗还有一定的装饰作用，其形状、尺寸、排列组合及材料对建筑物的立面效果影响很大。门窗在构造上，应满足开启灵活、关闭紧密、坚固耐久、便于擦洗、符合模数等方面的要求。按照所用材料分类，可分为木门窗、钢门窗、铝合金门窗、不锈钢门窗、塑钢门窗、玻璃门窗等；按照使用功能分类，可分为一般用途的门窗和特殊用途的门窗，如防火门、防盗门、防辐射门、隔音门窗等。

一、铝合金门窗制作安装

1．材料要求

（1）铝合金门窗的规格、型号应符合要求，五金配件配套齐全，并具有出厂合格证。

（2）填缝材料、密封材料、连接件等应符合设计要求和有关标准的规定。

（3）进场前应对铝合金门窗进行验收检查，不合格者不准进场。运到现场的铝合金门窗应分型号、规格堆放整齐，并存放于指定的存放地点，搬运时轻拿轻放，严禁扔摔。

2．主要机具设备

安装用经纬仪、水平仪、电锤、射钉枪、旋具、锤子、扳手、钳子、水平尺、线坠等。

3．作业条件

（1）主体结构经有关质量部门验收合格，工序之间办理好交接手续。

（2）检查门窗洞口尺寸及标高是否符合设计要求，如不符合设计要求则应及时处理。

（3）按图纸要求尺寸弹好门窗中线，并弹好室内 +50 cm 线。

（4）检查铝合金门窗，如有劈棱窜角和翘曲不平、偏差超标、表面损伤、变形及松动、外观色差较大，应与有关人员协商解决，经处理，验收合格后方能安装。

4．施工操作工艺

（1）划线定位

根据设计图纸中门窗的安装位置、尺寸和标高，依据门窗中线向两边量出门窗边线。以顶层门窗边线为准用线坠或经纬仪将门窗边线下引，并在各层门窗口处画线标记，对个别不直的口边应剔凿处理。

门窗的水平位置应以楼层室内 +50 cm 线的水平线为准向上反，量出窗下沿标高，弹线找直。每一层必须保持窗下沿标高一致。

（2）防腐处理

门窗四周外表面的防腐处理，可涂刷防腐涂料或粘贴塑料薄膜进行保护，避免水泥砂浆直接与铝合金表面接触产生化学反应，腐蚀铝合金门窗。

安装铝合金门窗时，所采用的连接铁件必须经过镀锌等防腐措施处理。

（3）安装就位

根据划好的门窗定位线，安装铝合金门窗框，并及时调整好门窗框的水平、垂直及对角线长度等，使其符合质量标准，然后用木楔临时固定。

（4）固定

用射钉枪将固定片固定到墙上。

（5）门窗框与墙体间缝隙的处理

铝合金门窗框固定后应先进行隐蔽工程验收，合格后及时按设计要求处理门窗框与墙体之间的缝隙。如果设计未要求时，采用发泡剂填充，外表面留 5～8 mm 深槽口填嵌防水胶。

（6）门窗扇及门窗玻璃的安装

门窗扇和门窗玻璃应在洞口墙体表面装饰完工后安装。推拉门窗框在门窗框安装固定后，将配好玻璃的门窗扇整体安装入框内滑道，调整好框与扇的缝隙即可。平开门窗在框与扇组装上墙并安装固定好后再安装玻璃，即先调整好框与扇的缝隙，再将玻璃安入窗扇并调整好位置，最后镶嵌密封条，填嵌密封胶。

二、塑钢门窗制作安装

1. 材料要求

（1）门窗的进场检验包括外观检查和尺寸验收。外观检查是查其有无破损、断裂；尺寸验收是查框的四边尺寸和扇的方正、翘曲，做到安装前的质量预控。

（2）紧固件、五金件、增强型材及金属板衬板等，应进行表面防腐处理。

（3）固定片厚度应大于或等于 1.5 mm，最小宽度应大于或等于 15 mm，其表面应进行镀锌处理。

（4）门窗与洞口密封用嵌缝膏应有弹性和黏结性。

2. 主要机具设备

电锤、电钻、自制方尺、线坠、水平尺等。

3. 作业条件

（1）塑料门窗一般采用预留洞口法安装。对于砖混结构，洞口四周预埋同规格的混凝土砖，其位置参考门窗框安装固定的位置图。

（2）墙体的作业大面积完工。

（3）门窗洞口的尺寸、位置检验合格。

4. 施工操作工艺

（1）找中弹线

量出最上层窗的安装位置，找出中线并吊垂以下各层窗洞口中心线并在墙上弹线，量出上下各樘窗框的中线并标记。

（2）门窗框安装固定

将框塞入洞口，根据图纸要求的位置及标高，用木楔子及垫块将框临时固定，框中线与洞口中线对齐，调整标高，保证上下一条线、左右一水平。重点调整下框的水平及立框的垂直度和角方正（推荐使用自制1 m左右的木方尺，但必须每天校正其准确性）。待各项均符合要求后，用膨胀塞固定。注意：底框用铁件固定，固定时要随时检查底框的水平度和立框的垂直度并调整。

（3）塞缝

框洞之间填塞闭孔泡沫塑钢、发泡聚苯乙烯等弹性材料，分层填实，拆掉木楔后的洞应分层填塞相同材料。

（4）抹灰做口

内外口抹灰时，外侧窗台略低于内侧窗台。外侧抹灰时要用5 mm厚片料将框和抹灰层隔开,待砂浆硬化后取出并修规矩,抹灰面应超出窗框,其厚度以不影响门窗开启为宜,外侧抹灰不能淹没框下的出水口。

（5）门窗扇及五金件安装

门窗扇在安装前一定要检查其是否变形或翘曲,安装完毕要检查其推拉是否灵活并调整,五金件要牢固好用。

（6）打密封胶

内、外墙涂料或面层施工完毕,将门窗内外框边与洞口相接处及拼樘料与门窗框间隙用嵌缝胶进行密封处理,要求连续、均匀、薄厚合适。将飞边及多余嵌缝膏用布或棉丝及时清理干净。

三、涂色镀锌钢板门窗制作安装

涂色镀锌钢板门窗又称彩板钢门窗或镀锌彩板门窗,是一种新型的金属门窗。涂色镀锌钢板门窗是以涂色镀锌钢板和 4 mm 厚平板玻璃或双层中空玻璃为主要材料,经过机械加工而制成的,色彩有红、绿、乳白、棕、蓝等。其门窗四角用插接件插接,玻璃与门窗交接处及门窗框与扇之间的缝隙,全部用橡胶密封条和密封胶密封。涂色镀锌钢板门窗的生产工艺过程完全摒弃了能耗高的焊接工艺,全部采用插接件自攻螺钉连接。这种门窗的涂层具有良好的防腐性能,解决了普通钢门窗长期以来没有解决的防腐问题；门窗玻璃用 4 mm 厚平板玻璃,特别是采用中空玻璃制作,具有良好的保温、隔音性能,当室外温度达到 -40℃ 时,室内玻璃仍不结霜。此外,涂色镀锌钢板门窗的装饰性、气密性、防水性和使用的耐久性都很好。

概括而言,涂色镀锌钢板门窗具有质量轻,强度高,采光面积大,防尘、防水、隔音、保温、密封性能好,造型美观,色彩鲜艳,质感均匀柔和,装饰性好,耐腐蚀等特点。使用过程中不需任何保养,解决了普通钢门窗耗料多,易腐蚀,隔音、密封、保温性能差等缺陷。涂色镀锌钢板门窗适用于商店、超级市场、试验室、教学楼、高级宾馆、各种剧场影院,以及民用高级建筑的门窗工程。

根据构造的不同,涂色镀锌钢板门窗又分为带副框和不带副框两种类型。带副框涂色镀锌钢板门窗适用于外墙面为大理石、玻璃马赛克、瓷砖、各种面砖等材料,或门窗与内墙面需要平齐的建筑；不带副框涂色镀锌钢板门窗适用于室外为一般粉刷的建筑,门窗与墙体直接连接,但洞口粉刷成型尺寸必须准确。

1. 材料要求

（1）涂色镀锌钢板门窗的规格、型号应符合设计要求,应有出厂合格证。

（2）涂色镀锌钢板门窗所用的五金配件,应与门窗型号相匹配,采用五金喷塑铰链,并用塑料盒装饰。

（3）门窗密封采用橡胶密封胶条,断面尺寸和形状均应符合设计要求。

（4）门窗连接采用塑料插接件螺钉,把手的材质应按图纸要求而定。

（5）焊条的型号根据施焊铁件的厚度决定,并应有产品的合格证。

（6）嵌缝材料和密封膏的品种、型号应符合设计要求。

（7）32.5 级以上普通水泥或矿渣水泥。中砂过 5 mm 筛，筛好备用。豆石少许。

（8）防锈漆、铁纱（或铝纱）、压纱条、自攻螺丝等配套准备，并有产品合格证。

（9）膨胀螺栓：塑料垫片、钢钉等备用。

2．主要机具设备

旋具、粉线包、托线板、线坠、扳手、锤子、钢卷尺、塞尺、毛刷、刮刀、扁铲、铁水平、丝锥、笤帚、冲击电钻、射钉枪、电焊机、电焊面罩、小水壶等。

3．作业条件

（1）结构工程已完，经过验收达到合格标准，已办理了工种之间交接检。

（2）按图示尺寸弹好窗中线及 +50 cm 的标高线，核对门窗口预留尺寸及标高是否正确，如不符，应提前进行处理。

（3）检查原结构施工时门窗两侧预留铁件的位置是否正确，是否满足安装需要，如有问题应及时调整。

（4）开包检查核对门窗规格、尺寸和开启方向是否符合图纸要求；检查门窗框扇角梃有无变形，玻璃及零附件是否损坏，如有破损，及时修复或更换后方可安装。

（5）提前准备好安装脚手架，并搞好安全防护。

4．施工操作工艺

（1）弹线找规矩

在最高层找出门窗口边线，用大线坠将门窗口边线引到各层，并在每层门窗口处画线、标记，对个别不直的门窗口应进行处理。高层建筑可用经纬仪打垂直线。

门窗洞口的标高尺寸应以楼层 +50 cm 水平线为准往上反，这样可分别找出窗下皮安装标高，以及门口安装标高位置。

（2）墙厚方向的安装位置

根据外墙大样及窗台板的宽度，确定涂色镀锌钢板门窗安装位置，安装时应以同一房间窗台板外露宽度相同来掌握。

（3）与墙体固定有两种方法

1）带副框的门窗安装。按门窗图纸尺寸在工厂组装好副框，运到施工现场，用 M5×12 的自攻螺钉将连接件铆固在副框上；按图纸要求的规格、型号运送到安装现场；将副框装入洞口，并与安装位置线齐平，用木楔临时固定，校正副框的正、侧面垂直度及对角线的长度无误后，用木楔牢固固定；将副框的连接件，逐件用电焊焊牢在洞口的预埋铁件上；嵌塞门窗副框四周的缝隙，并及时将副框清理干净；在副框与门窗的外框接触的顶、侧面贴上密封胶条，将门窗装入副框内，适当调整，用 M5×20 自攻螺钉将门窗外框与副框连接牢固，扣上孔盖；安装推拉窗时，还应调整好滑块；副框与外框、外框与门窗之间的缝隙，应填充密封胶；做好门窗的防护，防止碰撞、损坏。

2）不带副框的门窗安装。按设计图的位置在洞口内弹好门窗安装位置线，并明确门窗安装的标高尺寸；按门窗外框上膨胀螺栓的位置，在洞口相应位置的墙体上钻膨胀螺栓孔；将门窗装入洞口安装线上，调整门窗的垂直度、标高及对角线长度，合格后用木楔固定；

门窗与洞口均用膨胀螺栓固定好，盖上螺钉盖；门窗与洞口之间的缝隙按设计要求的材料嵌塞密实，表面用建筑密封胶封闭。

四、建筑玻璃的安装

随着近代大规模机制玻璃工业的发展，人们越来越认识到由于玻璃所具有的特殊的透光性、化学稳定性、装饰性能，它已成为人们生活中必需的和不可替代的材料。近十年来，玻璃科学的研究领域已集中在信息能源、生态环境、交通、航天、建筑等几个大领域。据统计，建筑行业是使用玻璃的第一大行业。普通平板玻璃是玻璃建筑物能量损失的主要源头（建筑物中平均有56%的能源是由玻璃门窗损失掉的）。在能源日益紧张和人们对建筑玻璃新功能提出更高要求的今天，我们必须加强对建筑玻璃深加工产品的研究、开发、生产和使用。我国玻璃深加工产品的比例达到了玻璃产量的16%，但是，在国外，发达国家平板玻璃深加工产品比例已超过60%。相比之下我国深加工产品比例较低、品种较少，不能满足飞速发展的建筑业的要求。建筑门窗玻璃是玻璃工业的主导产品之一，所以进行门窗玻璃深加工具有很大的发展空间。

建筑玻璃一般有钢化玻璃、压花玻璃、夹丝玻璃、镀膜玻璃、中空玻璃和工艺玻璃等。下面简要介绍压花玻璃、夹丝玻璃和中空玻璃的安装。

1. 压花玻璃安装

（1）压花面易脏且通水变透亮，看得见东西，所以压花面应装在室内侧，且要根据使用场所的条件酌情选用。

（2）菱形、方形压花的玻璃，相当于块状透镜，人靠近玻璃时，完全可以看到面里，所以应根据使用场所选用。

2. 夹丝玻璃安装

（1）夹丝玻璃比普通玻璃更易产生热断裂现象。

（2）夹丝玻璃的线网表面是经过特殊处理的，一般不易生锈。可切口部分未经处理，所以遇水易生锈。严重时，由于体积膨胀，切口部分可能产生裂化，降低边缘的强度，这是热断裂的原因。

3. 中空玻璃安装

（1）中空玻璃朝室外一面（一般用钢化玻璃）采用硅橡胶树脂加有机物配成的有机硅胶黏剂与窗框、扇黏结；朝室内一面衬垫橡胶压条，用螺钉固定。这样，既可防玻璃松动，又可防窗框与玻璃的缝隙漏水。

（2）中空玻璃的中间是干燥的空气或真空，作窗用时，中间不会产生水汽或水露，噪声可减弱1/2，具有良好的保温、隔热和隔音作用。因此，安装过程中特别应注意不得碰伤，以防影响功能效果。

（3）选用玻璃原片厚度和最大使用规格，主要取决于使用状态的风压荷载。对于四周固定垂直安装的中空玻璃，其厚度及最大尺寸的选择条件是：

1）玻璃最小厚度所能承受的平均风压（双层中空玻璃所能承受的风压为单层玻璃的

1.5 倍）。

2）最大平均风压不超过玻璃的使用强度。

3）玻璃最大尺寸所能承受的平均风压。

第六节　玻璃幕墙工程

一、玻璃幕墙施工作业条件

（1）应编制幕墙施工组织设计，并严格按施工组织设计的顺序进行施工。

（2）幕墙应在主体结构施工完毕后开始施工。对于高层建筑的幕墙，因工期需要，在保证质量与安全的前提下，可按施工组织设计沿高度分段施工。在与上部主体结构进行立体交叉施工幕墙时，结构施工层下方及幕墙施工的上方，必须采取可靠的防护措施。

（3）幕墙施工时，原主体结构施工搭设的外脚手架宜保留，并根据幕墙施工的要求进行必要的拆改（脚手架内层距主体结构不小于 300 mm）。如采用吊篮安装幕墙时，吊篮必须安全可靠。

（4）幕墙施工时，应配备必要的安全可靠的起重吊装工具和设备。

（5）当装修分项工程会对幕墙造成污染或损伤时，应将该项工程安排在幕墙施工之前施工，或应对幕墙采取可靠的保护措施。

（6）不应在大风大雨天气进行幕墙的施工。当气温低于 −5℃时不得进行玻璃安装，不应在雨天进行密封胶施工。

（7）应在主体结构施工时控制和检查固定幕墙的各层楼（屋）面的标高、边线尺寸和预埋件位置的偏差，并在幕墙施工前对其进行检查与测量。当结构边线尺寸偏差过大时，应先对结构进行必要的修正；当预埋件位置偏差过大时，应调整框料的伺距或修改连接件与主体结构的连接方式。

二、玻璃幕墙安装

（1）应采用（激光）经纬仪、水平仪、线坠等仪器工具，在主体结构上逐层投测框料与主体结构连接点的中心位置，x、y 和 z 轴三个方向位置的允许偏差为 ±1.0 mm。

（2）对于元件式幕墙，如玻璃为钢化玻璃、中空玻璃等现场无法裁割的玻璃，应事先检查玻璃的实际尺寸，如与设计尺寸不符，应调整框料与主体结构连接点中心位置。或可按框料的实际安装位置（尺寸）定制玻璃。

（3）按测定的连接点中心位置固定连接件，确保牢固。

（4）单元式幕墙安装宜由下往上进行。元件式幕墙框料宜由上往下进行安装。

（5）当元件式幕墙框料或单元式幕墙各单元与连接件连接后，应对整幅幕墙进行检查和纠偏，然后应将连接件与主体结构（包括用膨胀螺栓锚固）的预埋件焊牢。

（6）单元式幕墙的间隙用 V 形和 W 形或其他形状的胶条密封，嵌填密实，不得遗漏。

（7）元件式幕墙应按设计图纸要求进行玻璃安装。玻璃安装就位后，应及时用橡胶条等嵌填材料与边框固定，不得临时固定或明摆浮搁。

（8）玻璃周边各侧的橡胶条应各为单根整料，在玻璃角都断开。橡胶条型号应无误，镶嵌平整。

（9）橡胶条外涂敷的密封胶，品种应无误（镀膜玻璃的镀膜面严禁采用醋酸型有机硅酮胶），应密实均匀，不得遗漏，外表平整。

（10）单元式幕墙各单元的间隙、元件式幕墙的框架料之间的间隙、框架料与玻璃之间的间隙，以及其他所有的间隙，应按设计图纸要求留够。

（11）单元式幕墙各单元之间的间隙及隐式幕墙各玻璃之间的缝隙，应按设计要求安装，保持均匀一致。

（12）镀锌连接件施焊后应去掉药皮，镀锌面受损处焊缝表面应刷两道防锈漆。所有与铝合金型材接触的材料（包括连接件）及构造措施，应符合设计图纸，不得发生接触腐蚀，且不得直接与水泥砂浆等材料接触。

（13）应按设计图纸规定的节点构造要求，进行幕墙的防雷接地，以及所有构造节点（包括防火节点）和收口节点的安装与施工。

（14）清洗幕墙的洗涤剂应经检验，应对铝合金型材镀膜、玻璃及密封胶条无侵蚀作用，并应及时将其冲洗干净。

第七节　新型墙面材料

新型墙面材料是一种绿色、环保、节能、保温、防火性能优越的新型大板墙体，可与国内、外的框架结构、钢结构、异形柱结构体系配合。

一、环保涂料

环保涂料早已不是代名词，以乳胶漆为代表的水性涂料就是目前最流行的环保涂料。不过，乳胶漆主要用于墙面的涂饰，对于家具却不大适用，这就使非环保的溶剂型木器漆成为污染室内空气的主要元凶之一。一种用于木制家具的水性木器漆应运而生，它以水为介质，无毒无味、无环境污染，而且漆膜平滑光亮，避免了传统木器漆的刺鼻气味，完全符合涂料环保化的发展趋势。现代涂料品种繁多，其功能也越来越全面，防水、防火、防潮、防霉、防腐、防碳化，涂料俨然成了家居卫士。含防水配方的乳胶漆的一大特点是可擦洗。不过，一般的乳胶漆在经过多次擦洗后会掉粉。现在，厂家在原有的基础上更加完善和加强了防水这一特性，使乳胶漆的胶膜更硬，漆面更易清洗。一种德国盾牌陶瓷隔热涂料新品，则是近期进军隔热涂料市场的生力军。它是由极小的真空陶瓷微球和与其他相适应的环保乳液组成水性涂料，与墙体、金属、木制品等有较强的附着力，直接在基体表面涂抹 0.3 mm 左右，即可达到隔热保温的目的。

目前市场上常见的乳胶漆，分高、低档两种。高档的有丝得丽（立邦漆）、进口 ICI（多乐士）、进口 GPM 马斯特乳胶漆。这类漆的特点是有丝光，看着似绸缎，一般要涂刷两遍。低档的有美时丽、时时丽等，这类漆不用打底可直接涂刷。立邦漆遮盖力强，色泽柔和持久，易施工，可清洗。立邦漆可根据个人喜好、房间的采光、面积大小等因素来选择。

1. 主要施工工艺

清扫基层→填补腻子、局部刮腻子、磨平→第一遍满刮腻子、磨平→第二遍满刮腻子、磨平→涂刷封固底漆→涂刷第一遍涂料→复补腻子、磨平→涂刷第二遍涂料→磨光交活。

2. 施工要点

基层处理是保证施工质量的关键环节，其中保证墙体完全干透是最基本条件，一般应放置 10 天以上。墙面必须平整，最少应满刮两遍腻子，至满足标准要求。乳胶漆涂刷的施工方法可以采用手刷、滚涂和喷涂。涂刷时应连续迅速进行，一次刷完。涂刷乳胶漆时应均匀，不能有漏刷、流附等现象。涂刷一遍，打磨一遍，一般应涂刷两遍以上。

3. 注意事项

（1）腻子应与涂料性能配套，坚实牢固，不得粉化、起皮、裂纹。卫生间等潮湿处使用耐水腻子。

（2）涂液要充分搅匀，黏度太大可适当加水，黏度小可加增稠剂。

（3）施工温度高于 10℃，室内不能有大量灰尘，最好避开雨天。

二、艺术玻璃

随着艺术玻璃种类与材质日渐丰富，目前正形成一个庞大的艺术玻璃家族。用装饰艺术玻璃来做家居背景墙，已不是一个新奇的想法。多彩图案的彩色艺术玻璃能与许多类型的家居环境相统一，产生意想不到的装饰效果，增添家居空间的艺术气息。它的合理运用可以调整空间关系，会令视觉、触觉和使用都感到完全不同，让阻隔的建筑空间有了如水般的流动。在许多高档酒店、餐馆和会所里，装饰艺术玻璃的应用已十分普遍。

根据不同的工艺技术和表现方式，目前装饰艺术玻璃可分为浮雕玻璃、立雕玻璃、平砂玻璃、彩晶玻璃等。通过不同的工艺技术结合运用，比如立雕玻璃，结合平砂、上色、肌理等技术，艺术效果更强。玻璃砖就是其中的一个种类。

玻璃砖应砌筑在配有 2 根 $\phi 6 \sim \phi 8$ mm 钢筋增强的基础上。基础高度不大于 150 mm，宽度应大于玻璃砖厚度 20 mm 以上。玻璃砖分隔墙顶部和两端应用金属型材，其槽口宽度应大于砖厚度 10 ~ 18 mm。当隔断长度或高度大于 1 500 mm 时，在垂直方向每 2 层设置 1 根钢筋（当长度、高度均超过 1 500 mm 时，设置 2 根钢筋）；在水平方向每隔 3 个垂直缝设置1根钢筋。钢筋伸入槽口不小于35 mm。用钢筋增强的玻璃砖隔断高度不得超过4 m。玻璃分隔墙两端与金属型材两翼应留有宽度不小于4 mm的滑缝，缝内用油毡填充；玻璃分隔板与型材腹面应留有宽度不小于10 mm的胀缝，以免玻璃砖分隔墙损坏。玻璃砖最上面一层砖应伸入顶部金属型材槽口10~25 mm，以免玻璃砖因受刚性挤压而破碎。玻璃砖之间的接缝不得小于10 mm，且不大于30 mm。玻璃砖与型材、型材与建筑物的结合部，应用弹性密封胶密封。

1. 主要施工工艺

清理基层→钉木龙骨架→钉衬板→固定玻璃。

2. 施工要点

（1）在玻璃上钻孔，用镀铬螺钉、铜螺钉把玻璃固定在木骨架和衬板上。

（2）用硬木、塑料、金属等材料的压条压住玻璃。

（3）用环氧树脂把玻璃粘在衬板上。

3. 注意事项

（1）匀面玻璃厚度应为5~8 mm。

（2）安装时严禁锤击和撬动，不合适时应取下重安。

三、壁纸

壁纸是一种用于装饰墙壁的特殊加工纸张。发源地在欧洲，现今在北欧发达国家最为普及，环保及品质最好，其次是东南亚国家，在日本、韩国壁纸的普及率也高达近90%。现代新型壁纸的主要原料都是选用树皮、化工合成的纸浆，非常天然，产品不会散发有害人体健康的成分。

1. 主要施工工艺

清扫基层、填补缝隙→石膏板面接缝处贴接缝带、补腻子、磨砂纸→满刮腻子、磨平→涂刷防潮剂→涂刷底胶→墙面弹线→壁纸浸水→壁纸、基层涂刷黏结剂→壁纸裁纸、刷胶→上墙裱贴、拼缝、搭接、对花→赶压胶黏剂气泡→擦净胶水→修整。

2. 施工要点

（1）基层处理时，必须清理干净、平整、光滑，防潮涂料应涂刷均匀，不宜太厚。

1）混凝土和抹灰基层：墙面清扫干净，将表面裂缝、坑洼不平处用腻子找平。再满刮腻子，打磨平。根据需要决定刮腻子遍数。

2）木基层：木基层应刨平，无毛刺、饿茬，无外露钉头。接缝、钉眼用腻子补平。满刮腻子，打磨平整。

3）石膏板基层：石膏板接缝用嵌缝腻子处理，并用接缝带贴牢。表面刮腻子。涂刷底胶一般使用108胶，底胶一遍成活，但不能有遗漏。

（2）为防止壁纸、墙布受潮脱落，可涂刷一层防潮涂料。

（3）弹垂直线和水平线，以保证壁纸、墙布横平竖直、图案正确。

（4）塑料壁纸遇水或胶水会膨胀，因此要用水润纸，使塑料壁纸充分膨胀。玻璃纤维基材的壁纸、墙布等，遇水无伸缩，无须润纸。复合壁纸和纺织纤维壁纸也不宜闷水。

（5）粘贴后，赶压墙纸胶黏剂，不能留有气泡，挤出的胶要及时揩净。

3．注意事项

（1）墙面基层含水率应小于8％。

（2）墙面平整度，用2 m靠尺检查，高低差不超过2 mm。

（3）拼缝时先对图案、后拼缝，使上下图案吻合。

（4）禁止在阳角处拼缝，壁纸要裹过阳角20 mm以上。

四、天然无水粉刷石膏

无水型粉刷石膏是一种高效节能、绿色环保的建筑装饰装修内墙抹灰材料，具有良好的物理性和可操作性，使用时无须界面处理，落地灰少，抹灰效率高，节省工时，综合造价低，可有效防止灰层空鼓、开裂、脱落，具有优良的性价比，可以大大加快工程进度，已受到社会各界的普遍欢迎。黏结力强，抹灰表面平整、致密、细腻，用在加气混凝土基材上效果更为显著，抹灰层不会出现空鼓、开裂现象。具有呼吸功能，能巧妙地将室内湿度控制在适宜范围之内，创造舒适的工作生活环境。实验表明，该产品是理想的防火材料，能有效地阻止火焰的蔓延，防火能力可达4 h以上，具有出色的防火性能。施工后的墙面可以隔音20～52 dB，同时也是一种良好的吸声材料。产品作为室内建筑装饰装修材料，具有良好的保温性能。使用该产品可以有效提高工作效率，凝结硬化快，易于机械化施工。使用该产品可以有效降低抹灰工程综合成本，具有优良性价比。

技能训练10　抹灰工操作

一、训练任务

如图8—21所示，对墙面进行混合灰浆抹灰。抹灰厚度10～12 mm；墙面垂直误差在±2 mm内；阴阳角应形成小圆弧，笔直，无空穴或者表面缺陷，平整度误差在±2 mm内；内角和边线应笔直正方，精确切断；饰面完好，平整。

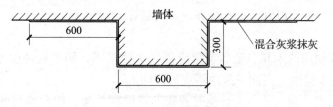

图8—21　混合灰浆抹灰大样图

二、训练目的

熟悉常用抹灰工工具和设备的使用方法，熟练掌握内墙抹混合砂浆基本操作方法，掌握抹灰工安全操作知识，会进行墙体抹灰质量检验。

三、训练准备

1. 材料准备

（1）石灰膏

应用块状生石灰淋制，必须用孔的尺寸不大于 3 mm × 3 mm 的筛过滤，并储存在沉淀池中。熟化时间，常温下一般不少于 15 天；用于罩面灰时，不应少于 30 天。使用时，石灰膏内不得含有未熟化的颗粒和其他杂质。

（2）磨细生石灰粉

磨细生石灰粉的细度应能通过 4 900 孔/cm² 筛，用前应用水浸泡，使其充分熟化，熟化时间应在 3 天以上。

（3）水泥

32.5 级矿渣水泥和普通硅酸盐水泥，应有出厂证明或复试单，当出厂超过 3 个月时，按试验结果使用。

（4）砂

中砂，平均粒径为 0.35~0.5 mm，使用前应过 5 mm 孔径的筛子，且不得含有杂质。

（5）纸筋

纸筋使用前应用水浸透、捣烂，并应洁净；罩面纸筋宜用机碾磨细。稻草、秸秆应坚韧、干燥，不含杂质，其长度不应大于 30 mm。稻草、秸秆应经石灰浆浸泡处理。

（6）麻刀

麻刀要求柔软、干燥、敲打松散、不含杂质，长度为 10~30 mm，在使用前 4~5 天用石灰膏调好（也可用合成纤维）。

2. 机具准备

砂浆搅拌机、纸筋灰搅拌机、平锹、筛子（孔径 5 mm）、手推车、大桶、灰槽、2 m 靠尺板、线坠、钢卷尺、方尺、托灰板、铁抹子、木抹子、塑料抹子、八字靠尺、5~7 mm 厚方口靠尺、阴阳角抹子、长舌铁抹子、铁水平、长毛刷、排笔、钢丝刷、笤帚、橡胶水管、小水桶、锤子、钳子、钉子、托线板、工具袋等。

3. 安全措施

（1）室内抹灰使用的木凳、金属支架应搭设平稳牢固，脚手板跨度不得大于 2 m，架上堆放材料不得过于集中，在同一跨内不应超过两人。

（2）不准在门窗、暖气片、洗脸池等器物上搭设脚手板，阳台部位粉刷，外檐必须挂设安全网，严禁踩在脚手板的护身栏杆和阳台栏板上进行操作。

（3）使用磨石机应戴绝缘手套、穿绝缘鞋，电源线不得破皮漏电，经试运转正常后，方可操作。

（4）外檐抹灰人员脚手板铺满、铺平、铺严、无探头板。翻板由架子工操作，自行翻板时应系好安全带。拉接点不准随意拆除。

四、训练流程要点

1. 工艺流程

抹灰工操作的工艺流程为：润湿墙面—确定抹灰厚度和顺序—抹水泥踢脚板（或水泥墙裙）—做水泥护角—抹水泥窗台板—墙面冲筋—抹底灰—修抹预留孔洞、电气箱、槽、盒—抹罩面灰。

2. 操作要点

（1）湿润墙面

抹灰前一天，应用橡胶管自上而下浇水湿润墙面。

（2）确定抹灰厚度和顺序

一般抹灰按质量要求分为普通、中级和高级三级。室内砖墙抹灰层的平均总厚度不得大于下列规定：普通抹灰为 18 mm；中级抹灰为 20 mm；高级抹灰为 25 mm。

根据设计图纸要求的抹灰质量等级，按基层表面平整垂直情况，吊垂直、套方、找规矩，经检查后确定抹灰厚度，但最少不应小于 7 mm。墙面凹度较大时要分层衬平（石灰砂浆和水泥混合砂浆每层厚度宜为 7~9 mm）。操作时，先抹上灰饼，再抹下灰饼。抹灰饼时要根据室内抹灰的要求（分清踢踢脚板还是水泥墙裙），以确定下灰饼的正确位置，用靠尺板找好垂直与平整。灰饼宜用 1:3 水泥砂浆抹成 5 cm 见方形状。

（3）抹水泥踢脚板（或水泥墙裙）

用水将尘土、污物冲洗干净，根据已抹好的灰饼冲筋（此筋应冲得宽一些，以宽 8~10 cm 为宜，因此筋既为抹踢脚或墙裙的依据，也是抹石灰砂浆墙面的依据），填档子，抹底灰一般采用 1:3 水泥砂浆，抹好后用大杠刮平。木抹子搓毛，常温下第二天便可抹面层砂浆。面层灰用 1:2.5 水泥砂浆压光。墙裙及踢脚抹好后，一般应凸出石灰墙面 5~7 mm。但也有做法是与石灰墙面一平或凹进石灰墙面的，应按设计要求施工（水泥砂浆墙裙同此作法）。

（4）做水泥护角

室内墙面的阳角、柱面的阳角和门窗洞口的阳角，应用 1:3 水泥砂浆打底，与所抹灰饼找平，待砂浆稍干后，再用 108 胶素水泥膏抹成小圆角；或用 1:2 水泥细砂浆做明护角（比底灰高 2 mm，应与石灰罩面齐平），其高度不应低于 2 m，每侧宽度不小于 5 cm。门窗口护角做完后，应及时用清水洗刷掉门窗框上的水泥浆。

（5）抹水泥窗台板

先将窗台基层清理干净，松动的砖要重新砌筑好。砖缝划深，用水浇透，然后用 1:2:3 豆石混凝土铺实，厚度大于 2.5 cm。次日，刷掺水重 10% 的 108 胶水泥浆一道，紧跟着抹

1:2.5 水泥砂浆面层，待面层颜色开始变白时，浇水养护 2~3 天。窗台板下口抹灰要平直，不得有毛刺。

（6）墙面冲筋

用与抹灰层相同的砂浆冲筋，冲筋的根数应根据房间的宽度或高度决定，一般筋宽为 5 cm，可冲横筋也可冲立筋，根据施工操作习惯而定。

（7）抹底灰

一般情况下冲完筋 2 h 左右就可以抹底灰。抹灰时先薄薄地刮一层，接着分层装档、找平，再用大杠垂直、水平刮找一遍，用木抹子搓毛。然后全面检查底灰是否平整，阴阳角是否方正，管道处灰是否挤齐，墙与顶交接是否光滑平整，并用托线板检查墙面的垂直与平整情况。散热器后边的墙面抹灰，应在散热器安装前进行，抹灰面接槎应平顺。抹灰后应及时将散落的砂浆清理干净。

（8）修抹预留孔洞、电气箱、槽、盒

当底灰抹平后，应由专人把预留孔洞、电气箱、槽、盒周边 5 cm 的石灰砂浆刮掉，改抹 1:1:4 水泥混合砂浆，把洞、箱、槽、盒周边抹光滑、平整。

（9）抹罩面灰

当底灰六七成干时，即可开始抹罩面灰（如底灰过干应浇水湿润）。罩面灰应二遍成活，厚度约 2 mm。最好两人同时操作，一人先薄薄刮一遍，另一人随即抹平。按先上后下顺序进行，再赶光压实，然后用铁抹子压一遍，最后用塑料抹子压光，随后用毛刷蘸水将罩面灰污染处清刷干净。

（10）冬期施工规定

1）冬期施工，室内砖墙抹石灰砂浆应采取保温措施，拌和砂浆所用的材料不得受冻。涂抹时，砂浆的温度不宜低于 5℃。

2）室内抹石灰砂浆工程施工的环境温度不应低于 5℃。需提前做好室内的采暖保温和防寒工作。

3）用冻结法砌筑的墙，应待其解冻后，室内温度保持在 5℃以上时，方可进行室内抹灰。不得在负温度和冻结的墙上抹石灰砂浆。

4）冬期施工要注意室内通风换气、排除湿气，应设专人负责定时开关门窗和测温，抹灰层不得受冻。

3. 成品保护

（1）抹灰前必须事先把门窗框与墙连接处的缝隙用水泥砂浆嵌塞密实（铝合金门窗框应留出一定间隙填塞嵌缝材料，其嵌缝材料由设计确定）；门口钉设铁皮或木板保护。

（2）要及时清扫干净残留在门窗框上的砂浆。铝合金门窗框必须有保护膜，并保持到快要竣工需清擦玻璃时为止。

（3）推小车或搬运东西时，要注意不要损坏墙角和墙面。抹灰用的工具和铁锹把不要靠在墙上。严禁蹬踩窗台，防止损坏其棱角。

（4）拆除脚手架要轻拆轻放，拆除后材料码放整齐，不要撞坏门窗、墙角和口角。

（5）要保护好墙上的预埋件、窗帘钩等。墙上的电线槽、盒、水暖设备预留洞等不要随意抹死。

（6）抹灰层凝结前，应防止快干、水冲、撞击、振动和挤压，以保证抹灰层有足够的强度。

（7）要注意保护好楼地面面层，不得直接在楼地面上拌灰。

五、训练质量检验

抹灰工操作训练质量检验见表8—3。

表8—3　　　　　　　　　　抹灰工操作训练质量检验

项次	项目	允许偏差（mm）		检验方法
		普通抹灰	高级抹灰	
1	立面垂直度	4	3	用2 m垂直检测尺检查
2	表面平整度	4	3	用2 m靠尺和塞尺检查
3	阴阳角方正	4	3	用直角检测尺检查
4	分格条（缝）直线度	4	3	拉5 m线，不足5 m拉通线，用钢直尺检查
5	墙裙勒脚上口直线度	4	3	拉5 m线，不足5 m拉通线，用钢直尺检查

技能训练11　裱糊工操作

一、训练任务

在抹灰面层上裱糊一般壁纸或墙布，掌握对抹灰面干湿度的要求，以及裱糊普通壁纸的操作工艺顺序、各顺序的要点、质量标准和注意事项。

二、训练目的

熟悉常用裱糊工工具和设备的使用方法；熟练裱糊工基本操作方法；掌握裱糊工安全操作知识。

三、训练准备

1. 材料准备

（1）石膏、大白粉、滑石粉、聚醋酸乙烯乳液、羧甲基纤维素、108 胶或各种型号的壁纸、胶黏剂等。

（2）壁纸、墙布，为保证裱糊质量，各种壁纸、墙布的质量应符合设计要求和相应的国家标准。

（3）胶黏剂、嵌缝腻子、玻璃网格布等，应根据设计和基层的实际需要提前备齐。胶黏剂应满足建筑物的防火要求，避免在高温下因胶黏剂失去黏结力，使壁纸脱落而引起火灾。

2. 机具准备

裁纸工作台、钢板尺（1 m 长）、壁纸刀、塑料水桶、塑料脸盆、油工刮板、拌腻子槽、小辊、开刀、毛刷、排笔、擦布或棉丝、粉线包、小白线、铁制水平尺、托线板、线坠、盒尺、钉子、锤子、红铅笔、笤帚、工具袋等。

3. 安全措施

1）凳上操作时，单凳只准站一人。双凳搭跳板，两凳的距离不超过 2 m，只准站两人。

2）梯子不得缺档，不得垫高，横档间距以 30 cm 为宜，梯子底部绑防滑垫；人字梯两梯夹角以 60°为宜，两梯间要拉牢。

四、训练流程要点

1. 工艺流程

基层处理→吊直、套方、找规矩、弹线→计算用料、裁纸→粘贴壁纸→壁纸修整。

2. 操作要点

裱糊操作原则是，先裱糊顶棚，后裱糊墙面。

（1）裱糊顶棚壁纸

1）基层处理。清理混凝土顶面，满刮腻子时，首先将混凝土顶上的灰渣、浆点、污物等清刮干净，并用笤帚将粉尘扫净，满刮腻子一道。腻子的体积配合比为：聚醋酸乙烯乳液∶石膏或滑石粉∶2% 羧甲基纤维素溶液为 1∶5∶3.5。腻子干后磨砂纸，满刮第二遍腻子，待腻子干后用砂纸磨平、磨光。

2）吊直、套方、找规矩、弹线。首先应将顶子的对称中心线通过吊直、套方、找规矩的办法弹出，以便从中间向两边对称控制。墙顶交接处的处理原则：凡有挂镜线的按挂镜线，没有挂镜线则按设计要求弹线。

3）计算用料、裁纸。根据设计要求决定壁纸的粘贴方向，然后计算用料、裁纸。应按所量尺寸每边留出 2 ~ 3 cm 余量。如采用塑料壁纸，应在水槽内先浸泡 2 ~ 3 min，拿出，抖掉余水，半纸面用净毛巾蘸干。

4）刷胶、糊纸。在纸的背面和顶棚的粘贴部位刷胶，应注意按壁纸宽度刷胶，不宜过宽，铺贴时应从中间开始向两边铺粘。第一张一定要按已弹好的线找直粘牢，应注意纸的两边各甩出1~2cm不压死，以满足与第二张铺粘时的拼花压槎对缝的要求。然后依上法铺粘第二张，两张纸搭接1~2cm，用钢板尺比齐，两人将尺按紧，一人用壁纸刀裁切，随即将搭槎处两张纸条撕去，用刮板带胶将缝隙压实刮牢。随后将顶子两端阴角处用钢板尺比齐、拉直，用刮板及辊子压实，最后用湿温毛巾将接缝处辊压出的胶痕擦净。依次进行。

5）修整。壁纸粘贴完后，应检查是否有空鼓不实之处，接槎是否平顺，有无翘边现象，胶痕是否擦净，有无小包，表面是否平整，多余的胶是否清擦干净等，直至符合要求为止。

（2）裱糊墙面壁纸

1）基层处理。如为混凝土墙面，可根据原基层质量的好坏，在清扫干净的墙面上满刮1~2道石膏腻子，干后用砂纸磨平、磨光；若为抹灰墙面，可满刮大白腻子1~2道找平、磨光，但不可磨破灰皮；石膏板墙用嵌缝腻子将缝堵实堵严，粘贴玻璃网格布或丝绸条、绢条等，然后局部刮腻子补平。

2）吊垂直、套方、找规矩、弹线。首先应对半房间四角的阴阳角吊垂直、套方、找规矩，并确定从哪个阴角开始按照壁纸的尺寸进行分块弹线控制（习惯做法是进门左阴角处开始铺贴第一张）。有挂镜线的按挂镜线，没有挂镜线的按设计要求弹线控制。

3）计算用料、裁纸。按已量好的墙体高度放大2~3cm，按此尺寸计算用料、裁纸，一般应在案子上裁割，将裁好的纸用湿温毛巾擦后，折好待用。

4）刷胶、糊纸。应分别在纸上及墙上刷胶，其刷胶宽度应相吻合，墙上刷胶一次不应过宽。糊纸时从墙的阴角开始铺贴第一张，按已画好的垂直线吊直，并从上往下用手铺平，刮板刮实，并用小辊子将上、下阴角处压实。第一张粘好留1~2cm（应拐过阴角约2cm），然后粘铺第二张，依同法压平、压实，与第一张搭槎1~2cm要自上而下对缝，拼花要端正，用刮板刮平。用钢板尺在第一张与第二张搭槎处切割开，将纸边撕去，边槎处带胶压实，并及时将挤出的胶液用湿温毛巾擦净。然后用同法将接顶、接踢脚的边切割整齐，并带胶压实。墙面上遇有电门、插销盒时，应在其位置上破纸作为标记。在裱糊时，阳角不允许甩槎接缝，阴角处必须裁纸搭缝，不允许整张纸铺贴，避免产生空鼓与皱褶。

5）花纸拼接

①纸的拼缝处花形要对接拼搭好。

②铺贴前应注意花形及纸的颜色力求一致。

③墙与顶壁纸的搭接应根据设计要求而定，一般有挂镜线的房间应以挂镜线为界，无挂镜线的房间则以弹线为准。

④花形拼接如出现困难时，错槎应尽量甩到不显眼的阴角处，大面不应出现错槎和花形混乱的现象。

⑤壁纸修整。糊纸后应认真检查，对壁纸的翘边翘角、气泡、皱褶及胶痕未擦净等，应及时处理和修整，使之完善。

3. 成品保护

（1）壁纸裱糊完的房间应及时清理干净，不准作料房或休息室，以避免污染和损坏。

（2）在整个裱糊的施工过程中，严禁非操作人员随意触摸壁纸。

（3）电气和其他设备等在进行安装时，应注意保护壁纸，防止污染和损坏。

（4）铺贴壁纸时，必须严格按照规程施工，施工操作时要做到干净利落，边缝要切割整齐，胶痕必须及时清擦干净。

（5）严禁在已裱糊好壁纸的顶、墙上剔眼打洞。若纯属设计变更，也应采取相应的措施，施工时要小心保护，且施工后要及时认真修复，以保证壁纸的完整。

（6）二次修补油、浆活及磨石二次清理打蜡时，注意做好壁纸的保护，防止污染、碰撞与损坏。

五、训练质量检验

裱糊操作训练质量检验标准见表8—4。

表8—4　　　　　　　　　　　裱糊操作训练质量检验标准

项目	序号	检查项目	检查方法
主控项目	1	壁纸、墙布的种类、规格、图案、颜色和燃烧性能等级，必须符合设计要求及国家现行标准的有关规定	检查产品合格证书、进场验收记录和性能检测报告
	2	裱糊后各幅拼接应横平竖直，拼接处花纹图案应吻合，不离缝，不搭接，不显拼缝	观察、拼缝检查距离墙面1.5 m处正视
	3	壁纸、墙布应粘贴牢固，不得有漏贴、补贴、脱层空鼓和翘边	观察、手摸检查
一般项目	1	裱糊后的壁纸、墙布表面应平整，色泽应一致，不得有波纹、起伏、气泡、裂缝、皱褶及斑污，斜视时应无胶痕	观察、手摸检查
	2	复合压花壁纸的压痕及发泡壁纸的发泡层应无损坏	观察
	3	壁纸、墙布与各种装饰线、设备线盒应交接严密	用塞尺或水准仪检查
	4	壁纸、墙布边缘应平直、整齐，不得有纸毛、飞刺	观察
	5	壁纸、墙布阴角处搭接应顺光，阳角处应无接缝	观察

思考练习题

1．简述装饰工程的作用及施工特点。

2．简述装饰工程的合理施工顺序。

3．抹灰工程在施工前应做什么准备工作？有什么技术要求？

4．简述水刷石的施工特点。

5. 简述饰面板安装方法、工艺流程和技术要点。

6. 简述玻璃幕墙的施工要点。

7. 简述水磨石地面的施工方法和保证质量的措施。

8. 简述木质地面的施工要点。

9. 简述刷浆工程的施工要点。

附录

某项目18号、20号、21号楼工程混凝土专项方案

由于施工现场场地狭小，混凝土计划均采用泵送商品混凝土，施工前由项目部根据施工情况进行统一协调、安排。

一、混凝土工程施工

1. 清理

浇混凝土前应将模板内的垃圾、泥土、钢筋上的油污等杂物清理干净，并检查钢筋的水泥砂浆保护层垫块是否已垫好。用水湿润模板。柱模板应在清除杂物及积水后封闭，保证混凝土的连续性。

2. 混凝土的运输

一般情况下混凝土从混凝土泵车中卸出到浇筑完毕的时间间隔不应超过下表的规定：

混凝土强度等级	气温	
	低于25℃	高于25℃
C30以下（含C30）	120 min	90 min

3. 混凝土浇筑与振捣的一般要求

（1）混凝土自泵管口下落的自由高度不得超过2 m，如超过2 m，必须采用串筒、斜槽或采用其他措施防止混凝土离析。

（2）浇筑混凝土时应分段分层进行，每层浇筑的高度应根据结构特点及钢筋的疏密程度决定，一般情况下分层高度不超过振动器作用部分长度的1.25倍，且不宜超过50 cm。在本工程浇筑混凝土时，每一分层厚度为30 cm。

（3）使用插入式振动器时应快插慢拔，插点要均匀布置，逐点移动，顺序进行，不得遗漏，做到振捣均匀，每点振实，移动点间距为35 cm左右。分层浇混凝土，在振捣上一层的混凝土时，应插入到下层混凝土中约5 cm，以消除两层混凝土之间的接缝。平板振动器振捣时，应保证振动器的平板能完全覆盖已振实的混凝土。要特别注意边梁处、柱插筋处等平板振动器难以到达的部位的振捣质量。

（4）浇筑混凝土应连续进行，不到预先确定的施工缝位置不得在中间留施工缝。如中

间必须间歇，应尽量缩短间歇时间，并应在间歇前浇筑的混凝土初凝前继续浇筑。当出现意外情况，间歇时间超过 2 h 时，应按施工缝处理。

（5）混凝土浇筑过程中应经常观察模板、钢筋、预埋件、预留插筋、预留孔等有无移动、变形或堵塞情况，发现问题应在混凝土凝结前处理好。

4．墙柱混凝土浇捣

（1）柱混凝土浇捣前，下面要先填 5 ~ 10 cm 厚的与混凝土配合比相同的减半石子的混凝土。柱混凝土应分层浇捣，使用插入式振动器振捣，每一分层厚度应不大于 40 cm。用插入式振动器振捣时，要注意振动棒不得触动钢筋及预埋件。在柱混凝土浇捣过程中，下面要有人随时敲打柱模板，检查混凝土的浇捣质量。

（2）柱高在 3 m 以内时，可直接在柱顶浇混凝土，柱高超过 3 m 时，应采取措施，可用串筒或在柱模上开门子板分段浇筑。柱分段浇筑时，每一分段高度不得超过 2 m，每段浇筑完成后，要将门子板洞口封闭，并用柱箍箍牢。

（3）柱及剪力墙混凝土应一次浇筑完毕，中间不得留施工缝。一般情况下，柱的施工缝留在主梁以下 3 ~ 5 cm 处。框架顶层的柱的施工位置应在能保证顶层梁钢筋向下锚入柱中的前提下尽量留高。当梁与柱的混凝土同时浇捣时，应在柱混凝土浇完后停歇 1 ~ 1.5 h，使柱混凝土初步沉实后，再浇梁板混凝土。

5．梁板混凝土浇捣

（1）楼面梁板混凝土应同时浇筑，浇筑时应由一侧开始，用赶浆法浇筑。即先将梁分层浇成阶梯形，当达到底板位置时，再与板的混凝土一起浇筑，随着阶梯形不断延伸，梁板混凝土浇筑连续向前推进。

（2）和板连成整体的大截面梁可以单独浇筑，施工缝在板以下 2 ~ 3 cm 处。浇捣时，浇筑与振捣必须紧密配合，第一层下料应慢些，梁底充分振实后再下第二层料。用赶浆法保持水泥浆沿梁底包裹石子向前推进，每层均应振实后再下料，梁底及梁侧部位要注意振捣密实。振捣时不得触动钢筋及预埋件。

（3）梁柱节点处钢筋较密，浇筑此处的混凝土时可用同强度等级的细石混凝土代替，并用小直径的振动棒振捣。

（4）浇筑板时混凝土的虚铺厚度应略大于板的厚度，用平板振动器沿垂直浇筑方向振捣，板厚较大时可先用插入式振动器顺浇筑方向拖拉振捣，然后再用平板振动器振捣，并用铁插尺检查板的浇筑厚度是否符合设计要求。板混凝土浇好后，要用长刮尺及木抹子抹平。重点要抹平剪力墙周边、杜子周边的混凝土，该处混凝土表面的平整度应严格控制在 2 mm 以内，以便能与上层墙柱的模板结合紧密。浇楼板混凝土时，不允许用振动棒铺摊混凝土。

（5）当梁板与柱的混凝土强度等级相差在 C5 以内时，在梁柱节点处可按梁板混凝土的强度等级施工，当两者的强度等级相差超过 C5 时，应先在梁柱交点处浇柱子的混凝土，然后再浇梁板的混凝土，在柱顶面四周 30 cm 范围内的混凝土都应按柱子混凝土的强度等级施工。

（6）梁板的施工缝应留在跨中 1/3 跨度的范围内，施工缝的表面应与梁的轴线或板面垂直，不得留成斜槎。梁板的施工缝位置应在浇混凝土之前先确定好，并在施工缝处用木板或钢丝网挡牢。施工缝处必须在已浇的混凝土的抗压强度不小于 1.2 MPa 后才能继续浇筑。在继续浇筑混凝土前，施工缝混凝土的表面应凿毛，松动的石子应剔除，并用水冲洗干净，套一层水泥砂浆。

6. 楼梯混凝土浇捣

（1）楼梯段混凝土应自下而上浇捣，先振实底板的混凝土，达到踏步时，再与踏步混凝土一起振捣密实，不断连续向上推进，并随时用木抹子将踏步上表面抹平。

（2）楼梯混凝土应连续浇捣，多层楼梯的施工缝应留在梯段板跨中 1/3 的跨度内。施工缝平面应垂直于梯段的模板面。

（3）楼梯踏步混凝土抹平后，要根据设计要求，及时安装焊接扶手栏杆用的预埋件。

7. 混凝土养护

混凝土浇筑完毕后，应在 12 h 以内加以覆盖和浇水养护。养护期间，应保持混凝土始终处于湿润状态，一般混凝土的养护时间不少于 7 天。

二、混凝土冬期施工

1. 冬期浇筑的混凝土在未掺入负温外加剂的情况下，其受冻前混凝土的抗压强度不得低于规定的数值（硅酸盐水泥或普通硅酸盐水泥配制的混凝土为设计强度的 30%，矿渣硅酸盐水泥配制的混凝土为设计强度的 40%）。掺负温外加剂时，所选用的外加剂应有技术鉴定证书及出厂合格证。

2. 冬期混凝土浇筑前，应清除模板和钢筋上的冰雪和污垢，运输和浇筑混凝土用的容器应有保温措施。

3. 冬期气温在 -5℃ 以内时，采取综合蓄热法施工，所用的早强剂、抗冻剂等应有出厂合格证明。氯盐的掺量不得超过水泥质量的 1%，凡属规范规定不能掺入氯盐的混凝土中不得掺入含氯离子的外加剂。

4. 冬期混凝土施工前应进行热工计算，对原材料搅拌时的温度要有明确的要求，在实际施工时，如原材料的温度达不到热工计算的要求，应采取适当的加热措施，保证混凝土出机及开始养护时的温度不低于热工计算的要求。

5. 冬期施工时混凝土的模板及保温层应在混凝土冷却到 5℃ 以下时方可拆除。当混凝土与外界的温差大于 20℃ 时，拆模后的混凝土表面应临时覆盖，使其缓慢降温。

6. 冬期施工时，混凝土应多留一组试块，用来检验混凝土受冻前的强度。

三、混凝土雨期施工

1. 雨期施工时，应注意天气变化情况，尽量避免在下雨时浇筑混凝土，同时应准备好雨布、塑料薄膜等防雨物资。

2. 雨季浇混凝土时，要特别注意砂、石骨料含水量的变化，根据骨料含水量的不同，及时调整混凝土的施工配合比，保证混凝土实际配合比的准确。

3. 在浇筑混凝土时，如遇下雨，应及时对刚浇好的混凝土进行覆盖。防止混凝土表面的水泥浆被雨水冲走或混凝土表面起砂。

四、混凝土养护

浇筑完毕后，为保证已浇筑好的混凝土在规定龄期内达到设计要求的强度，并防止产生收缩，应按施工技术方案及时采取有效的养护措施，并应符合下列规定：

1. 浇筑完毕后的 12 h 以内对混凝土用塑料薄膜加以覆盖，并浇水保湿养护。

2. 混凝土浇水养护时间：采用硅酸盐水泥、普通硅酸盐水泥时，不得少于 7 天；对掺用缓凝型外加剂或有抗渗要求的混凝土，不得少于 14 天；当采用其他品种水泥时，混凝土养护应根据所采用水泥的技术性能确定。

3. 柱子竖向构件，拆模后立即涂刷专用养护剂两遍，养护剂必须涂刷均匀，不得漏涂少涂。

4. 试块制作

（1）制作 28 天标准养护试块。

（2）同强度等级每 100 m^3 留置一组，每工作班不足 100 m^3 时留置一组。

（3）每一楼层、同一配合比的混凝土，取样不得少于一次。

（4）同条件试块（每一施工段顶板梁留置两组，用于拆模）。同条件试块置于现场带算、加锁的铁笼中做好标记同条件养护。

五、泵送混凝土要求

1. 泵送混凝土时，混凝土泵的支腿完全伸出，并插好安全销。

2. 混凝土泵启动后，先泵送适量水，以湿润混凝土泵的料斗、网片及输送管的内壁管直接与混凝土接触的部位。

3. 混凝土的供应，必须保证输送混凝土的泵能连续工作。

4. 输送管线直，转弯缓，接头严密。

5. 泵送混凝土前，先泵送混凝土内除粗骨料外的其他成分配合比相同的水泥砂浆。

6. 开始泵送时，混凝土泵处于慢速、匀速并随时可反泵的状态。泵送速度，先慢后快，逐步加速。同时，观察混凝土泵的压力和各系统的工作情况，待各系统运转正常后，方可以正常速度进行泵送。

7. 混凝土泵送连续进行，如必须中断，其中断时间超过 2 h 时必须留置施工缝。

8. 泵送混凝土时，活塞保持最大行程运转。混凝土泵送过程中，不得把拆下的输运管内的混凝土撒落在未浇筑的地方。

9. 当输送管被堵塞时，采取下列方法排除：

（1）重复进行反泵和正泵，逐步收回混凝土至料斗中，重新搅拌后泵送。

（2）用木棍敲击等方法，查明堵塞部位，将混凝土击粉后，重复进行反泵、正泵，排除堵塞。

（3）当上述两种方法无效时，在混凝土卸压后，拆除堵塞部位的输送管，排出混凝土堵塞物后方可接管。重新泵送前，排除管内空气后，方可拧紧接头。

（4）向下泵送混凝土时，先把输送管上气阀打开，待输送管下段混凝土有了一定压力时，方可关闭气阀。

（5）混凝土泵送即将结束前，正确计算尚需用的混凝土数量，并及时告知混凝土搅拌站。

（6）泵送过程中，废弃的和泵送终止时多余的混凝土，按预先确定的处理方法，及时进行妥善处理。

（7）泵送完毕时，将混凝土泵和输送管清洗干净。

（8）排除堵塞，重新泵送或清洗混凝土泵时，布料设备的出口朝向安全方向，以防堵塞物或废浆高速飞出伤人。

（9）在泵送过程中，受料斗内具有足够的混凝土，以防止吸入空气产生阻塞。

六、质量要求

1. 商品混凝土要有出厂合格证，混凝土所有的水泥、骨料、外加剂等必须符合规范及有关规定，使用前检查出厂合格证及有关试验报告。

2. 混凝土的养护和施工缝处理必须符合施工规范规定及本方案的要求。

3. 混凝土强度的试块取样、制作、养护和试验要符合规定。

4. 混凝土振捣密实，不得有蜂窝、孔洞、露筋、缝隙、夹渣等缺陷。

5. 在预留洞宽度大于 1 m 的洞底，在洞底平模处开振捣口和观察口，避免出现缺灰或漏振现象。

6. 钢筋、模板工长跟班作业，发现问题及时解决，同时设专人看钢筋、模板。

7. 浇筑前由生产部门经常注意天气变化，如遇大雨缓时开盘，并及时通知搅拌站。如正在施工中天气突然变化，原则是小雨不停、大雨采取防护措施。其措施是：已浇筑完毕的混凝土面用塑料薄膜覆盖，正在浇筑的部位搭设防水棚。

8. 浇筑时要有专门的铺灰人员指挥浇筑，切忌"天女散花"，分配好清理人员和抹面人员。楼板必须用 1.5～4 m 刮杆刮平。

9. 记好混凝土浇筑记录。

10. 每次开盘前必须做好开盘鉴定，项目部技术人员与搅拌站技术人员同时签认后方开盘，并且随机抽查混凝土配合比情况。

11. 允许偏差（见下表）。

序号	项目		允许偏差（mm）		检查方法
			高层框架	高层大模板	
1	轴线位移	柱、墙、梁	5	5	尺量检查
2	标高	层高	±5	±10	用水准仪或尺量检查
		全高	±30	±30	

续表

序号	项目		允许偏差（mm）		检查方法
			高层框架	高层大模板	
3	截面尺寸	基础	+15	+15	尺量检查
		柱、墙、梁	−10	−10	
4	柱墙垂直度	每层	5	5	用 2 m 托线板检查
		全高 H	$H/1\,000$ 且不大于 30	$H/1\,000$ 且不大于 30	用经纬仪或吊线和尺量检查
5	表面平整		8	4	用 2 m 靠尺和楔形塞尺检查
6	预埋钢板中心线位置偏移		10	10	
7	预埋管、预留孔中心线位置偏移		5	5	
8	预留洞中心线位置偏移		15	15	
9	电梯井	井筒长、宽对中心线	+25 −0	+25 −0	
		井筒全高垂直度	$H/1\,000$ 且不大开 30	$H/1\,000$ 且大于 30	吊线和尺量检查

七、成品保护

1. 施工中，不得用重物冲击模板，不准在吊帮的模板和支撑上搭脚手板，以保证模板牢固、不变形。

2. 侧模板，应在混凝土强度能保证其棱角和表面不受损伤时，方可拆除。

3. 混凝土浇筑完后，待其强度达到 1.2 MPa 以上，方可在其上进行下一道工序施工。

4. 预留的暖卫、电气暗管，地脚螺栓及插筋，在浇筑混凝土过程中不得碰撞或使之产生位移。

5. 应按设计要求预留孔洞或埋设螺栓和预埋铁件，不得以后凿洞埋设。

6. 要保证钢筋和垫块的位置正确，不得踩楼板、楼梯的弯起钢筋，不碰动预埋件和插筋。

八、安全文明措施

1. 进入施工现场要正确戴安全帽，高空作业正确系安全带。

2. 现场严禁吸烟。

3. 严禁上下抛掷物品。

4. 泵车后台及泵臂下严禁站人，按要求操作，泵管支撑牢固。

5. 振捣和拉线人员必须穿胶鞋，戴绝缘手套，以防触电。

6. 在混凝土泵出口的水平管道上安装止逆阀，防止泵送突然中断而产生混凝土反向冲击。

7. 泵送系统承受压力时，不得开启任何输送管道和液压管道。液压系统不得随意调整，蓄能器只能充入氮气。

8. 作业后，必须将料斗内和管道内混凝土全部输出，然后对泵机、料斗、管道进行清洗，用压缩空气冲洗管道时，管道出口端前方 10 m 内不得站人，并用金属网篮等收集冲出的泡沫橡胶及砂石粒。

9. 严禁用压缩空气清理布料杆配管。布料杆的折叠收缩按顺序进行。

10. 将两侧活塞运转到清洗室，并涂上润滑油。

11. 作业后，各部位操纵开关、调整手柄、手轮、旋塞等复回零位。液压系统卸荷。

12. 混凝土振动器使用安全要求

（1）作业前，检查电源线路无破损漏电，漏电保护装置灵活可靠，机具各部连接紧固，旋转方向正确。

（2）振动器不得放在初凝的混凝土、楼板、脚手架、道路和干硬的地面上进行试振。如检修或作业间断时，应切断电源。

（3）插入式振动器软轴的弯曲半径不得小于 50 cm，并不得多于两个弯；操作时振动棒自然垂直地插入混凝土，不得用力硬插、斜推或使钢筋夹住棒头，也不得全部插入混凝土中。

（4）振动器保持清洁，不得有混凝土黏结在电动机外壳上妨碍散热，发现电动机温度过高时，停歇降温后方可使用。

（5）作业转移时，电动机的电源线应保持有足够的长度和松度，严禁用电源线拖拉振动器。

（6）电源线路要悬空移动，注意避免电源线与地面和钢筋相摩擦及车辆碾压。经常检查电源线的完好情况，发现破损立即进行处理。

（7）用绳拉平板振动器时，拉绳干燥绝缘，移动或转向不得用脚踢电动机。

（8）振动器与平板保持紧固，电源线必须固定在平板上，电气开关装在手把上。

（9）人员必须穿戴绝缘胶鞋和绝缘手套。

（10）作业后，必须切断电源，做好清洗、保养工作。振动器要放在干燥处，并有防雨措施。

13. 混凝土泵送设备使用安全要求

（1）泵送设备放置离基坑边缘保持一定距离。在布料杆动作范围内无障碍物，无高压线，设置布料杆动作的地方必须具有足够的支承力。

（2）水平泵送的管道敷设线路接近直线，少弯曲，管道及管道支撑必须牢固可靠，且能承受输送过程所产生的水平推力；管道接头处密封可靠。

（3）严禁将垂直管道直接装接在泵的输出口上，在垂直管架设的前端装接长度不小于 10 m 的水平管，水平管近泵处装逆止阀。敷设向下倾斜的管道时，下端装接一段水平管，其长度至少为倾斜高低差的 5 倍，否则采用弯管等办法增大阻力；如倾斜度较大，必要时，在坡道上端装置排气活阀，以利排气。

（4）砂石粒径、水泥强度等级及配合比按泵机原厂规定满足泵机可泵性的要求。

（5）天气炎热时，使用湿麻袋、湿草包等遮盖管道。

（6）泵车的停车制动和锁紧制动同时使用。轮胎搂紧，水源供应正常，水箱储满清水，料斗内无杂物，各润滑点润滑正常。

（7）泵送设备的各部位螺栓紧固，管道接头紧固密封，防护装置齐全可靠。

（8）各部位操纵开关、调整手柄、手轮、控制杆、旋塞等均在正确位置。液压系统正常，无泄漏。

（9）准备好清洗管、清洗用品、接球器及有关装置。作业前，必须先用同配比的水泥砂浆润滑管道。无关人员必须离开管道。